“十二五”普通高等教育本科国家级规划教材

南开大学数学教学丛书

泛函分析

（第三版）

刘炳初　编著

科学出版社

北京

内 容 简 介

本书是作者多年来在南开大学数学系讲授泛函分析课程的基础上写成的. 全书共六章:第一章,距离空间与拓扑空间;第二章,赋范线性空间;第三章,有界线性算子;第四章,Hilbert 空间;第五章,拓扑线性空间;第六章,Banach 代数. 每章末附有一定量的习题,书后有部分习题解答.

本书可作为泛函分析的一本入门教材. 可供高等院校数学系学生用作教材,也可供数学教学和科研人员参考.

图书在版编目(CIP)数据

泛函分析/刘炳初编著. —3 版. —北京:科学出版社,2015.4
(“十二五”普通高等教育本科国家级规划教材·南开大学数学教学丛书)
ISBN 978-7-03-043893-5

Ⅰ.①泛… Ⅱ.①刘… Ⅲ.①泛函分析-高等学校-教材 Ⅳ.①O177

中国版本图书馆 CIP 数据核字(2015)第 055153 号

责任编辑:林 鹏 李鹏奇 王 静/责任校对:邹慧卿
责任印制:张 伟/封面设计:陈 敬

科学出版社出版
北京东黄城根北街 16 号
邮政编码:100717
http://www.sciencep.com
保定市中画美凯印刷有限公司印刷
科学出版社发行 各地新华书店经销
*
1998 年 10 月第 一 版 开本:720×1000 1/16
2007 年 7 月第 二 版 印张:14
2015 年 4 月第 三 版 字数:282 000
2025 年 12 月第三十次印刷
定价:35.00 元
(如有印装质量问题,我社负责调换)

丛书第三版序

《南开大学数学教学丛书》于 1998 年在科学出版社出版，2007 年出版第二版，整套丛书列入“普通高等教育‘十一五’国家级规划教材”中. 又过去几年了，整套丛书又被列入“‘十二五’普通高等教育本科国家级规划教材”中. 这些都表明本丛书得到了使用者、读者以及南开大学，特别是科学出版社的有效支持与帮助，我们特向他们表示衷心的感谢！

我们曾被问及这套丛书的主编，编委会是哪些人. 这套丛书虽然没有通常意义上的主编和编委会，但是有一位“精神主编”：陈省身先生. 中国改革开放后，年事已高的陈省身先生回到祖国，为将中国建设成数学大国、数学强国奋斗不息. 他这种崇高的精神感召我们在他创建的南开大学数学试点班的教学中尽我们的力量. 这套丛书就是我们努力的记录和见证.

陈省身先生为范曾的《庄子显灵记》写了序. 在这篇序中陈先生说在爱因斯坦书房的书架上有一本德译本老子的《道德经》.《道德经》第一句话说：“道可道，无常道”. 道总是在发展着的. 我们曾说：“更高兴地期待明天它(《南开大学数学教学丛书》) 被更新、被更好的教材取而代之.”当然这需要进行必要的改革.《道德经》还说：“治大国若烹小鲜.”就是说要改革，但不能瞎折腾.

我们虽已年过古稀(有一位未到古稀但也逾花甲)，但仍想为建设数学强国出一点力，因此推出这套丛书的第三版. 同时也藉此感谢支持帮助过我们的诸位！陈省身先生离开我们快十周年了，我们也藉此表示对陈省身先生的深切怀念！

全体编著者

2013 年 9 月于南开大学

丛书第一版序

海内外炎黄子孙都盼望中国早日成为数学大国，也就是"实现中国数学的平等和独立"①. 平等和独立是由中国出类拔萃的数学家及其杰出的研究工作来体现的，要有出类拔萃的数学家就要培养一批优秀的研究生、大学生. 这批人不在多，而在精，层次要高. 也就是要求他们热爱数学、基础扎实、知识面广、能力强.

20 世纪 80 年代中期，国家采纳了陈省身先生的几个建议. 建议之一是为培养高质量的数学专业的大学生，需要建立数学专业的试点班. 经过胡国定先生等的努力，1986 年在南开大学建立了数学专业的试点班. 这些做法取得了成功，并在基础学科的教学中有了推广. 1990 年在全国建立"国家理科基础学科研究和教学人才培养基地". 其后南开大学数学专业成为基地之一. 从 1986 年到现在的 10 余年中，南开大学数学专业是有成绩的. 例如他们 4 次参加全国大学生数学竞赛获 3 次团体第一，1 次团体第三. 在全国和国际大学生数学建模比赛中多次获一等奖. 毕业生中的百分之八十继续攻读研究生，其中许多人取得了很好的成绩.

当然，取得这些成绩是与陈省身先生的指导、帮助分不开的，是与国内外同行们的支持与帮助分不开的. 如杨忠道、王叔平、许以超、虞言林、李克正等或参与教学计划、课程设置、课程内容的制订，或到南开任教等等. 有了这些指导、帮助与支持，南开基础数学专业得以广泛吸收国内外先进的数学教学经验，并以此为基础对数学教学进行了许多改革、创新.

这套丛书是南开大学数学专业的部分教材，诸位编著者长期在南开大学数学专业任教，不断地把自己的心得体会融合到基础知识和基本理论的讲述中去，日积月累地形成了这套教材. 所以可以说这些教材不是"编"出来的，而是在长期教学中"教"出来的，"改"出来的，凝聚了我们的心血. 这些教材的共同点，也是我们教学所遵循的共同点是：首先要加强基础知识、基础理论和基本方法的教学；同时又要适当地开拓知识面，尤其注意反映学科前沿的成就、观点和方法；教学的目的是丰富学生的知识与提高学生的能力，因此配置的习题中多数是为了巩固知识和训练基本方法，也有一些习题是为训练学生解题技巧与钻研数学的能力.

---

① 陈省身：在"二十一世纪中国数学展望"学术讨论会开幕式上的讲话.

我们要感谢科学出版社主动提出将这套教材出版. 这对编著者是件大好事. 编著者虽然尽了很大努力,但一则由于编著者的水平所限,二则数学的教育和所有学科的教育一样是在不断发展之中,因此这套教材中缺欠和不足肯定存在. 我们诚挚希望各位同行不吝指正,从而使编著者更明确了解教材及教学中的短长,进而扬长避短,改进我们的教学. 同时通过这套教材也可向同行们介绍南开大学的教学经验以供他们参考,或许有益于他们的工作.

我们再次感谢帮助过南开大学的前辈、同行们,同时也希望能继续得到他们和各位同行的帮助. 办好南开大学的数学专业,办好所有学校的数学专业,把中国数学搞上去,使中国成为数学大国是我们的共同愿望,这个愿望一定能实现!

全体编著者

1998 年 6 月于南开大学

目　录

第一章　距离空间与拓扑空间

§1.1　距离空间的基本概念

一、定义与例

极限运算是数学分析中最重要的运算之一，我们来回忆分析中的极限概念：$\{x_n\}$是一个实数列，x 是一个实数，如果对任意给定的 $\varepsilon>0$，存在自然数 N，当 $n>N$ 时，$|x_n-x|<\varepsilon$，我们就说当 $n\to\infty$时，$\{x_n\}$以 x 为极限. 在上面的定义中，$|x_n-x|$表示直线 $\mathbb{R}$ 上的点 x_n 与点 x 之间的"距离"，因此它可以重新叙述为：对任意给定的 $\varepsilon>0$，存在自然数 N，当 $n>N$ 时，x_n 与 x 之间的"距离"小于 ε. 类似地，平面$\mathbb{R}^2$ 上的点列 $x_n=(\xi_n, \eta_n)$，当 $n\to\infty$时以点 $x=(\xi,\eta)$为极限可以定义为：对于充分大的自然数 n，点 x_n 与点 x 的"距离"可以任意小，不过这里点 $x_n=(\xi_n, \eta_n)$与点 $x=(\xi,\eta)$之间的距离为 $\sqrt{(\xi_n-\xi)^2+(\eta_n-\eta)^2}$.

从上面的例子中可以看出，不论是 $\mathbb{R}$ 中的点还是$\mathbb{R}^2$ 中的点，甚至任意集合中的点，只要在其中定义了距离，我们就可以用它来衡量两点的接近程度，就可以在其中定义极限. 事实上，在分析中当我们考虑用多项式序列一致逼近区间$[a,b]$上的连续函数时，就曾用$\max\limits_{0\leqslant t\leqslant 1}|p(t)-x(t)|$来表示多项式$p(t)$与函数 $x(t)$之间的"距离". 我们把"距离"最基本的性质抽象化就得到距离空间的概念.

定义 1.1.1　设 X 是任一非空集，对 X 中任意两点 x,y 有一实数 $d(x,y)$与之对应且满足：

1) $d(x,y)\geqslant 0$；且 $d(x,y)=0$，当且仅当 $x=y$；

2) $d(y,x)=d(x,y)$（对称性）；

3) $d(x,y)\leqslant d(x,z)+d(z,y)$（三角形不等式）.

称 $d(x,y)$为 X 中的一个**距离**，定义了距离 d 的集 X 称为一个**距离空间**，记为(X,d)，在不引起混乱的情形下简记为 X.

下面给出距离空间的一些例子，其中有些在分析中起着很重要的作用.

例 1.1.1　设 X 是 n 元实数组全体，定义

$$d(x,y)=\sqrt{\sum_{k=1}^{n}(\xi_k-\eta_k)^2},$$

其中，$x=(\xi_1,\xi_2,\cdots,\xi_n)$，$y=(\eta_1,\eta_2,\cdots,\eta_n)$.

我们证明(X,d)是一个距离空间，为此我们需要验证 d 满足距离的三条公理. 1)，2)显然成立，关键是证明三角形不等式成立. 我们先证明以下Cauchy 不等式：对任意实数 $a_k,b_k(k=1,\cdots,n)$，我们有

$$\left(\sum_{k=1}^{n}a_kb_k\right)^2\leqslant\left(\sum_{k=1}^{n}a_k^2\right)\left(\sum_{k=1}^{n}b_k^2\right).$$

事实上，任取实数 λ，则

$$\sum_{k=1}^{n}(a_k+\lambda b_k)^2=\sum_{k=1}^{n}a_k^2+2\lambda\sum_{k=1}^{n}a_kb_k+\lambda^2\sum_{k=1}^{n}b_k^2\geqslant 0,$$

上面等式左端是 λ 的一个二次三项式，于是它的判别式不大于 0，即 Cauchy 不等式成立.

现在证明三角形不等式成立，由 Cauchy 不等式，得

$$\begin{aligned}\sum_{k=1}^{n}(a_k+b_k)^2&=\sum_{k=1}^{n}a_k^2+2\sum_{k=1}^{n}a_kb_k+\sum_{k=1}^{n}b_k^2\\&\leqslant\sum_{k=1}^{n}a_k^2+2\left[\left(\sum_{k=1}^{n}a_k^2\right)\left(\sum_{k=1}^{n}b_k^2\right)\right]^{\frac{1}{2}}+\sum_{k=1}^{n}b_k^2\\&=\left[\left(\sum_{k=1}^{n}a_k^2\right)^{\frac{1}{2}}+\left(\sum_{k=1}^{n}b_k^2\right)^{\frac{1}{2}}\right]^2.\end{aligned}$$

设 $x=(\xi_1,\xi_2,\cdots,\xi_n)$，$y=(\eta_1,\eta_2,\cdots,\eta_n)$，$z=(\zeta_1,\zeta_2,\cdots,\zeta_n)$是任意三点，在上面不等式中令 $a_k=(\xi_k-\zeta_k)$，$b_k=(\zeta_k-\eta_k)$，则

$$\left[\sum_{k=1}^{n}(\xi_k-\eta_k)^2\right]^{\frac{1}{2}}\leqslant\left[\sum_{k=1}^{n}(\xi_k-\zeta_k)^2\right]^{\frac{1}{2}}+\left[\sum_{k=1}^{n}(\zeta_k-\eta_k)^2\right]^{\frac{1}{2}},$$

即

$$d(x,y)\leqslant d(x,z)+d(z,y).$$

所以(X,d)是一个距离空间，以后把这个空间简记为$\mathbb{R}^n$，本节开头提到的$\mathbb{R}^1$，$\mathbb{R}^2$ 都是$\mathbb{R}^n$ 的特殊情形.

例 1.1.2　考虑区间$[a,b]$上所有连续函数集，设 $x(t)$，$y(t)$是$[a,b]$上任意两个连续函数，定义

$$d(x,y)=\max_{a\leqslant t\leqslant b}|x(t)-y(t)|,$$

由于 $x(t)-y(t)$也是$[a,b]$上的连续函数，因此有最大值. 距离公理 1)，2)显然成立. 设 $x(t)$，$y(t)$，$z(t)$是$[a,b]$上任意三个连续函数，则 $\forall\, t\in[a,b]$，

$$|x(t)-y(t)|\leqslant|x(t)-z(t)|+|z(t)-y(t)|$$

$$\leqslant \max_{a\leqslant t\leqslant b} |x(t)-z(t)| + \max_{a\leqslant t\leqslant b} |z(t)-y(t)|$$

$$= d(x,z)+d(z,y),$$

所以

$$d(x,y)=\max_{a\leqslant t\leqslant b} |x(t)-y(t)| \leqslant d(x,z)+d(z,y).$$

$[a,b]$上的连续函数全体赋以上述距离 d 是一个距离空间,记它为 $C[a,b]$.

例 1.1.3 空间 s.

考虑实数列$\{\xi_k\}$的全体. 设 $x=\{\xi_k\}$, $y=\{\eta_k\}$是两个实数列,定义

$$d(x,y)=\sum_{k=1}^{\infty}\frac{1}{2^k}\cdot\frac{|\xi_k-\eta_k|}{1+|\xi_k-\eta_k|}.$$

上式右边的$\frac{1}{2^k}$是一个收敛因子,保证级数收敛,距离公理的 1),2)显然成立,为证三角形不等式,考虑$(0,\infty)$上的函数

$$\psi(t)=\frac{t}{1+t},$$

易见 $\psi'(t)=\frac{1}{(1+t)^2}>0$,所以 $\psi(t)$是单增的. 由此,设 $x=\{\xi_k\}$, $y=\{\eta_k\}$, $z=\{\zeta_k\}$. 由于

$$|\xi_k-\eta_k| \leqslant |\xi_k-\zeta_k| + |\zeta_k-\eta_k|,$$

则有

$$\frac{|\xi_k-\eta_k|}{1+|\xi_k-\eta_k|} \leqslant \frac{|\xi_k-\zeta_k|+|\zeta_k-\eta_k|}{1+|\xi_k-\zeta_k|+|\zeta_k-\eta_k|}$$

$$= \frac{|\xi_k-\zeta_k|}{1+|\xi_k-\zeta_k|+|\zeta_k-\eta_k|} + \frac{|\zeta_k-\eta_k|}{1+|\xi_k-\zeta_k|+|\zeta_k-\eta_k|}$$

$$\leqslant \frac{|\xi_k-\zeta_k|}{1+|\xi_k-\zeta_k|} + \frac{|\zeta_k-\eta_k|}{1+|\zeta_k-\eta_k|}.$$

在上不等式两边乘$\frac{1}{2^k}$并求和,则得

$$d(x,y)=\sum_{k=1}^{\infty}\frac{1}{2^k}\cdot\frac{|\xi_k-\eta_k|}{1+|\xi_k-\eta_k|}$$

$$\leqslant \sum_{k=1}^{\infty}\frac{1}{2^k}\cdot\frac{|\xi_k-\zeta_k|}{1+|\xi_k-\zeta_k|} + \sum_{k=1}^{\infty}\frac{1}{2^k}\cdot\frac{|\zeta_k-\eta_k|}{1+|\zeta_k-\eta_k|}$$

$$= d(x,z)+d(z,y).$$

这个距离空间记为 s.

例 1.1.4　空间 S.

与例 1.1.3 类似，设 $E\subset\mathbb{R}$ 是一个 Lebesgue 可测集，$0<m(E)<\infty$，考虑 E 上几乎处处有穷的可测函数全体，其中凡几乎处处相等的函数看成是同一元. 定义

$$d(x,y)=\int_E \frac{|x(t)-y(t)|}{1+|x(t)-y(t)|}\mathrm{d}t.$$

与例 1.1.3 的证明类似，这是一个距离空间，把这个空间记为 S.

通过以上几个例子我们看到，为了验证一个赋以函数 d 的非空集是一个距离空间，只需证明 d 满足距离的三条公理，通常比较困难的是证明三角形不等式. 一个距离空间可以是任意一个非空集，只要其中定义了满足距离三条公理的函数 d 即可. 事实上，任意非空集都可以赋以一个距离使其成为一个距离空间.

例 1.1.5　离散空间 D.

设 X 是任一非空集，在 X 中定义 d 如下：

$$d(x,y)=\begin{cases}0, & x=y,\\ 1, & x\neq y.\end{cases}$$

不难验证 d 是一个距离，从而 (X,d) 是一个距离空间，称这个空间为离散空间，用 D 表示.

这样看来我们可以随意地定义距离. 特别地，距离不是惟一的，既使同一集也可以引进不同的距离，从而得到不同的距离空间. 例如在 $[a,b]$ 区间上所有连续函数集中，如果我们定义

$$d_1(x,y)=\int_a^b |x(t)-y(t)|\,\mathrm{d}t.$$

不难验证 d_1 是一个距离，于是我们得到一个新的距离空间，我们认为这个空间与例 1.1.2 中的空间 $C[a,b]$ 是两个不同的距离空间. 实际上，距离的定义是任意的，但是在每一个具体场合下，选择这样或那样的距离总是依据所研究的极限过程的需要引进的，关于这一点下面我们还要继续讨论.

二、收敛性

在距离空间中，我们可以像在数学分析中一样定义极限的概念.

定义 1.1.2　设 $\{x_n\}$ 是距离空间 (X,d) 中的一个点列，x_0 是 X 中一点，如果当 $n\to\infty$ 时，$d(x_n,x_0)\to 0$，则称当 $n\to\infty$ 时，$\{x_n\}$ 以 x_0 为**极限**，或当 $n\to\infty$ 时，$\{x_n\}$ **收敛**于 x_0. 记为

$$x_n\to x_0 \qquad (n\to\infty),$$

或

$$\lim_{n\to\infty} x_n = x_0.$$

下面我们证明有关极限的两个简单性质.

定理 1.1.1 设$\{x_n\}$是距离空间 X 中的收敛点列,则:

1) $\{x_n\}$的极限是惟一的;

2) 如果 x_0 是$\{x_n\}$的极限,那么$\{x_n\}$的任一子列$\{x_{n_k}\}$必收敛且以 x_0 为极限.

证 1) 设 $x_n\to x_0, x_n\to y_0\,(n\to\infty)$,则对 $\forall\varepsilon>0$,存在自然数 N,当 $n>N$ 时,

$$d(x_n,x_0)<\frac{\varepsilon}{2},\qquad d(x_n,y_0)<\frac{\varepsilon}{2},$$

于是由三角形不等式,当 $n>N$ 时

$$d(x_0,y_0)\leqslant d(x_n,x_0)+d(x_n,y_0)<\frac{\varepsilon}{2}+\frac{\varepsilon}{2}=\varepsilon.$$

由于 ε 是任意的,所以 $d(x_0,y_0)=0$, $x_0=y_0$.

2) 设 $x_n\to x_0\,(n\to\infty)$,则 $\forall\varepsilon>0$,存在 N,当 $n>N$ 时,$d(x_n,x_0)<\varepsilon$,选取 K,使得当 $k>K$ 时 $n_k>N$,则当 $k>K$ 时,$d(x_{n_k},x_0)<\varepsilon$,即 $x_{n_k}\to x_0\,(k\to\infty)$.

定理 1.1.2 设(X,d)是距离空间,则

$$\begin{aligned}&|\,d(x,y)-d(x_1,y_1)\,|\\ \leqslant\ & d(x,x_1)+d(y,y_1),\quad (x,y,x_1,y_1,\in X).\end{aligned}$$

证 由三角形不等式

$$\begin{aligned}d(x,y)&\leqslant d(x,x_1)+d(x_1,y)\\ &\leqslant d(x,x_1)+d(x_1,y_1)+d(y_1,y),\end{aligned}$$

由于 x,y 与 x_1,y_1 的地位是对称的,所以

$$|\,d(x,y)-d(x_1,y_1)\,|\leqslant d(x,x_1)+d(y,y_1).$$

由定理 1.1.2 可以看出,在距离空间中,当 $x_n\to x_0$ 及 $y_n\to y_0\,(n\to\infty)$时,必有 $d(x_n,y_n)\to d(x_0,y_0)\,(n\to\infty)$.

我们看一看前面列举的几个具体的距离空间中收敛性的涵义.

在空间$\mathbb{R}^n$ 中,易见空间的收敛就是按坐标收敛.

在 $C[a,b]$中,如果 $d(x_n,x_0)\to 0(n\to\infty)$,即

$$\max_{a\leqslant t\leqslant b}|\,x_n(t)-x_0(t)\,|\to 0(n\to\infty),$$

于是对任意的 $\varepsilon>0$,存在 N,当 $n>N$ 时,$\forall t\in[a,b]$,有

$$|\,x_n(t)-x_0(t)\,|\leqslant\max_{a\leqslant t\leqslant b}|\,x_n(t)-x_0(t)\,|<\varepsilon.$$

即函数列$\{x_n(t)\}$在$[a,b]$上一致收敛于函数$x_0(t)$. 反之,如果$\{x_n(t)\}$一致收敛于$x_0(t)$,则$d(x_n,x_0)\to 0(n\to\infty)$.

总之,$C[a,b]$的收敛是函数列在$[a,b]$上的一致收敛,大家都知道这种收敛在分析中有重要的作用.

我们证明空间S中的收敛等价于函数列依测度收敛.

设$x_n\to x_0(n\to\infty)$,则对于任意的$\sigma>0$,由于

$$\begin{aligned}d(x_n,x_0)&=\int_E\frac{|x_n(t)-x_0(t)|}{1+|x_n(t)-x_0(t)|}\mathrm{d}t\\&\geqslant\int_{\{t\in E:|x_n(t)-x_0(t)|\geqslant\sigma\}}\frac{|x_n(t)-x_0(t)|}{1+|x_n(t)-x_0(t)|}\mathrm{d}t\\&\geqslant\frac{\sigma}{1+\sigma}m\{t\in E:|x_n(t)-x_0(t)|\geqslant\sigma\}.\end{aligned}$$

所以,当$n\to\infty$时,$m\{t\in E:|x_n(t)-x_0(t)|\geqslant\sigma\}\to 0$,即$\{x_n\}$在$E$上依测度收敛于$x_0(t)$.

反之,设$\{x_n(t)\}$在E上依测度收敛于$x_0(t)$,则对$\forall\varepsilon>0$及$\forall\sigma>0$,由于

$$\begin{aligned}d(x_n,x_0)&=\int_E\frac{|x_n(t)-x_0(t)|}{1+|x_n(t)-x_0(t)|}\mathrm{d}t\\&\leqslant\frac{\sigma}{1+\sigma}mE+\int_{\{t\in E:|x_n(t)-x_0(t)|\geqslant\sigma\}}\frac{|x_n(t)-x_0(t)|}{1+|x_n(t)-x_0(t)|}\mathrm{d}t\\&\leqslant\frac{\sigma}{1+\sigma}mE+m\{t\in E:|x_n(t)-x_0(t)|\geqslant\sigma\},\end{aligned}$$

先选取σ,使$\frac{\sigma}{1+\sigma}mE<\frac{\varepsilon}{2}$,再对上述$\sigma$选取自然数$N$,使当$n>N$时,$m\{t\in E:|x_n(t)-x_0(t)|\geqslant\sigma\}<\frac{\varepsilon}{2}$. 于是当$n>N$时,

$$d(x_n,x_0)<\frac{\varepsilon}{2}+\frac{\varepsilon}{2}=\varepsilon,$$

即$d(x_n,x_0)\to 0\ (n\to\infty)$.

最后,在离散空间D中,$\{x_n\}$收敛于x_0,当且仅当,从某一下标开始$\{x_n\}$为常驻列$\{x_0\}$.

事实上,如果$x_n\to x_0\ (n\to\infty)$,取$\varepsilon=\frac{1}{2}$,则存在N,当$n\geqslant N$时,$d(x_n,x_0)<\frac{1}{2}$,由此当$n\geqslant N$时,$x_n=x_0$,反之显然.

三、距离空间的连续映射，等距

设(X,d)，(X_1,d_1)是距离空间，$f:X\to X_1$ 是一个映射，$x_0\in X$，如果$\forall\varepsilon>0$，存在$\delta>0$，使得$d(x,x_0)\leqslant\delta$的一切$x\in X$，

$$d_1(f(x),f(x_0))<\varepsilon,$$

则称**映射 f 在 x_0 点连续**，如果 f 在 X 上的每一点连续，则称 **f 在 X 上连续**.

从以上定义可以看出，距离空间的连续映射是分析中大家熟知的连续函数的推广.

如果对任意 $x,y\in X$，

$$d_1(f(x),f(y))=d(x,y),$$

则称 f 是一个**等距映射**.

一个等距映射一定是一个连续映射，并且是一个一一映射，但不一定是映上的.

对于两个距离空间(X,d)，(X_1,d_1)，如果存在一个映上的等距映射$f:X\to X_1$，则称(X,d)与(X_1,d_1)**等距**.

从距离空间的观点来看，两个等距的距离空间没有本质的差别，因此，今后我们将把两个等距的距离空间看成是同一空间.

§1.2 距离空间中的点集

一、开集与闭集

设(X,d)是一个距离空间，记

$$S(x_0,r)=\{x\in X:d(x,x_0)<r\},$$

其中 $r>0$ 是一个实数，称 $S(x_0,r)$为以 x_0 为中心，r 为半径的**开球**.

对于空间$\mathbb{R}$，开球 $S(x_0,r)$是直线上一个以 x_0 为中心，r 为半径的开区间，在空间$\mathbb{R}^2$ 中，$S(x_0,r)$是平面上以 $x_0=(\xi_0,\eta_0)$为中心，r 为半径的开圆盘，而在离散空间 D 中，开球 $S\left(x_0,\dfrac{1}{2}\right)$只是一个点的单点集$\{x_0\}$！

在上述开球的定义中把"$<$"换成"$\leqslant$"，称这个集是以 x_0 为中心，r 为半径的闭球，记为$\overline{S}(x_0,r)$.

设 A 是距离空间中任一集，如果存在一个开球 $S(x_0,r)$，使得 $A\subset S(x_0,r)$，则称 A 是**有界集**.

设 $G\subset(X,d)$，$x\in G$. 如果存在开球 $S(x,r)\subset G$，则称 x 是 G 的一个**内点**；如果 G 中每一点都是它的内点，则称 G 是一个**开集**. 对于空间的一点 x，

包含 x 的任一开集称为 x 的一个**邻域**，每一个开球 $S(x_0,r)$ 是一个开集.

实际上，$\forall x_1\in S(x_0,r)$，则 $d(x_0,x_1)<r$，于是 $r-d(x_0,x_1)>0$，取 $r_1=r-d(x_0,x_1)$，则因为 $\forall x\in S(x_1,r_1)$，$d(x_1,x)<r_1$，由三角形不等式

$$\begin{aligned}d(x_0,x)&\leqslant d(x_0,x_1)+d(x_1,x)\\&<d(x_0,x_1)+(r-d(x_0,x_1))=r.\end{aligned}$$

所以 $S(x_1,r_1)\subset S(x_0,r)$，即 $S(x_0,r)$ 是开集.

称开集 $S(x_0,r)$ 为 x_0 的一个**球邻域**.

定理 1.2.1 设 X 是距离空间，则 X 中的开集具有以下基本性质：

1) 全空间 X 与空集 $\varnothing$ 是开集；

2) 任意个开集的并集是开集；

3) 任意有穷多个开集的交集是开集.

证 1) 显然.

设 $G=\bigcup\limits_{\alpha\in I}G_\alpha$，其中 $\forall\alpha\in I$，G_α 是开集，$\forall x\in G$，则存在 $\alpha_0\in I$，便得 $x\in G_{\alpha_0}$. 由于 G_{α_0} 是开集，存在开球 $S(x,r)\subset G_{\alpha_0}$，从而 $S(x,r)\subset G$，即 G 是开集，2)得证. 以下证明 3).

设 $G=\bigcap\limits_{k=1}^{n}G_k$，其中每一个 $G_k(k=1,\cdots,n)$ 是开集，$\forall x\in G$，对于每一个 k，存在开球 $S(x,r_k)$，使得

$$S(x,r_k)\subset G_k\qquad(k=1,2,\cdots,n).$$

取

$$r=\min_{1\leqslant k\leqslant n}\{r_k\},$$

则 $S(x,r)\subset S(x,r_k)\subset G_k(k=1,2,\cdots,n)$，即

$$S(x,r)\subset G.$$

设 A 是距离空间中的任一集，用 A^0 表示所有 A 的开子集的并集，称 A^0 为集 A 的**内部**. 由定理 1.2.1，A^0 是开集，并且是包含在 A 中的最大的开集.

设 A 是距离空间 X 中的点集，$x_0\in X$，如果 $\forall\varepsilon>0$，球 $S(x_0,\varepsilon)$ 中都包含 A 的点，即

$$S(x_0,\varepsilon)\cap A\neq\varnothing.$$

称 x_0 为集 A 的**接触点**，集 A 的接触点的全体称为 A 的**闭包**，A 的闭包记为 $\overline{A}$，显然 $A\subset\overline{A}$. 但是，A 的接触点不必属于 A.

如果 $\forall\varepsilon>0$，球 $S(x_0,\varepsilon)$ 中总包含 A 中不同于 x_0 的点，称 x_0 是 A 的**极限点**. 显然，A 的极限点必是 A 的接触点，反之则不然.

以下是闭包的基本性质.

定理 1.2.2 设 A,B 是距离空间 X 的子集，则：

1) $A\subset\overline{A}$;

2) $\overline{\overline{A}}=\overline{A}$;

3) $\overline{A\cup B}=\overline{A}\cup\overline{B}$;

4) $\overline{\varnothing}=\varnothing$.

证 1),4)显然.

由1),$\overline{A}\subset\overline{\overline{A}}$,所以为证明2),只需证明$\overline{\overline{A}}\subset\overline{A}$,$\forall x_0\in\overline{\overline{A}}$,则$\forall\varepsilon>0$,球$S(x_0,\varepsilon)$中含有$\overline{A}$中点,设$y_0$是这样的一点,则$\delta=\varepsilon-d(x_0,y_0)>0$,且$S(y_0,\delta)$中含$A$中点. 而$S(y_0,\delta)\subset S(x_0,\varepsilon)$,所以$S(x_0,\varepsilon)$中含有$A$中点,即$x_0\in\overline{A}$,所以$\overline{\overline{A}}=\overline{A}$.

由于$A\subset A\cup B$,所以$\overline{A}\subset\overline{A\cup B}$,同理$\overline{B}\subset\overline{A\cup B}$,因此$\overline{A}\cup\overline{B}\subset\overline{A\cup B}$. 为证明3)只需证明反向包含关系. $\forall x_0\in\overline{A\cup B}$,则$\forall\varepsilon>0$,

$$S(x_0,\varepsilon)\cap(A\cup B)\neq\varnothing.$$

我们证明这时或$x_0\in\overline{A}$或$x_0\in\overline{B}$. 因为如不然,必存在正数$\varepsilon_1,\varepsilon_2$,使得

$$S(x_0,\varepsilon_1)\cap A=\varnothing\text{ 且 }S(x_0,\varepsilon_2)\cap B=\varnothing.$$

取$\varepsilon_0=\min\{\varepsilon_1,\varepsilon_2\}$,则

$$S(x_0,\varepsilon_0)\cap(A\cup B)=\varnothing,$$

矛盾. 所以$\overline{A\cup B}=\overline{A}\cup\overline{B}$.

设A是距离空间X中的集,如果$A=\overline{A}$,则称A为**闭集**.

由以上定理,任一集的闭包$\overline{A}$是闭集,它是包含集A的最小闭集.

不难证明,在一个距离空间中,任一开集的余集是闭集,任一闭集的余集是开集. 因此,由de Morgan公式立刻可得闭集的基本性质.

定理 1.2.3 设X是距离空间,则:

1) 全空间X及空集$\varnothing$是闭集;

2) 任意个闭集的交集是闭集;

3) 任意有穷个闭集的并集是闭集.

二、稠密子集、可分距离空间

设A,B是距离空间X中的子集,如果$\overline{B}\supset A$,称$\boldsymbol{B}$**在**$\boldsymbol{A}$**中稠密.**

从以上定义可以看出,集B在集A中稠密是指,$\forall x\in A$及$\forall\varepsilon>0$,存在$y\in B$,使$d(x,y)<\varepsilon$,即A中的每一点可由B中点来逼近.

定义 1.2.1 设X是距离空间,如果X中存在一个稠密可数子集,则称X是**可分的.**

对于子集$A\subset X$,如果X中存在可数子集B,使得B在A中稠密,则称集

A 是可分的.

我们知道,在数直线上,有理数集是一个可数稠密子集,这一性质在分析的许多问题中是十分重要的,可分距离空间实际上是这一性质的推广.

例 1.2.1 $\mathbb{R}^n$ 是可分的.

因为坐标为有理数的$\mathbb{R}^n$ 中点集是一个可数子集并且在$\mathbb{R}^n$ 中稠密.

例 1.2.2 $C[a,b]$是可分的.

由 Weierstrass 定理,对于$[a,b]$上的任一连续函数 $x(t)$,存在多项式列$\{p_n(t)\}$,在$[a,b]$上一致收敛于 $x(t)$,每一个项式 $p(t)=a_0+a_1t+\cdots+a_nt^n$ 可用有理系数多项式一致逼近,而有理系数多项式集是可数集,所以$C[a,b]$是可分的.

例 1.2.3 l^∞不可分.

考虑有界实数列之全体,设 $x=\{\xi_k\}$,$y=\{\eta_k\}$是两个有界实数列,定义

$$d(x,y)=\sup_k|\xi_k-\eta_k|.$$

为了证明 d 是一个距离,只需有三角形不等式,距离的其他公理显然成立,我们有

$$\begin{aligned}|\xi_k-\eta_k|&\leqslant|\xi_k-\zeta_k|+|\zeta_k-\eta_k|\\&\leqslant\sup_k|\xi_k-\zeta_k|+\sup_k|\zeta_k-\eta_k|\\&=d(x,z)+d(z,y),\end{aligned}$$

其中 $z=\{\zeta_k\}$,由此立刻得 $d(x,y)\leqslant d(x,z)+d(z,y)$.

我们把上述距离空间记为 l^∞.

下面证明 l^∞不可分. 考虑 l^∞中元 $x=\{\xi_k\}$集,其中 $\xi_k=0$ 或 1. 显然,这个集具有连续统的势,因此任取这个集中两个不同的元 $x=\{\xi_k\}$, $y=\{\eta_k\}$,则 $d(x,y)=\sup_k|\xi_k-\eta_k|=1$. 因此我们有不可数个元两两之间的距离为 1.

假设 l^∞可分,并且设 E 是可数的稠密子集,$\forall x\in E$,做球 $S\left(x,\frac{1}{3}\right)$,则这些球之全体是一个可数集,并且 l^∞ 中每一元必落在这些球之一中. 这样,考虑上述不可数集中的元至少有两个不同的元 x,y 落入中心为 x_0 的同一球中,于是

$$1=d(x,y)\leqslant d(x_0,x)+d(x_0,y)\leqslant\frac{1}{3}+\frac{1}{3}=\frac{2}{3},$$

矛盾,所以 l^∞不可分.

§1.3 完备距离空间

一、Cauchy 列、完备性

众所周知,在数学分析中 Cauchy 准则起着重要的作用,这一节中,我们研究具有这种性质的空间的基本性质.

定义 1.3.1 设$\{x_n\}$是距离空间 X 中的点列,如果对任意的 $\varepsilon>0$,存在自然数 N,当 $m,n>N$ 时,$d(x_m,x_n)<\varepsilon$,称$\{x_n\}$是一个 **Cauchy 列**(基本列). 如果 X 中任意 Cauchy 列都收敛,称距离空间 X 是**完备的**.

由上定义可得以下结论:

1) 距离空间中任一收敛点列是 Cauchy 列;

2) 完备距离空间的任一闭子空间也是完备的.

例 1.3.1 $\mathbb{R}^n$ 是完备的.

由分析中的 Cauchy 准则易证$\mathbb{R}^n$ 是完备的.

例 1.3.2 $C[a,b]$是完备的.

设$\{x_n\}$是 $C[a,b]$中任一 Cauchy 列,则 $\forall\varepsilon>0$,存在这样的 N,使得当 n, $m>N$ 时,$\forall t\in[a,b]$,

$$|x_n(t)-x_m(t)|<\varepsilon.$$

由此,函数列$\{x_n(t)\}$一致收敛,并且它的极限函数 $x(t)$是$[a,b]$上的连续函数,即它是 $C[a,b]$中元. 在上面不等式中令 $m\to\infty$,则 $\forall t\in[a,b]$, $\forall n>N$,有

$$|x_n(t)-x(t)|\leqslant\varepsilon,$$

这表明 $d(x_n,x)\to 0(n\to\infty)$.

例 1.3.3 l^∞是完备的.

设$\{x_n\}$是 l^∞ 中任一 Cauchy 列,其中 $x_n=\{\xi_k^{(n)}\}$,且$|\xi_k^{(n)}|\leqslant K_n$,对 $k=1$, $2,\cdots$,K_n 是一个常数. 于是,$\forall\varepsilon>0$,存在 N,当 $n,m\geqslant N$ 时,$d(x_n,x_m)<\varepsilon$,或当$n,m\geqslant N$时,

$$\sup_k|\xi_k^{(n)}-\xi_k^{(m)}|<\varepsilon.$$

由此可知,当 $n,m\geqslant N$ 时,

$$|\xi_k^{(n)}-\xi_k^{(m)}|<\varepsilon \tag{1.3.1}$$

关于 k 一致成立.

固定 k,由式(1.3.1)实数列$\{\xi_k^{(1)},\xi_k^{(2)},\cdots,\xi_k^{(n)},\cdots\}$是一个满足 Cauchy 收敛准则的数列,设它收敛于数 ξ_k. 于是得数列 $x=\{\xi_k\}$.

在式(1.3.1)中命 $m\to\infty$,则 $\forall k$ 及 $\forall n\geqslant N$ 有

$$|\xi_k^{(n)}-\xi_k|\leqslant\varepsilon. \tag{1.3.2}$$

由此，$\forall k$

$$|\xi_k|\leqslant|\xi_k^{(N)}-\xi_k|+|\xi_k^{(N)}|\leqslant\varepsilon+K_N.$$

所以$\{\xi_k\}$是一个有界数列，即 $x\in l^\infty$. 再由式(1.3.2)，$\forall n\geqslant N$

$$\sup_k|\xi_k^{(n)}-\xi_k|\leqslant\varepsilon.$$

即当 $n\geqslant N$ 时，$d(x_n,x)\leqslant\varepsilon$，这证明 l^∞ 是完备的.

从数学分析中知，有理数集作为$\mathbb{R}$的一个子空间是不完备的. 下面将给出另一个不完备的距离空间的例子.

例 1.3.4　前面§1.1中曾提到的，$[0,1]$区间上所有连续函数集，赋以距离 $d_1(x,y)=\int_0^1|x(t)-y(t)|\,\mathrm{d}t$，所得距离空间是不完备的.

设

$$x_n(t)=\begin{cases}0, & 0\leqslant t\leqslant\dfrac{1}{2}-\dfrac{1}{n},\\ 1, & \dfrac{1}{2}+\dfrac{1}{n}\leqslant t\leqslant 1,\\ \text{线性函数}, & \dfrac{1}{2}-\dfrac{1}{n}\leqslant t<\dfrac{1}{2}+\dfrac{1}{n},\end{cases}$$

则 $x_n(t)$是$[0,1]$上的连续函数，其次设

$$x(t)=\begin{cases}0, & 0\leqslant t<\dfrac{1}{2},\\ \dfrac{1}{2}, & t=\dfrac{1}{2},\\ 1, & \dfrac{1}{2}<x\leqslant 1,\end{cases}$$

则 $\int_0^1|x_n(t)-x(t)|\,\mathrm{d}t=\dfrac{1}{2n}\to 0(n\to\infty)$，所以

$$\begin{aligned}d_1(x_m,x_n)&=\int_0^1|x_m(t)-x_n(t)|\,\mathrm{d}t\\&\leqslant\int_0^1|x_m(t)-x(t)|\,\mathrm{d}t+\int_0^1|x(t)-x_n(t)|\,\mathrm{d}t\\&=\frac{1}{2}\left(\frac{1}{m}+\frac{1}{n}\right)\to 0\quad(m,n\to\infty).\end{aligned}$$

即$\{x_n\}$是一个 Cauchy 列，现在假设存在$[0,1]$上的连续函数 $y(t)$，使得 $d_1(x_n,y)\to 0(n\to\infty)$，则由三角形不等式，

$$\int_0^1 |x(t)-y(t)|\,\mathrm{d}t \leqslant \int_0^1 |x(t)-x_n(t)|\,\mathrm{d}t + \int_0^1 |x_n(t)-y(t)|\,\mathrm{d}t,$$

上式右端,当 $n\to\infty$ 时趋于 0,因此,$\int_0^1 |x(t)-y(t)|\,\mathrm{d}t=0$. 然而 $x(t)-y(t)$ 除去 $t=\frac{1}{2}$ 外连续,因此 $x(t)$ 与 $y(t)$ 只在 $t=\frac{1}{2}$ 不同. 所以 $0\leqslant t<\frac{1}{2}$ 时 $y(t)=0$; $\frac{1}{2}<t\leqslant 1$ 时 $y(t)=1$,显然这与 $y(t)$ 连续相矛盾.

二、闭球套定理

在分析中闭区间套定理有广泛的应用. 在距离空间中,下面的闭球套定理也起着类似的重要作用.

定理 1.3.1 设 X 是完备的距离空间,$\overline{S}_n=\overline{S}(x_n,r_n)(n=1,2,\cdots)$ 是 X 中一列闭球套:

$$\overline{S}_1\supset\overline{S}_2\supset\cdots\supset\overline{S}_n\supset\cdots$$

且半径 $r_n\to 0(n\to\infty)$,则存在惟一的点 $x\in\bigcap_{n=1}^{\infty}\overline{S}_n$.

证 设 $\{x_n\}$ 是球心所组成的点列,$\forall\varepsilon>0$,由于 $r_n\to 0(n\to\infty)$,存在 N,使得当 $n>N$ 时,$r_n<\varepsilon$. 由此,对任意的 $m\geqslant n>N$,

$$d(x_n,x_m)<r_n<\varepsilon. \tag{1.3.3}$$

因此 $\{x_n\}$ 是一个 Cauchy 列. 由于空间是完备的,存在 $x\in X$,使得 $x_n\to x(n\to\infty)$,在(1.3.3)中令 $m\to\infty$,则得当 $n>N$ 时,

$$d(x,x_n)\leqslant r_n,$$

即 $x\in\overline{S}_n$,因此 $x\in\bigcap_{n=1}^{\infty}\overline{S}_n$.

如果存在 $y\in\bigcap_{n=1}^{\infty}\overline{S}_n$,则 $\forall n$,

$$d(x_n,y)\leqslant r_n,$$

令 $n\to\infty$,则 $d(x,y)=0$,即 $x=y$.

可以证明,闭球套定理的逆命题也成立. 请参看本章后面的习题.

三、纲、Baire 纲定理

设 E 是距离空间 X 中的点集,如果 E 不在 X 中任何开集中稠密,则称 E 是**疏集**. 如果一集可表为可数个疏集的并集,称为第一纲(first category)集,否则就称为第二纲集. 以下结果称为 Baire 纲定理.

定理 1.3.2(Baire) 完备距离空间是第二纲集.

证　设 X 是完备距离空间，假设 X 是第一纲集，则

$$X=\bigcup_{k=1}^{\infty}E_k,$$

其中每一个 E_k 是疏集. 任取一开球 S，由于 E_1 是疏集，S 中必包含一个半径小于 1 且不含 E_1 中点的闭球 $\overline{S}_1$，同样道理，S_1 中必包含一个半径小于 $\frac{1}{2}$ 且不含 E_2 中点的闭球 $\overline{S}_2$，显然这个过程可继续做下去. 于是，我们得到一个闭球套：

$$\overline{S}_1\supset\overline{S}_2\supset\cdots\supset\overline{S}_n\supset\cdots$$

$\overline{S}_n$ 的半径为 $\frac{1}{n}$，由闭球套定理，存在惟一点 $x_0\in\bigcap_{n=1}^{\infty}\overline{S}_n$，从而对于每一个 n，$x_0\notin E_n$，因此 $x\notin X$ 矛盾. 所以 X 是第二纲集.

在距离空间中，第一纲集与第二纲集，在某种意义上，类似于在测度空间中的零测度集与正测度集. 在第三章中，我们将给出 Baire 纲定理的重要应用. 关于 Baire 定理的种种应用及纲与测度的类比可参看 John C. Oxtoby 的书[9].

四、距离空间的完备化

如果一个距离空间 X 不完备，我们总可以用某种方法（且本质上是惟一的）把 X 嵌入到一个完备距离空间中.

定理 1.3.3　对于每一个距离空间 (X,d)，必存在一个完备的距离空间 $(\widetilde{X},\widetilde{d})$，使得 (X,d) 与 $(\widetilde{X},\widetilde{d})$ 的一个稠密子空间等距，并且在等距意义下，这样的空间 $(\widetilde{X},\widetilde{d})$ 是惟一的.

称空间 $(\widetilde{X},\widetilde{d})$ 为 (X,d) 的**完备化**.

这里使用的证明方法，与 Cantor 的实数理论中，把无理数加到有理数域中的思想是一样的.

定理 1.3.3 的证明. 用 $\widetilde{X}$ 表示空间 (X,d) 中所有 Cauchy 列之全体，其中，如果两个 Cauchy 列 $\{x_n\}$，$\{y_n\}$ 满足

$$d(x_n,y_n)\to 0\qquad(n\to\infty),$$

我们认为它们是 $\widetilde{X}$ 中的同一元，对于任意 $\widetilde{X}$ 中元 $\tilde{x}=\{x_n\}$，$\tilde{y}=\{y_n\}$，定义

$$\widetilde{d}(\tilde{x},\tilde{y})=\lim_{n\to\infty}d(x_n,y_n).\tag{1.3.4}$$

由于 $\{x_n\}$，$\{y_n\}$ 是 X 中的 Cauchy 列，$\forall\,\varepsilon>0$，存在 N，当 $m,n>N$ 时，$d(x_n,x_m)<\frac{\varepsilon}{2}$，同时 $d(y_n,y_m)<\frac{\varepsilon}{2}$，于是

$$|\,d(x_n,y_n)-d(x_m,y_m)\,|\leqslant d(x_n,x_m)+d(y_n,y_m)<\frac{\varepsilon}{2}+\frac{\varepsilon}{2}=\varepsilon.$$

这表明,极限$\lim\limits_{n\to\infty}d(x_n,y_n)$存在. 此外,如果$\{x'_n\}=\{x_n\}$,$\{y'_n\}=\{y_n\}$,其中$\{x'_n\}$,$\{y'_n\}$也是 X 中的 Cauchy 列,由于

$$|d(x_n,y_n)-d(x'_n,y'_n)|\leqslant d(x_n,x'_n)+d(y_n,y'_n)\to 0\quad(n\to\infty),$$

所以,$\lim\limits_{n\to\infty}d(x_n,y_n)=\lim\limits_{n\to\infty}d(x'_n,y'_n)$,总之,$\widetilde{X}$ 中定义的 $\widetilde{d}$ 是无歧义的.

由 $\widetilde{d}$ 的定义,易见 $\widetilde{d}$ 是 $\widetilde{X}$ 中的一个距离.

接下来我们证明(X,d)与$(\widetilde{X},\widetilde{d})$中的一个稠密子空间等距.

设 $\widetilde{X}_0$ 是由 X 中元作成的常驻列$\{x\}$的全体,显然,$\widetilde{X}_0\subset\widetilde{X}$ 而且是 $\widetilde{X}$ 的一个子空间. 令

$$x\to\{x\},\qquad x\in X.$$

易见,这是(X,d)到$(\widetilde{X}_0,\widetilde{d})$上的一个等距映射.

我们证明$(\widetilde{X}_0,\widetilde{d})$在$(\widetilde{X},\widetilde{d})$中稠密,任取 $\widetilde{x}=\{x_n\}\in(\widetilde{X},\widetilde{d})$,由于$\{x_n\}$是$(X,d)$中的 Cauchy 列,$\forall\varepsilon>0$,存在 N,当 $m,n>N$ 时,$d(x_n,x_m)<\varepsilon$,命 $\widetilde{x}_k=\{x_k\}\in\widetilde{X}_0$,则当 $n>N$ 时,

$$\widetilde{d}(\widetilde{x}_n,\widetilde{x})=\lim_{m\to\infty}d(x_n,x_m)\leqslant\varepsilon,$$

所以$\lim\limits_{n\to\infty}\widetilde{d}(\widetilde{x}_n,\widetilde{x})=0$,即$(\widetilde{X}_0,\widetilde{d})$在$(\widetilde{X},\widetilde{d})$中稠密. 下面我们证明$(\widetilde{X},\widetilde{d})$是完备的.

设$\{\widetilde{x}_n\}$是$(\widetilde{X},\widetilde{d})$中的任一 Cauchy 列,因为$(\widetilde{X}_0,\widetilde{d})$在$(\widetilde{X},\widetilde{d})$中稠密,对于每一个 $\widetilde{x}_n$,存在 $\widetilde{y}_n=\{y_n\}\in\widetilde{X}_0$,使得

$$\widetilde{d}(\widetilde{x}_n,\widetilde{y}_n)<\frac{1}{n}\quad(n=1,2,\cdots),$$

由此,

$$\begin{aligned}d(y_n,y_m)&=\widetilde{d}(\widetilde{y}_n,\widetilde{y}_m)\\&\leqslant\widetilde{d}(\widetilde{y}_n,\widetilde{x}_n)+\widetilde{d}(\widetilde{x}_n,\widetilde{x}_m)+\widetilde{d}(\widetilde{x}_m,\widetilde{y}_m)\\&<\frac{1}{n}+\frac{1}{m}+\widetilde{d}(\widetilde{x}_n,\widetilde{x}_m)\to 0\ (n,m\to\infty),\end{aligned}$$

所以 $\widetilde{y}=\{y_n\}$是(X,d)中的一个 Cauchy 列,即 $\widetilde{y}\in(\widetilde{X},\widetilde{d})$,且由于

$$\begin{aligned}\widetilde{d}(\widetilde{x}_n,\widetilde{y})&\leqslant\widetilde{d}(\widetilde{x}_n,\widetilde{y}_n)+\widetilde{d}(\widetilde{y}_n,\widetilde{y})\\&<\frac{1}{n}+\widetilde{d}(\widetilde{y}_n,\widetilde{y}),\end{aligned}$$

$\widetilde{x}_n\to\widetilde{y}(n\to\infty)$,$(\widetilde{X},\widetilde{d})$完备.

最后,证明惟一性. 设 $\widetilde{Y}$ 也是 X 的完备化,于是存在 $\widetilde{Y}$ 的稠密子空间 $\widetilde{Y}_0$ 与 X 等距,因此 $\widetilde{X}_0$ 与 $\widetilde{Y}_0$ 等距. 设这个等距射为 φ,任取 $\widetilde{x}\in\widetilde{X}$,则存在 $\widetilde{x}_n\in$

$\widetilde{X}_0$,使得 $\tilde{x}_n \to \tilde{x}(n\to\infty)$. 设 $\tilde{x}_n$ 在映射 φ 下的像为 $\tilde{y}_n$,则 $\tilde{y}_n$ 是 $\widetilde{Y}$ 中的收敛点列,即存在 $\tilde{y}\in\widetilde{Y}$,使得 $\tilde{y}_n\to\tilde{y}(n\to\infty)$,定义

$$\tilde{x}\to\tilde{y},\quad \tilde{x}\in\widetilde{X},$$

易见,这是 $\widetilde{X}$ 到 $\widetilde{Y}$ 上的一个等距射. 因此,在等距意义下,完备化是惟一的.

§1.4　压缩映射原理

一、不动点、压缩映射原理

考虑方程

$$\begin{cases}\dfrac{\mathrm{d}x}{\mathrm{d}t}=f(x,t),\\ x\,|_{t=t_0}=x_0.\end{cases}$$

这个问题等价于求解积分方程

$$x(t)=x_0+\int_{t_0}^{t}f(x(\tau),\tau)\mathrm{d}\tau.$$

如果设

$$Tx(t)=x_0+\int_{t_0}^{t}f(x(\tau),\tau)\mathrm{d}\tau,$$

我们可以把 T 看成是某个距离空间上的映射,于是解上述积分方程(从而解微分方程)的问题,就等价于求解空间中的满足

$$Tx=x$$

的元 x,即求映射 T 的"不动点"问题. 研究空间映射的不动点是一个很重要的问题. 本节中,我们考虑完备距离空间中一类映射,即压缩射的不动点定理及其某些应用. 涉及本节所讲的进一步的内容可参看 D. R. Smart 的书[8].

定理 1.4.1(压缩映射原理)　设(X,d)是完备距离空间,$T:X\to X$,并且对任意 $x,y\in X$,不等式

$$d(Tx,Ty)\leqslant\theta d(x,y)$$

成立,其中 $0<\theta<1$,则存在惟一的 $\bar{x}\in X$,使得 $T\bar{x}=\bar{x}$.

证　首先不难看出,T 是一个连续映射. 其次,任取 $x_0\in X$,令

$$x_1=Tx_0,\ x_2=Tx_1,\ \cdots,\ x_{n+1}=Tx_n,\ \cdots$$

我们得到 X 中的点列$\{x_n\}$,从关系式

$$x_{n+1}=Tx_n\quad(n=0,1,2,\cdots)\tag{1.4.1}$$

可以看出,如果$\{x_n\}$收敛,则由 T 的连续性,这个序列的极限就是 T 的一个不动点.

事实上，由

$$d(x_1,x_2)=d(Tx_0,Tx_1)\leqslant \theta d(x_0,Tx_0),$$

$$d(x_2,x_3)=d(Tx_1,Tx_2)\leqslant \theta d(x_1,x_2)\leqslant \theta^2 d(x_0,Tx_0),$$

$$\cdots\cdots$$

一般地，

$$d(x_n,x_{n+1})\leqslant \theta^n d(x_0,Tx_0)\quad (n=1,2,\cdots).$$

于是，对任意自然数 p，

$$\begin{aligned} d(x_n,x_{n+p}) &\leqslant d(x_n,x_{n+1})+d(x_{n+1},x_{n+2})+\cdots+d(x_{n+p-1},x_{n+p}) \\ &\leqslant (\theta^n+\theta^{n+1}+\cdots+\theta^{n+p-1})d(x_0,Tx_0) \\ &= \frac{\theta^n(1-\theta^p)}{1-\theta}d(x_0,Tx_0) \\ &\leqslant \frac{\theta^n}{1-\theta}d(x_0,Tx_0), \end{aligned}\tag{1.4.2}$$

由 $0<\theta<1$，可知 $\{x_n\}$ 是一个 Cauchy 列，因为 X 是完备的，所以存在 $\bar{x}\in X$，使得

$$x_n\to \bar{x}(n\to\infty),$$

在式(1.4.1)的两边命 $n\to\infty$ 并注意到 T 的连续性，即得 $T\bar{x}=\bar{x}$.

现在证明惟一性. 假设还有 $\bar{y}\in X$，使得 $T\bar{y}=\bar{y}$，则

$$d(\bar{x},\bar{y})=d(T\bar{x},T\bar{y})\leqslant \theta d(\bar{x},\bar{y}),$$

由于 $\theta<1$，必有 $d(\bar{x},\bar{y})=0$，即 $\bar{x}=\bar{y}$.

以上压缩映射原理的证明，实际上告诉我们的更多. 首先，每一个 x_n 是所求不动点的一个近似解，为了求这个近似解，只需任取一点 $x_0\in X$ 作为最初的近似，然后逐次迭代即可. 其次，在不等式(1.4.2)的两边令 $p\to\infty$，则有

$$d(x_n,\bar{x})\leqslant \frac{\theta^n}{1-\theta}d(x_0,Tx_0).\tag{1.4.3}$$

式(1.4.3)给出了 x_n 作为不动点 $\bar{x}$ 的近似解的误差估计，我们看到这一误差与 x_0 的选取有关，当我们选取 x_0 与 Tx_0 愈近时，精确程度就愈好.

有时，映射 T 不满足压缩映射原理的条件，但是 T 的某次幂却满足这些条件. 下面，我们把定理 1.4.1 推广到这种情形.

定理 1.4.2 设 (X,d) 是完备距离空间，T 是 X 到 X 中的映射，如果存在自然数 n_0，使得对所有 $x,y\in X$，

$$d(T^{n_0}x,T^{n_0}y)\leqslant \theta d(x,y),$$

其中，$0\leqslant\theta<1$，则 T 有惟一的不动点.

证　由题设 T^{n_0} 满足定理 1.4.1 的条件，于是由该定理，T^{n_0} 有惟一的不动点 $\bar{x}$，所以只需证明 $\bar{x}$ 是 T 的惟一不动点. 由于

$$T^{n_0}(T\bar{x}) = T(T^{n_0}\bar{x}) = T\bar{x},$$

$T\bar{x}$ 也是 T^{n_0} 的不动点，但是 T^{n_0} 的不动点是惟一的，所以

$$T\bar{x} = \bar{x}.$$

即 $\bar{x}$ 是 T 的不动点.

设 $\bar{x}_1$ 也是 T 的一个不动点，则

$$T^{n_0}\bar{x}_1 = T^{n_0-1}\bar{x}_1 = \cdots = \bar{x}_1,$$

即 $\bar{x}_1$ 也是 T^{n_0} 的不动点. 由于 T^{n_0} 的不动点是惟一的，所以 $\bar{x}_1=\bar{x}$.

二、压缩映射原理的一些应用

例 1.4.1　考虑问题

$$\begin{cases} \dfrac{\mathrm{d}x}{\mathrm{d}t} = f(x,t), \\ x\mid_{t=t_0} = x_0. \end{cases} \tag{1.4.4}$$

其中，$f(x,t)$ 在平面上连续并且对变量 x 满足 Lipschitz 条件：

$$|f(x_1,t) - f(x_2,t)| \leqslant K|x_2 - x_1|, \tag{1.4.5}$$

则问题(1.4.4)在 t_0 的某个邻域中有惟一解.

选取 $\delta>0$，使得 $K\delta<1$，考虑空间 $C[t_0-\delta,t_0+\delta]$，在这个空间上定义

$$Tx(t) = \int_{t_0}^{t} f(x(\tau),\tau)\mathrm{d}\tau + x_0,$$

则 T 是空间到自身的映射. 此外，由于

$$\begin{aligned} d(Tx_1,Tx_2) &= \max_{|t-t_0|\leqslant\delta}\left|\int_{t_0}^{t}[f(x_1(\tau),\tau) - f(x_2(\tau),\tau)]\mathrm{d}\tau\right| \\ &\leqslant \max_{|t-t_0|\leqslant\delta}\left|\int_{t_0}^{t}K|x_2(\tau) - x_1(\tau)|\mathrm{d}\tau\right| \\ &\leqslant K\delta\max_{|t-t_0|\leqslant\delta}|x_2(t) - x_1(t)| \\ &= K\delta d(x_1,x_2). \end{aligned}$$

由于 $0\leqslant K\delta<1$ 且空间 $C[t_0-\delta,t_0+\delta]$ 完备，由压缩映射原理立刻得结果.

例 1.4.2　如果矩阵 (a_{ij}) 满足条件

$$\sum_{i=1}^{n}\sum_{j=1}^{n}a_{ij}^2 < 1, \tag{1.4.6}$$

则方程组

$$\xi_i-\sum_{j=1}^{n}a_{ij}\xi_j=b_i,\qquad i=1,2,\cdots,n \tag{1.4.7}$$

有惟一解 $x_0=\{\xi_1^{(0)},\xi_2^{(0)},\cdots,\xi_n^{(0)}\}$.

设

$$(Tx)_i=\sum_{j=1}^{n}a_{ij}\xi_j+b_i,\qquad i=1,2,\cdots,n,$$

$$x=\{\xi_1,\xi_2,\cdots,\xi_n\},\quad x_i=\{\xi_1^{(i)},\xi_2^{(i)},\cdots,\xi_n^{(i)}\},\quad i=1,2,$$

则 T 是$\mathbb{R}^n$ 到自身的一个映射. 由于

$$\begin{aligned}d(Tx_1,Tx_2)&=\sqrt{\sum_{i=1}^{n}\Big\{\sum_{j=1}^{n}a_{ij}(\xi_j^{(1)}-\xi_j^{(2)})\Big\}^2}\\&\leqslant\sqrt{\sum_{i=1}^{n}\Big\{\sum_{j=1}^{n}a_{ij}^2\sum_{j=1}^{n}(\xi_j^{(1)}-\xi_j^{(2)})^2\Big\}}\\&=\sqrt{\sum_{i=1}^{n}\sum_{j=1}^{n}a_{ij}^2}\,d(x_1,x_2).\end{aligned}$$

由式(1.4.6),方程组(1.4.7)有惟一解.

例 1.4.3　Fredholm 方程,现在我们应用压缩映射原理来证明第二类 Fredholm 积分方程

$$x(t)=\varphi(t)+\lambda\int_a^b K(t,s)x(s)\mathrm{d}s \tag{1.4.8}$$

解的存在与惟一性问题,其中 λ 是任意参数,$K(t,s)$ 与 $\varphi(t)$ 是给定的 $a\leqslant t\leqslant b$, $a\leqslant s\leqslant b$ 上的连续函数.

令

$$Tx(t)=\varphi(t)+\lambda\int_a^b K(t,s)x(s)\mathrm{d}s,$$

易见,T 是完备空间 $C[a,b]$到自身的映射,由于 $K(t,s)$连续,存在常数 M,使得$|K(t,s)|\leqslant M$. 于是,

$$\begin{aligned}d(Tx_1,Tx_2)&=\max_{a\leqslant t\leqslant b}|\lambda|\left|\int_a^b K(t,s)\{x_1(s)-x_2(s)\}\mathrm{d}s\right|\\&\leqslant|\lambda|M(b-a)d(x_1,x_2).\end{aligned}$$

由压缩映射原理知,当$|\lambda|<\dfrac{1}{M(b-a)}$时,方程(1.4.8)有惟一解.

例 1.4.4　Volterra 方程. 最后我们讨论 Volterra 型积分方程

$$x(t)=\varphi(t)+\lambda\int_a^t K(t,s)x(s)\mathrm{d}s. \tag{1.4.9}$$

这个方程与(1.4.8)不同之处在于积分的上限为变量 t，而函数 $K(t,s)$ 为给定的区域 $a\leqslant t\leqslant b$, $a\leqslant s\leqslant t$ 上的连续函数.

设

$$Tx(t)=\varphi(t)+\lambda\int_a^t K(t,s)x(s)\mathrm{d}s.$$

与在例 1.4.3 中相同，T 是 $C[a,b]$ 到自身的映射，而对任意的 $x_1, x_2\in C[a,b]$，有

$$\begin{aligned}|Tx_1(t)-Tx_2(t)|&=|\lambda|\left|\int_a^t K(t,s)\{x_1(s)-x_2(s)\}\mathrm{d}s\right|\\&\leqslant|\lambda|M(t-a)\max_{a\leqslant t\leqslant b}|x_1(t)-x_2(t)|,\end{aligned}$$

其中 $M=\max\limits_{\substack{a\leqslant t\leqslant b\\ a\leqslant s\leqslant t}}|K(t,s)|$，由此

$$|T^2x_1(t)-T^2x_2(t)|\leqslant|\lambda|^2M^2\frac{(t-a)^2}{2}\cdot\max_{a\leqslant t\leqslant b}|x_1(t)-x_2(t)|,$$

归纳地有

$$|T^nx_1(t)-T^nx_2(t)|\leqslant|\lambda|^nM^n\frac{(t-a)^n}{n!}\cdot\max_{a\leqslant t\leqslant b}|x_1(t)-x_2(t)|,$$

于是

$$\begin{aligned}d(T^nx_1, T^nx_2)&=\max_{a\leqslant t\leqslant b}|T^nx_1(t)-T^nx_2(t)|\\&\leqslant|\lambda|^nM^n\frac{(b-a)^n}{n!}d(x_1,x_2).\end{aligned}$$

由于

$$\frac{|\lambda|^nM^n(b-a)^n}{n!}\to 0\qquad(n\to\infty),$$

于是，对任意给定的参数 λ，对于充分大的 n，总可使

$$0\leqslant\frac{|\lambda|^nM^n(b-a)^n}{n!}<1,$$

因此对充分大的 n，T^n 满足压缩映射原理条件，由定理 1.4.2，方程(1.4.9)有惟一解.

§1.5　拓扑空间的基本概念

一、拓扑空间的定义

为了研究极限与连续性等概念，前面我们引进了距离空间. 可以看到，分析中许多重要的极限过程都可以在距离空间中讨论，距离空间的基本概念是

基于邻域,或者本质上是基于开集的概念引进的. 因此,我们可以从另一个角度出发,在一个集中直接定义开集. 这样使我们就有了更多的灵活性.

定义 1.5.1 设 X 是任一集,τ 是 X 的子集构成的集族,且满足条件:

1) 集 X 与空集 $\varnothing$ 属于 τ;

2) τ 中任意个集的并集属于 τ;

3) τ 中任意有穷个集的交集属于 τ.

则称 τ 是 X 上的一个**拓扑**. 集 X 上定义了拓扑 τ,称它是一个**拓扑空间**,记为 (X,τ). 在不致引起混淆时简记为 X. 凡属于 τ 中的集称为**开集**.

例 1.5.1 设 (X,d) 是距离空间,X 中的开集族满足拓扑空间的公理. 因此每一个距离空间是拓扑空间.

同一集 X 可以引进不同的拓扑,从而得到不同的拓扑空间.

例 1.5.2 设 X 是任一集,令 τ_∞ 是 X 的所有子集构成的集族,(X,τ_∞) 是一个拓扑空间. 如果在同一集 X 中令 $\tau_0=\{X,\varnothing\}$,(X,τ_0) 也是一个拓扑空间.

设在同一集 X 上有两个拓扑 τ_1,τ_2. 如果 $\tau_2\subset\tau_1$,则称**拓扑 τ_2 比拓扑 τ_1 弱**或者拓扑 τ_1 比拓扑 τ_2 **强**.

在例 1.5.2 中,显然 τ_∞ 是 X 上的所有拓扑中最强的拓扑,而 τ_0 是 X 上的所有拓扑中最弱的拓扑.

设 (X,τ) 是拓扑空间,$A\subset X$,令

$$\tau_A=\{A\cap G:G\in\tau\},$$

不难验证,τ_A 是 A 上的一个拓扑,称 τ_A 为 τ 在 A 上的**诱导拓扑**(或相对拓扑). 称 (A,τ_A) 为 (X,τ) 的**子空间**.

与在距离空间中一样,在拓扑空间 (X,τ) 中可以引进闭集、闭包、邻域等概念. 设 $F\subset X$ 是一集,如果它的余集 CF 是开集,则称 F 是**闭集**. 由 de Morgan 公式,立刻可得闭集有以下基本性质:

1) 全空间 X 及空集 $\varnothing$ 是闭集;

2) 任意个闭集的交集是闭集;

3) 任意有穷个闭集的并集是闭集.

设 $x\in X$,我们把每一个包含 x 的开集称为 x 的**邻域**,如果 x 的每一个邻域都包含集 $E\subset X$ 中的点,称 x 为集 E 的**接触点**. 如果 x 的每一个邻域包含集 E 中不同于 x 的点,称 x 为集 E 的**极限点**. 集 E 的接触点的全体称为 E 的**闭包**,记为 $\bar{E}$. 称包含在集 E 中的所有开集的并集为集 E 的**内部**,记为 E^0. 不难看出,E^0 是包含在 E 中的最大开集;$\bar{E}$ 是包含 E 的最小闭集.

二、拓扑基

设 X 是一集,在 X 上给出一个拓扑,这意味着给出 X 的一个开集族 τ,τ

可能是一个很大的集族，因此，我们希望能够只给出 τ 的一个子族，由它照样可以决定 X 上的拓扑. 例如，在距离空间中，所有开球就是这样的子族.

定义 1.5.2 设(X,τ)是一个拓扑空间，$\mathscr{B}$ 是 τ 的子集族，使得 X 中的每一开集可表为 $\mathscr{B}$ 中集的并集，称 $\mathscr{B}$ 是(X,τ)的**拓扑基**.

这样，我们可以指定空间的拓扑基来给出拓扑.

定理 1.5.1 设 X 是任一集，$\mathscr{B}$ 是 X 的子集构成的集族，则 $\mathscr{B}$ 是 X 上某一拓扑基，当且仅当，$\mathscr{B}$ 具有以下性质：

1) 任一点 $x\in X$，存在 $G\in\mathscr{B}$，使得 $x\in G$；

2) 如果 $x\in G_1\cap G_2$，其中 $G_1,G_2\in\mathscr{B}$，则存在 $G_3\in\mathscr{B}$，使得 $x\in G_3\subset G_1\cap G_2$.

证 如果 $\mathscr{B}$ 是 X 上某一拓扑基，由于 X 是开集，它是 $\mathscr{B}$ 中元的并集，因此对每一点 $x\in X$，存在 $G\in\mathscr{B}$，使得 $x\in G$，即性质 1)成立. 如果 $x\in G_1\cap G_2$，其中 $G_1,G_2\in\mathscr{B}$，由于 $G_1\cap G_2$ 是开集，它是 $\mathscr{B}$ 中集的并集，由此推出性质 2).

反之，设 $\mathscr{B}$ 具有性质 1)，2). 用 $\tau(\mathscr{B})$表示 X 中所有可表为 $\mathscr{B}$ 中集的并集之全体. 这时空集属于 $\tau(\mathscr{B})$. 其次由性质 1)，全空间 X 属于 $\tau(\mathscr{B})$，显然任意 $\tau(\mathscr{B})$中集的并集属于 $\tau(\mathscr{B})$. 因此，我们只需证明任意有穷个 $\tau(\mathscr{B})$中集的交集属于 $\tau(\mathscr{B})$. 对此我们只要证明两个集的情形就可以了. 设 $A=\bigcup\limits_{\alpha}G_\alpha$，$B=\bigcup\limits_{\beta}G_\beta$，其中 $G_\alpha,G_\beta\in\mathscr{B}$，这时

$$A\cap B=\bigcup_{\alpha,\beta}(G_\alpha\cap G_\beta),$$

由性质 2)，每一个 $G_\alpha\cap G_\beta\in\tau(\mathscr{B})$，所以 $A\cap B\in\tau(\mathscr{B})$.

设 $\mathscr{B}$ 是集 X 上具有定理 1.5.1 中性质 1)，2)的集族，如果原来在 X 上有一个拓扑 τ，不难看出 $\tau(\mathscr{B})\subset\tau$. 以下定理给出了 $\mathscr{B}$ 恰好产生给定拓扑 τ 的条件.

定理 1.5.2 集族 $\mathscr{B}\subset\tau$ 是给定拓扑 τ 的基，当且仅当，满足以下条件：对任意 $G\in\tau$ 及每一点 $x\in G$，存在 $G_x\in\mathscr{B}$，使得

$$x\in G_x\subset G.$$

证 如果上述条件成立，则对于每一个 $G\in\tau$，可表示为

$$G=\bigcup_{x\in G}G_x,$$

这说明 $\mathscr{B}$ 是拓扑 τ 的基.

反之，如果 $\mathscr{B}$ 是拓扑 τ 的基. 于是，每一个 $G\in\tau$ 可表为 $\mathscr{B}$ 中集的并集. 因此对于每一点 $x\in G$，存在 $G_x\in\mathscr{B}$，使得 $x\in G_x\subset G$.

例 1.5.3 由定理 1.5.1、定理 1.5.2，任意距离空间中，所有开球的全体构成空间的拓扑基.

例 1.5.4 数直线上所有端点为有理数的开区间全体构成数直线的拓扑基. 注意这个基是一个可数集.

如果拓扑空间中存在一个由最多可数个集构成的拓扑基,称这个空间具有**可数基**(或满足第二可数公理).

设$\{G_n\}$是拓扑空间 X 的可数基,对于每一 $x_n \in G_n$,$\{x_n\}$是 X 中稠密的可数子集,由此可见,具有可数基的距离空间是可分的.

三、拓扑空间中的连续映射、同胚

在§1.1中我们对距离空间引进的连续映射概念,自然地可推广到任意拓扑空间上.

定义 1.5.3 设 X,Y 是两个拓扑空间,$f:X\to Y$ 是一个映射,$x_0\in X$. 如果对点 $y_0=f(x_0)$的任意邻域 U_{y_0},存在点 x_0 的邻域 V_{x_0},使得 $f(V_{x_0})\subset U_{y_0}$,则称 **$f$ 在点 x_0 连续**;如果 f 在每一点 $x\in X$ 连续,则称 f 是一个**连续映射**.

拓扑空间到数直线上的连续映射称为**连续函数**.

以上拓扑空间的连续映射是"局部地"定义的,拓扑空间之间的连续映射可以由空间的拓扑来刻画.

定理 1.5.3 设 X,Y 是拓扑空间,$f:X\to Y$,则 f 是连续映射,当且仅当对于 Y 中任一开集 G,原像集 $f^{-1}(G)$是 X 中的开集.

证 设 f 是连续的,G 是 Y 中任一开集. 对于每一点 $x\in f^{-1}(G)$,令 $y=f(x)$,则 G 是 y 的邻域. 由于 f 连续,存在 x 的邻域 V_x,使得 $f(V_x)\subset G$,因此 $V_x\subset f^{-1}(G)$,即 $f^{-1}(G)$是 X 中的开集.

反之,如果对 Y 中任意开集 G,$f^{-1}(G)$是 X 中的开集,则对于每一点 $x\in X$及 $y=f(x)$的任意邻域 U_y,$x\in f^{-1}(U_y)$,$f^{-1}(U_y)$是 x 的邻域并且它的像包含在 U_y 中,即 f 在点 x 连续.

由于余集的原像是原像的余集,从定理 1.5.3 立刻可以推出下面的定理.

定理 1.5.4 拓扑空间 X 到拓扑空间 Y 中的映射 f 是连续的,当且仅当 Y 中任意闭集的原像是 X 中的闭集.

不难证实,开集在连续映射下的像不一定是开集. 如果 $f:X\to Y$ 把 X 中任一开集映为 Y 中开集,则称 f 是**开映射**.

对于拓扑空间的连续映射也有类似于分析中关于复合函数连续性的定理.

定理 1.5.5 设 X,Y,Z 是拓扑空间,$f:X\to Y$ 与 $g:Y\to Z$ 是连续映射,则

$$h(x)=g(f(x)),\qquad x\in X$$

是空间 X 上到空间 Z 中的连续映射.

证 设 G 是空间 Z 中的任意开集,由于 f,g 连续及定理 1.5.3,

$$h^{-1}(G)=f^{-1}(g^{-1}(G))$$

是 X 中的开集，所以 $h:X\to Z$ 连续.

设 X,Y 是拓扑空间，$f:X\to Y$ 是映上的、一对一的，并且 f,f^{-1} 都是连续的，称 f 是一个**同胚映射**. 对于给定的拓扑空间 X,Y，如果存在一个同胚映射 $f:X\to Y$，称空间 X 与 Y **同胚**.

同胚的拓扑空间具有相同的拓扑性质. 因此从拓扑的角度，我们把它们看作同一空间. 如果两个距离空间等距，显然它们必同胚. 但是两个同胚的距离空间却不一定等距.

四、分离公理

虽说距离空间中的许多基本概念可以推广到任意拓扑空间上，但有时还是嫌拓扑空间过于一般，为此我们用所谓"分离公理"对空间施加一些限制.

例 1.5.5 设 $X=\{a,b\}$，$\tau=\{X,\varnothing,\{b\}\}$，$(X,\tau)$ 是一个拓扑空间，但是在这个空间中，单点集 $\{b\}$ 不是闭集，之所以会出现这种情形是由于空间缺乏足够的"分离性".

T_1 分离公理 在拓扑空间 X 中，如果任取 $x,y\in X$，$x\neq y$，则存在 x 的邻域 U 不包含 y 并且存在 y 的邻域 V 不包含 x，称空间 X 满足 T_1 分离公理.

前面的例 1.5.5 是一个不满足 T_1 分离公理的拓扑空间的例.

定理 1.5.6 拓扑空间 X 是 T_1 的，当且仅当 X 中任一单点集是闭集.

证 设 X 是 T_1 的，任取 $x_0\in X$，令 $A=\{x_0\}$. 对于每一点 $x\in CA$，存在 x 的邻域 G_x，$x_0\notin G_x$，即 $G_x\subset CA$，因此 $CA=\bigcup\limits_{x\in CA}G_x$ 是开集，从而 A 是闭集.

反之，如果 X 中每一单点集是闭集，对任意 $y,z\in X$，$y\neq z$，令 $G_y=C\{z\}$，$G_z=C\{y\}$，则 G_y 是 y 的邻域，不包含 z；同时 G_z 是 z 的邻域，不包含 y，即 X 是 T_1 的.

T_2 分离公理(Hausdorff 分离公理) 设 X 是拓扑空间，如果任取 $x,y\in X$，$x\neq y$，则分别存在 x 的邻域 G_x 及 y 的邻域 G_y，使得 $G_x\cap G_y=\varnothing$，称空间 X 是 T_2 的或 Hausdorff 空间.

显然，任一 Hausdorff 空间必是 T_1 的，但反之则不然.

例 1.5.6 设 $X=[0,1]$，在 X 中除去最多可数个点所得的一切子集与空集是开集.

不难看出，X 是 T_1 拓扑空间，但不是 Hausdorff 空间.

T_3 分离公理 设 X 是 T_1 拓扑空间，如果任取 $x\in X$ 及不包含点 x 的任一闭集 A，存在开集 U,V，使得 $x\in U$，$A\subset V$ 且 $U\cap V=\varnothing$，则称空间 X 是 T_3 的.

任一 T_3 空间显然是 T_2 空间，不难举例，反之则不然.

T_4 分离公理 设 X 是 T_1 拓扑空间,如果对 X 中任意两个不相交的闭集 A,B,存在不相交的开集 U,V,使得 $A\subset U,B\subset V$,则称拓扑空间 X 是 T_4 的或正规拓扑空间.

试举一 T_3 拓扑空间但不是正规空间的例.

定理 1.5.7 每一个距离空间是正规的.

证 设(X,d)是任一距离空间,A,B 是 X 中两个不相交的闭集. 对于每一 $x\in A$ 及每一 $y\in B$,令

$$d_x=\inf_{y\in B} d(x,y),\qquad d_y=\inf_{x\in A} d(y,x).$$

由于对每一点 $x\in A$,存在 x 的邻域与 B 不相交,必有 $d_x>0$,同理 $d_y>0$.

其次,令

$$U=\bigcup_{x\in A} B\left(x,\frac{d_x}{2}\right),\qquad V=\bigcup_{y\in B} B\left(y,\frac{d_x}{2}\right),$$

则 U,V 分别是包含 A 与 B 的开集. 至此,我们只需证明 $U\cap V=\varnothing$. 假设存在 $z\in U\cap V$,于是存在 $x_0\in A,y_0\in B$,使得 $d(x_0,z)<\frac{d_{x_0}}{2},d(y_0,z)<\frac{d_{y_0}}{2}$. 不妨设 $d_{x_0}\leqslant d_{y_0}$,由三角形不等式则有

$$d(x_0,y_0)\leqslant d(x_0,z)+d(z,y_0),$$

$$<\frac{d_{x_0}}{2}+\frac{d_{y_0}}{2}\leqslant d_{y_0}.$$

这与 d_{y_0} 的定义相矛盾,所以 $U\cap V=\varnothing$,(X,d)是正规空间.

定义 1.5.4 设(X,τ)是拓扑空间,如果 X 上的拓扑 τ 可由 X 上的某个距离来决定,称(X,τ)**可距离化**.

由定理 1.5.7 知:一个拓扑空间是可距离化的,它必须是正规的,但是正规性条件不能保证空间**可距离化**.

五、由一族映射诱导的弱拓扑,乘积空间

在一个集上给定拓扑的最直接的方法是指定它的某些子集是开集,但实际上我们未必能给出所有开集的直接描述,给定拓扑的普遍方法是选择一个拓扑基,在泛函分析中,我们常常使用以下方法.

设 X 是一集,$\mathscr{F}$ 是一个映射的非空族,使得对每一 $f\in\mathscr{F}$,$f:X\to Y_f$,其中每一个 Y_f 是拓扑空间(Y_f 可以是同一空间). 设 $\mathscr{B}$ 是 X 中所有形如$f^{-1}(V)$的有穷个集的交集构成的集族,其中,$f\in\mathscr{F}$,V 是 Y_f 中的开集.

不难验证,$\mathscr{B}$ 满足定理 1.5.1 的条件,因此它是 X 上的一个拓扑基,从而决定了 X 上的一个拓扑,这个拓扑是使得所有 $f\in\mathscr{F}$ 连续的 X 上的最弱的拓

扑,称它为 X 上的由$\mathscr{F}$**诱导的弱拓扑**,或简称为 $\mathscr{F}$ 拓扑.

定理 1.5.8 设 X 是任一集,$\mathscr{F}$是 X 上非空映射族,使得对每一 $f\in\mathscr{F}$,f: $X\to Y_f$,其中每一个 Y_f 是 Hausdorff 空间且 $\mathscr{F}$ 在 X 上分离点,即对任意 x,$y\in X$,$x\neq y$ 存在 $f\in\mathscr{F}$,使得$f(x)\neq f(y)$. 则 X 上的 $\mathscr{F}$ 拓扑是 Hausdorff 的.

证 任取 $x,y\in X$,$x\neq y$,由于 $\mathscr{F}$ 在 X 上分离点,存在 $f\in\mathscr{F}$ 使得 $f(x)\neq f(y)$,而 Y_f 是 Hausdorff 的. 因此,在 Y_f 中存在不相交的开集 U,V 分别包含 $f(x)$,$f(y)$. 由 X 上 $\mathscr{F}$ 拓扑的定义,$f^{-1}(U)$,$f^{-1}(V)$是 X 中的开集,它们分别包含 x,y 且不相交,所以 X 上的 $\mathscr{F}$ 拓扑是 Hausdorff 的.

以后我们将多次使用这种方法,目前作为它的一个应用,我们讨论乘积拓扑空间.

由已知拓扑空间构造新的拓扑空间的方法之一是构造乘积空间. 设 X_1,X_2 是两个拓扑空间,作 X_1,X_2 的乘积集:

$$X = X_1 \times X_2,$$

其中 X 是所有元 x 的全体,$x=(x_1,x_2)$,$x_1\in X_1$,$x_2\in X_2$. 任取 X_1 中开集 U_1,V_1,X_2 中开集 U_2,V_2,由于

$$(U_1\times U_2)\cap(V_1\times V_2)=(U_1\cap V_1)\times(U_2\cap V_2),$$

由定理 1.5.1,所有形如 $U\times V$ 的集构成 X 上的一个拓扑基,其中 U,V 分别为 X_1,X_2 中的开集,因此决定了 X 上的一个拓扑,称这个拓扑为 X 上的乘积拓扑,称具乘积拓扑的乘积集为乘积拓扑空间.

我们也可以用另一种方式定义乘积拓扑. 用 τ 表示 X 上的乘积拓扑. 对于每一点 $x=(x_1,x_2)$,设

$$\pi_1 x = x_1, \qquad \pi_2 x = x_2$$

分别为 X 上到 X_1,X_2 中的**投影**. 任取 X_1 中开集 U,则 $\pi_1^{-1}(U)=U\times X_2$ 是乘积空间中的开集,因此 $\pi_1: X\to X_1$ 是连续映射. 同理,$\pi_2: X\to X_2$ 也是连续映射. 用 τ_1 表示 X 上的$\{\pi_1,\pi_2\}$拓扑,则有 $\tau_1\subset\tau$. 另一方面,设 U,V 分别为 X_1,X_2 中开集,由于

$$U\times V=\pi_1^{-1}(U)\cap\pi_2^{-1}(V),$$

有 $\tau\subset\tau_1$,因此 $\tau_1=\tau$,即 X 上的乘积拓扑就是 X 上的$\{\pi_1,\pi_2\}$拓扑.

不难把上述定义推广到任意有穷个空间的情形.

现在我们讨论任意多个拓扑空间的乘积. 设 I 是一个指标集,对于每一 $\alpha\in I$,X_α 是一个拓扑空间,考虑所有 I 上定义的映射 x 的集合,其中 x 使得对于每一个 $\alpha\in I$ 有 $x_\alpha\in X_\alpha$ 与之对应. 用

$$X=\prod_{\alpha\in I}X_\alpha$$

表示所有映射 x 的集,称 X 为 $\{X_\alpha\}$,$\alpha\in I$ 的乘积集. X 中元也可以用"坐标"形式表示,$x=\{x_\alpha\}$,$\alpha\in I$. 对于每一 $\alpha\in I$,令

$$\pi_\alpha(x) = x_\alpha, \qquad x \in X,$$

π_α 是 X 到 X_α 中的**投影**. 定义 X 上的 $\{\pi_\alpha\}$ 拓扑为 X 上的乘积拓扑. 我们看到,X 上的乘积拓扑是使所有 X 上的投影 π_α,$\alpha\in I$ 连续的 X 上的最弱的拓扑.

由定理 1.5.8,如果每一个 X_α,$\alpha\in I$ 是 Hausdorff 空间,则乘积拓扑空间 X 也是 Hausdorff 空间.

§1.6 紧 性

一、紧性的概念

在数直线上,有限闭区间的任意开覆盖中必存在有穷子覆盖,这是著名的 Heine-Borel 引理,它在分析中起着非常重要的作用. 从这点出发我们引进以下概念:

定义 1.6.1 设 X 是拓扑空间,如果 $X=\bigcup\limits_{\alpha\in I}G_\alpha$,其中,对于每一 $\alpha\in I$,G_α 是开集,则称 $\{G_\alpha\}$,$\alpha\in I$ 是 X 的一个**开覆盖**. 如果 X 的任意开覆盖中必存在有穷子覆盖,即存在 $\alpha_1,\cdots,\alpha_n\in I$,使得 $X=\bigcup\limits_{k=1}^{n}G_{\alpha_k}$,则称 X 是**紧的**.

设 A 是 X 的子集,如果 A 作为 X 的子空间(即,在诱导拓扑下)是紧的,则称集 A 是紧的.

由于在诱导拓扑下,A 中开集为 $A\cap G$ 的形式,其中,G 为 X 中的开集. 所以,可以按以下方式定义集 A 是紧集:如果集 A 的任意开覆盖,即 X 中的开集族 $\{G_\alpha\}$,$\alpha\in I$,使得 $A\subset\bigcup\limits_{\alpha\in I}G_\alpha$,存在有穷子覆盖,即存在 $\alpha_1,\cdots,\alpha_n\in I$,使得 $A\subset\bigcup\limits_{k=1}^{n}G_{\alpha_k}$.

从分析中知,$\mathbb{R}^n$ 中任意有界闭集是紧集;$\mathbb{R}^n$ 不是紧的.

设 $\{F_\alpha\}$,$\alpha\in I$ 是拓扑空间 X 中的闭集族,如果族中任取有穷个闭集,其交集不空必有 $\bigcap\limits_{\alpha\in I}F_\alpha\neq\varnothing$,称闭集族 $\{F_\alpha\}$,$\alpha\in I$ 具有有穷交性质. 如果 X 中每一个闭集族具有有穷交性质,则称 X 具有**有穷交性质**.

定理 1.6.1 设 X 是拓扑空间,则 X 是紧的,当且仅当 X 具有有穷交性质.

证 设 X 具有有穷交性质,$\{G_\alpha\}$,$\alpha\in I$ 是 X 的任意开覆盖. 令 $F_\alpha=CG_\alpha$,$\alpha\in I$,则 $\{F_\alpha\}$,$\alpha\in I$ 是一族闭集. 由 $X=\bigcup\limits_{\alpha\in I}G_\alpha$ 知 $\bigcap\limits_{\alpha\in I}F_\alpha=C(\bigcup\limits_{\alpha\in I}G_\alpha)=\varnothing$. 因此,

必存在 $\alpha_1,\cdots,\alpha_n\in I$，使得 $C(\bigcup\limits_{k=1}^{n}G_{\alpha_k})=\bigcap\limits_{k=1}^{n}F_{\alpha_k}=\varnothing$，即 $X=\bigcup\limits_{k=1}^{n}G_{\alpha_k}$，所以 X 是紧的.

反之，设 X 是紧的，$\{F_\alpha\},\alpha\in I$ 是任一闭集族且其中任意有穷个闭集的交集不空. 我们证明 $\bigcap\limits_{\alpha\in I}F_\alpha\neq\varnothing$ 中. 因为如果 $\bigcap\limits_{\alpha\in I}F_\alpha=\varnothing$，则 $\bigcup\limits_{\alpha\in I}CF_\alpha=C(\bigcap\limits_{\alpha\in I}F_\alpha)=X$，由 X 的紧性，存在 $\alpha_1,\cdots,\alpha_n\in I$，使得 $\bigcup\limits_{k=1}^{n}CF_{\alpha_k}=X$，因此 $\bigcap\limits_{k=1}^{n}F_{\alpha_k}=C(\bigcup\limits_{k=1}^{n}(CF_{\alpha_k}))=\varnothing$，这与假设矛盾. 所以 X 具有有穷交性质.

定理 1.6.2　紧空间中任一闭子集是紧的.

证　设 A 是紧空间 X 中的闭子集，$\{F_\alpha\},\alpha\in I$ 是 A 中任一闭集族，则每一个 $F_\alpha,\alpha\in I$ 在 X 中也是闭集. 由于 X 紧，由定理 1.6.1，$\{F_\alpha\},\alpha\in I$ 具有有穷交性质，所以 A 是紧的.

定理 1.6.3　Hausdorff 空间中的每一个紧子集是闭的.

证　设 A 是 Hausdorff 空间 X 中的任一紧子集. 设 $x\notin A$，于是对于每一 $y\in A$，存在不相交的开集 U_y,V_y，使得 $x\in U_y,y\in V_y$. 于是 $\{V_y\cap A\},y\in A$ 是 A 的一个开覆盖(关于诱导拓扑). 由于 A 是紧的，存在 $y_1,\cdots,y_n\in A$，使得 $A=\bigcup\limits_{k=1}^{n}(V_{y_k}\cap A)$. 设 $U_x=\bigcap\limits_{k=1}^{n}U_{y_k}$，则 U_x 是开集，$x\in U_x$ 且

$$U_x\cap A\subset U_x\cap(\bigcup_{k=1}^{n}V_{y_k})=\varnothing.$$

上式中右边等式成立是因为，如果 $z\in U_x\cap(\bigcup\limits_{k=1}^{n}V_{y_k})$，则存在 $k_0(1\leqslant k_0\leqslant n)$，使得 $z\in U_{y_{k_0}}\cap V_{y_{k_0}}$，这是不可能的，因此 $U_x\cap A=\varnothing$，所以 A 是闭集.

定理 1.6.4(Tychonoff)　任意个紧空间的乘积空间是紧的.

证明可参看[6].

二、紧空间的连续映射

紧空间的连续映射具有一些重要性质.

定理 1.6.5　紧空间在连续映射下的像是紧空间.

证　设 X 是紧空间，f 是 X 上到拓扑空间 Y 中的连续映射，设 $\{V_\alpha\},\alpha\in I$ 是 $f(X)$ 的任一开覆盖，其中对每一 $\alpha\in I,V_\alpha$ 是 $f(X)$ 中的开集. 由于 f 连续，对每一 $\alpha\in I,f^{-1}(V_\alpha)$ 是 X 中的开集并且 $\{f^{-1}(V_\alpha)\},\alpha\in I$ 构成 X 的开覆盖. 由于 X 是紧的，存在 $\alpha_1,\cdots,\alpha_n\in I$，使得 $X=\bigcup\limits_{k=1}^{n}f^{-1}(V_{\alpha_k})$，从而 $f(X)=\bigcup\limits_{k=1}^{n}V_{\alpha_k}$，所以 $f(X)$ 是紧的.

如果取 $Y=\mathbb{R}$，由于数直线 $\mathbb{R}$ 上的紧子集是有界闭集，于是由上面的定理立刻得出：

定理 1.6.6 紧空间上的连续函数必有最大值与最小值.

定理 1.6.7 紧 Hausdorff 空间 X 到 Hausdorff 空间 Y 上的一对一的连续映射 f 是同胚映射.

证 只需证明逆映射 f^{-1}是连续的. 设 $F\subset X$ 是任一闭集，由定理1.6.5，$f(F)$是紧的. 由于 Y 是 Hausdorff 空间，因此 $f(F)$是闭的. 这样，映射 f^{-1} 使 X 中每一闭集的原像集是 Y 中的闭集，由定理 1.5.4，f^{-1}连续. 所以 f 是一个同胚映射.

§1.7 距离空间的紧性

一、列紧集、全有界集

距离空间作为拓扑空间的特殊情形，上节中有关拓扑空间的紧性概念，结果自然可移到距离空间中来. 在距离空间中，还有两个重要的概念，即列紧性、全有界性与紧性有着密切的联系.

定义 1.7.1 设 A 是距离空间 X 的子集，如果 A 中任意点列必包含一个在 X 中的收敛子列，则称 A 是**列紧集**. 如果 X 是列紧集，称 X 是**列紧空间**.

由以上定义立刻可得；

1) 列紧集的子集是列紧的；

2) 列紧空间是完备的.

这里，我们只证明 2). 设$\{x_n\}$是 X 中任一 Cauchy 列，于是，对任意$\varepsilon>0$，存在 N，当 $n,m>N$ 时，

$$d(x_n,x_m)<\varepsilon.$$

由于 X 是列紧的，存在$\{x_n\}$的收敛子列$\{x_{n_k}\}$及 $x_0\in X$，使得 $x_{n_k}\to x_0(k\to\infty)$. 于是，对充分大的 k，使 $n_k>N$，则有

$$d(x_n,x_{n_k})<\varepsilon.$$

在上式左边令 $k\to\infty$，则当 $n>N$ 时，

$$d(x_n,x_0)\leqslant\varepsilon.$$

即 $x_n\to x_0(n\to\infty)$，X 是完备的.

与列紧性密切相关的还有全有界性.

定义 1.7.2 设 A,B 是距离空间 X 中的点集，$\varepsilon>0$，如果对每一 $x\in A$，存在 $y\in B$，使得 $d(x,y)<\varepsilon$，则称 B 是 A 的一个 **ε 网**.

设 $A\subset X$，如果对于任意 $\varepsilon>0$，A 有有穷 ε 网，则称 A 是**全有界集**.

全有界集 A 具有以下性质.

1) A 是有界集.

事实上,设$\{x_1,\cdots,x_n\}$是A的有穷1网,则对于每一点$x\in A$,存在$x_k(1\leqslant k\leqslant n)$,使得

$$d(x,x_k)<1,$$

所以

$$d(x,x_n)\leqslant d(x,x_k)+d(x_k,x_n)<1+\max_{1\leqslant k\leqslant n}d(x_k,x_n).$$

即A是有界集.

2) 对于每一$\varepsilon>0$,A的有穷ε网可取为A的子集.

因为设$\{x_1,\cdots,x_n\}$是A的$\frac{\varepsilon}{2}$网,取$\bar{x}_k\in A\cap B\left(x_k,\frac{\varepsilon}{2}\right)$,$k=1,2,\cdots,n$,则显然$\{\bar{x}_1,\bar{x}_2,\cdots,\bar{x}_n\}\subset A$,且是$A$的$\varepsilon$网.

3) A是可分的.

对于每一个n,设B_n是A的有穷$\frac{1}{n}$网,且由2)不妨设$B_n\subset A$. 令

$$B=\bigcup_{n=1}^{\infty}B_n,$$

则B是A的可数子集并且对于每一$x\in A$,存在$x_n\in B_n$,使得$d(x,x_n)<\frac{1}{n}$. 因此B在A中稠密,所以A是可分的.

由以上性质3),如果距离空间是全有界的,则它具有可数基.

定理 1.7.1　设A是距离空间X中的列紧集,则A是全有界集;如果X是完备的,则当A是全有界集时,A必是列紧集.

证　设A是X中的列紧集. 假设A不是全有界的,则存在$\varepsilon_0>0$,使得A没有有穷ε_0网;任取$x_1\in A$,存在$x_2\in A$,使得$d(x_1,x_2)\geqslant\varepsilon_0$. 因为不然的话,$\{x_1\}$将是$A$的有穷$\varepsilon_0$网. 同理,存在$x_3\in A$,使得$d(x_i,x_3)\geqslant\varepsilon_0(i=1,2)$,否则$\{x_1,x_2\}$将成为$A$的有穷$\varepsilon_0$网,这个步骤可以继续作下去,于是存在点列$\{x_n\}\subset A$,当$m\neq n$时,$d(x_m,x_n)\geqslant\varepsilon_0$. 显然,$\{x_n\}$没有收敛子列,这与$A$是列紧集矛盾,所以$A$是全有界集.

设X是完备的,$A\subset X$是全有界集,B是A的任一无穷点列. 由于A全有界,在A中存在有穷1网. 由于B是无穷集,必存在一个网中点为中心1为半径的开球S_1,使得其中包含B中无穷多点. 令$B_1=B\cap S_1$,则$B_1\subset S_1$且B_1是无穷集. 类似地,存在以B_1中点为中心半径为$\frac{1}{2}$的开球S_2,令$B_2=B_1\cap S_2$,则$B_2\subset S_2$且B_2是无穷集. 这样继续下去,得一列无穷集$B_1\supset B_2\supset\cdots$,及一列开球$S_1,S_2,\cdots$,其中$S_n$的半径为$\frac{1}{n}$且$B_n\subset S_n$. 任取$x_1\in B_1$,$x_2\in B_2\setminus\{x_1\},\cdots,x_n\in B_n\setminus\{x_1,\cdots,x_{n-1}\},\cdots$. 我们得点列$\{x_n\}$由于$B_n\subset S_n$及

$B_{n+1}\subset B_n(n=1,2,\cdots)$，对任意的 n 及任意的 $m\geqslant n$，$x_m,x_n\in S_n$. 因此 $d(x_m,x_n)<\dfrac{2}{n}$，这说明$\{x_n\}$是 Cauchy 列. 由于 X 的完备性，$\{x_n\}$必收敛，所以 A 是列紧集.

例 1.7.1　在空间$\mathbb{R}^n$ 中，有界集是全有界集.

设 $A\subset\mathbb{R}^n$ 是有界集，则 A 包含在一个充分大的立方体 I 中，

$$I=\{x\in\mathbb{R}^n:|\xi_k-\xi_k^{(0)}|\leqslant\frac{a}{2},\ k=1,2,\cdots,n\},$$

其中，$x=(\xi_1,\xi_2,\cdots,\xi_n)$，$x_0=(\xi_1^{(0)},\xi_2^{(0)},\cdots,\xi_n^{(0)})$，$a>0$. 对任意给定的 $\varepsilon>0$，把 I 分成边长小于 ε 的小立方体，这些小立方体的顶点构成 A 的一个有穷$\dfrac{\sqrt{n}}{2}\varepsilon$ 网. 所以 A 是全有界集.

一般距离空间中，有界集不一定是全有界集(可参看本章后面习题).

对于紧性与列紧性的联系我们有以下结果.

定理 1.7.2　设 A 是距离空间 X 中的子集. 则 A 是紧集，当且仅当，A 是列紧闭集.

证　设 A 是列紧闭集，$\{G_\alpha\}$，$\alpha\in I$ 是 A 的任一开覆盖. 由于 A 列紧，因此 A 可分. 设$\{x_n\}$是 A 的可数稠密子集，对于每一 $x\in A$，存在 G_α，使得 $x\in G_\alpha$. 于是存在 $r>0$，使得 $B(x,r)\subset G_\alpha$. 因为$\{x_n\}$在 A 中稠密，存在 x_k 使得 $d(x,x_k)<\dfrac{r}{4}$. 选取有理数 r'，使得$\dfrac{r}{4}<r'<\dfrac{r}{2}$. 于是

$$x\in B(x_k,r')\subset B(x,r)\subset G_\alpha.$$

这样，我们得 A 的另一个开覆盖，而这个开覆盖最多由可数个开球组成并且其中每一个开球包含在某个 G_α 中，记它为$\{S_n\}$. 我们证明从$\{S_n\}$中可选出 A 的一个有穷子覆盖.

因为假如不然，则对于每一 m，存在 $y_m\in A\setminus\bigcup\limits_{k=1}^{m}S_k$，因为 A 列紧，$\{y_m\}$必含有收敛子列$\{y_{m_k}\}$，设 $y_{m_k}\to y_0(k\to\infty)$，由于 A 是闭集，$y_0\in A$，但是显然 $y_0\notin S_n(n=1,2,\cdots)$，这与$\{S_n\}$是 A 的开覆盖相矛盾. 所以$\{S_n\}$中存在有穷子覆盖，不妨设其为$\{S_1,S_2,\cdots,S_n\}$. 设 $S_k\subset G_{\alpha_k}(k=1,\cdots,n)$. 于是$\{G_{\alpha_1},\cdots,G_{\alpha_n}\}$是$\{G_\alpha\}$，$\alpha\in I$ 的一个有穷子覆盖. 所以 A 是紧集.

设 A 是紧集. 为证明 A 是列紧闭集，只需证明，包含在 A 中的任一点列，必存在收敛于 A 中点的子列. 假设$\{x_n\}$不存在收敛于 A 中点的子列，则对于每一点 $y\in A$，存在 $r_y>0$，使得 $B(y,r_y)$中除去可能点 y 之外不含$\{x_n\}$中点. 因为不然，则 y 的任何邻域中含有$\{x_n\}$中不同于 y 的点，点 y 必为$\{x_n\}$某个子列的极限. 因此$\{B(y,r_y)\}$，$y\in A$ 是 A 的一个开覆盖，由于 A 是紧集，其中必

存在有穷子覆盖. 这样,$\{x_n\}$中最多去掉有限点外不能属于 A,矛盾. 所以 A 是列紧闭集.

二、Arzelà 定理

$C[a,b]$是分析中最重要的距离空间之一,对于这个空间中集的列紧性有以下判别法.

定理 1.7.3(Arzelà)　空间 $C[a,b]$中的子集 A 是列紧的,当且仅当 A 中函数一致有界且等度连续. 即存在常数 K,使得,对于每一点 $t\in[a,b]$及一切 $x\in A$,

$$|x(t)|\leqslant K.$$

并且对任意 $\varepsilon>0$,存在 $\delta>0$,使得当$|t_1-t_2|<\delta$ 时对每一 $x\in A$,

$$|x(t_1)-x(t_2)|<\varepsilon.$$

证　设 A 是列紧集,由定理 1.7.1,对任意 $\varepsilon>0$,在 A 中存在有穷$\frac{\varepsilon}{3}$网$\{x_1,x_2,\cdots,x_n\}$,其中每一个 x_i 作为$[a,b]$上的连续函数是有界的,即$|x_i(t)|\leqslant K_i$,令

$$K=\max_{1\leqslant i\leqslant n}K_i+\frac{\varepsilon}{3}.$$

对于每一 $x\in A$,存在 x_i,使得

$$d(x,x_i)=\max_{a\leqslant t\leqslant b}|x(t)-x_i(t)|\leqslant\frac{\varepsilon}{3}.$$

所以

$$|x(t)|\leqslant|x_i(t)|+\frac{\varepsilon}{3}\leqslant K_i+\frac{\varepsilon}{3}\leqslant K.$$

即 A 中函数是一致有界的.

由于$[a,b]$上的连续函数是一致连续的,所以对每一个 x_i,存在 δ_i,使得当$|t_1-t_2|<\delta_i$ 时

$$|x_i(t_1)-x_i(t_2)|<\frac{\varepsilon}{3}.$$

令

$$\delta=\min_{1\leqslant i\leqslant n}\delta_i,$$

对任意 $x\in A$,选取 x_i,使得 $d(x,x_i)<\frac{\varepsilon}{3}$. 于是,当$|t_1-t_2|<\delta$ 时

$$|x(t_1)-x(t_2)|$$

$$\leqslant |x(t_1)-x_i(t_1)|+|x_i(t_1)-x_i(t_2)|+|x_i(t_2)-x(t_2)|$$

$$<\frac{\varepsilon}{3}+\frac{\varepsilon}{3}+\frac{\varepsilon}{3}=\varepsilon,$$

即 A 中函数等度连续.

设 A 中函数一致有界且等度连续，只需证明，对任意 $\varepsilon>0$，A 有有穷 ε 网. 设对于每一 $x\in A$，$|x(t)|\leqslant K$，并选取 $\delta>0$，使得当 $|t_1-t_2|<\delta$ 时，对于每一 $x\in A$，$|x(t_1)-x(t_2)|<\frac{\varepsilon}{5}$. 作 $[a,b]$ 的分割：

$$t_0=a<t_1<t_2<\cdots<t_n=b,$$

使得每一个子区间的长小于 δ，并通过这些分点引 t 轴的垂直线. 在 x 轴上作区间 $[-K,K]$ 的分割：

$$x_0=-K<x_1<x_2<\cdots<x_m=K,$$

使得每一子区间的长小于 $\frac{\varepsilon}{5}$，并通过这些分点引垂直于 x 轴的水平线. 这样，矩形 $a\leqslant t\leqslant b$，$-K\leqslant x\leqslant K$ 被分成水平边长小于 δ，垂直边长小于 $\frac{\varepsilon}{5}$ 的小矩形. 现在对每一 $x\in A$，构造一个顶点在 (t_k,x_i)，且与函数 x 的偏差小于 $\frac{\varepsilon}{5}$ 的折线函数 $\bar{x}$.

由以上构造，$|x(t_k)-\bar{x}(t_k)|<\frac{\varepsilon}{5}$，$|x(t_{k+1})-\bar{x}(t_{k+1})|<\frac{\varepsilon}{5}$，$|x(t_k)-x(t_{k+1})|<\frac{\varepsilon}{5}$，所以

$$|\bar{x}(t_k)-\bar{x}(t_{k+1})|<\frac{3}{5}\varepsilon.$$

由于 t_k 与 t_{k+1} 之间函数 $\bar{x}(t)$ 是线性的，所以对每一 $t\in[t_k,t_{k+1}]$，

$$|\bar{x}(t_k)-\bar{x}(t)|<\frac{3}{5}\varepsilon.$$

设 $t\in[a,b]$，t_k 是上面选取的分点中从左边最接近 t 的一个分点，则有

$$|x(t)-\bar{x}(t)|$$

$$\leqslant |x(t)-x(t_k)|+|x(t_k)-\bar{x}(t_k)|+|\bar{x}(t_k)-\bar{x}(t)|\leqslant\varepsilon.$$

因此，折线函数集 $\{\bar{x}\}$ 构成 A 的 ε 网，$\{\bar{x}\}$ 显然是有穷集，因此 A 全有界，由于 $C[a,b]$ 完备，所以 A 是列紧集.

习 题 一

1. 设 D 是 $[0,1]$ 区间上具有连续导数（在端点 $t=1$，$t=0$ 分别具有左、右导数）的实函

数全体，在 D 上定义

$$d(x,y)=\sup_{0\leqslant t\leqslant 1}|x(t)-y(t)|+\sup_{0\leqslant t\leqslant 1}|x'(t)-y'(t)|.$$

1）证明 D 是距离空间；

2）指出 D 中点列按距离收敛的意义；

3）证明 D 是完备的.

2. 证明如果 d 是集 X 上的距离，则 $d_1=\dfrac{d}{1+d}$ 也是 X 上的距离.

3. 设 $d_1,d_2,\cdots,d_m,\cdots$ 是集 X 上的距离，证明：

1）$d=\sup\limits_{1\leqslant i\leqslant m} d_i$；

2）$d=\sqrt{d_1^2+d_2^2+\cdots+d_m^2}$；

3）$d=\sum\limits_{k=1}^{\infty}\dfrac{1}{2^k}\cdot\dfrac{d_k}{1+d_k}$

中的每一个也是 X 上的距离.

4. 设 X 是在 $|z|<1$ 中解析且在 $|z|\leqslant 1$ 上连续的复函数的全体，在其中定义

$$d(x,y)=\max_{|t|=1}|x(t)-y(t)|.$$

证明 (X,d) 是距离空间.

5. 在距离空间中，一个半径为 4 的开球能否成为一个半径为 3 的开球的真子集？

6. 证明在距离空间中，如果一个半径为 7 的开球包含在一个半径为 3 的开球中，则这两个球重合.

7. 证明在空间 s 中，按距离收敛等价于按坐标收敛.

8. 试举一例说明有界集不是全有界集.

9. 证明距离空间中每一个 Cauchy 列是有界集.

10. 证明距离空间的完备子空间是闭子空间.

11. 证明如果距离空间是可分的，则它的任意子空间也是可分的；反之，如果距离空间不可分，它的子空间是否也不可分？

12. 设 (X,d) 是距离空间，$A\subset X$，令

$$f(x)=\inf_{y\in A}d(x,y)\qquad(x\in X).$$

证明 $f(x)$ 是 X 上的连续函数.

13. 设 F_1,F_2 是距离空间 X 中不相交的闭集，证明存在 X 上的连续函数 $f(x)$，使得当 $x\in F_1$ 时 $f(x)=0$，当 $x\in F_2$ 时 $f(x)=1$.

14. 设 X 是距离空间，证明：如果在 X 中，任一半径趋于零的闭球套具有非空交，则空间 X 是完备的.

15. 设 X 是完备距离空间，$\mathscr{F}$ 是 X 上的实连续函数族且具有性质：对于每一 $x\in X$，存在常数 $M_x>0$，使得对于每一 $F\in\mathscr{F}$，

$$|F(x)|\leqslant M_x.$$

证明：存在开集 U 及常数 $M>0$，使得对于每一 $x\in U$ 及所有 $F\in\mathscr{F}$，

$$|F(x)|\leqslant M.$$

16. 举例说明，在压缩映射原理中，

1) 空间完备性条件不可少；

2) 映射 T 所满足的条件不能代之以条件：

$$d(Tx,Ty)<d(x,y) \qquad (x\neq y).$$

17. 证明：存在闭区间[0,1]上的连续函数 $x(t)$，使得

$$x(t)=\frac{1}{2}\sin x(t)-a(t),$$

其中，$a(t)$是给定的[0,1]上的连续函数.

18. 设 X 是完备距离空间，T 是 X 上到自身的映射，在闭球 $\overline{B}=\{x\in X:d(x_0,x)\leqslant r\}$ 上，$d(Tx,Ty)\leqslant\theta d(x,y)$且 $d(x_0,Tx_0)<(1-\theta)r$，其中 $0\leqslant\theta<1$. 证明 T 在 $\overline{B}$ 上有惟一不动点.

19. 设$(t_0,s_0)\in\mathbb{R}^2$，$f(t,s)$在(t_0,s_0)的邻域 N 中连续，$s_0=f(t_0,s_0)$，$f'_s(t,s)$在 N 中存在且在(t_0,s_0)连续并且 $f'_s(t_0,s_0)=0$. 用压缩映射原理证明：存在 $\delta>0$，$x(t)\in C[t_0-\delta,t_0+\delta]$，使得 $s_0=x(t_0)$，$x(t)=f(t,x(t))$，$t\in[t_0-\delta,t_0+\delta]$.

20. 设 X 是紧距离空间，T 是 X 上到自身的映射且满足条件：对任意 $x,y\in X$，当 $x\neq y$时

$$d(Tx,Ty)<d(x,y).$$

证明 T 在 X 上有惟一不动点.

21. 设 $X=\{a,b\}$，$\tau=\{X,\varnothing,\{b\}\}$，证明：

1) τ 是 X 上的一个拓扑；

2) $\{a\}$是闭集；

3) $\overline{\{b\}}=X$.

22. 设 X 是任一集，$\mathscr{B}_1$，$\mathscr{B}_2$ 是 X 的子集构成的集族，它们都满足定理 1.5.1 中的条件，设 τ_1，τ_2 分别是由它们决定的 X 上的拓扑. 证明：$\tau_1\subset\tau_2$，当且仅当对于每一 $G_1\in\mathscr{B}_1$ 及任一点 $x\in G_1$，存在 $G_2\in\mathscr{B}_2$，使得 $x\in G_2\subset G_1$.

23. 试举一拓扑空间的例，它是 T_2 的但不是 T_3 的.

24. 设 X 是 T_1 拓扑空间，证明点 x 是 X 中集 E 的极限点，当且仅当 x 的任意邻域中包含 E 中的无穷多点. 如不假设 X 是 T_1 的，这个结论是否成立？

25. 设拓扑空间(X,τ)满足第二可数公理，证明从 X 的任意开覆盖中可选出由最多可数个集构成的子覆盖.

第二章　赋范线性空间

在通常的应用中，例如在函数空间中，它们有一个代数结构，即构成一个线性空间，同时还与某种收敛性相联系，处理这种结构最常用的一般方法是引进一个范数，这样就导致赋范线性空间的概念.

§2.1　赋范空间的基本概念

一、赋范空间的定义与基本性质

定义 2.1.1　设 X 是域 $\mathbb{K}$（实数域或复数域）上的线性空间，函数 $\|\cdot\|: X \to \mathbb{R}$ 满足条件：

1）对任意 $x\in X$，$\|x\|\geqslant 0$；且 $\|x\|=0$，当且仅当 $x=0$；

2）对任意 $x\in X$ 及 $\alpha\in\mathbb{K}$，$\|\alpha x\|=|\alpha|\,\|x\|$（齐次性）；

3）对任意 $x,y\in X$，$\|x+y\|\leqslant\|x\|+\|y\|$（三角形不等式）.

称 $\|\cdot\|$ 是 X 上的一个**范数**，X 上定义了范数 $\|\cdot\|$ 称为**赋范(线性)空间**，记为 $(X,\|\cdot\|)$，有时简记为 X.

在一个赋范线性空间 $(X,\|\cdot\|)$ 中，通过范数可以自然地定义一个距离，

$$d(x,y)=\|x-y\|,\qquad x,y\in X. \tag{2.1.1}$$

事实上，由范数公理，对任意 $x,y,z\in X$，$d(x,y)=\|x-y\|\geqslant 0$，且 $d(x,y)=0$，当且仅当 $\|x-y\|=0$，即 $x=y$，$d(x,y)=\|x-y\|=\|y-x\|=d(y,x)$，$d(x,y)=\|x-y\|=\|x-z+z-y\|\leqslant\|x-z\|+\|z-y\|=d(x,z)+d(z,y)$.

称赋范空间中这个距离是由范数诱导的距离. 这样，赋范空间是一个距离空间，以后凡说赋范空间的距离如无特别说明都指的是由范数诱导的距离. 因此，在第一章所讨论的涉及距离空间、拓扑空间的一般概念、性质(如完备性、可分性、紧性等)都可以移植到赋范空间中来. 特别地，设 $\{x_n\}$ 是赋范空间 X 中的点列，$x\in X$，如果

$$\|x_n-x\|\to 0\quad(n\to\infty), \tag{2.1.2}$$

称 $\{x_n\}$ **强(或按范)收敛于 x**，记为

$$x_n\to x\quad(n\to\infty),$$

或

$$\lim_{n\to\infty} x_n = x.$$

如果赋范空间是完备的称它为 **Banach 空间**.

在赋范空间 X 中可以研究无穷级数

$$\sum_{k=1}^{\infty} x_k = x_1 + x_2 + \cdots + x_n + \cdots \tag{2.1.3}$$

其中 $x_k \in X$. 如果级数(2.1.3)的部分和

$$s_n = x_1 + x_2 + \cdots + x_n$$

收敛,即存在 $s\in X$,使得 $s_n \to s(n\to\infty)$,称 s 为级数(2.1.3)的和,记为 $s = \sum_{k=1}^{\infty} x_k$.

以下我们首先证明赋范空间的几个简单性质.

定理 2.1.1 设$(X, \|\cdot\|)$是赋范空间,则:

1) 范数是一个连续函数,即当 $x_n \to x(n\to\infty)$时,$\|x_n\| \to \|x\|(n\to\infty)$.

2) 线性运算是连续的,即当 $x_n \to x(n\to\infty)$及 $y_n\to y(n\to\infty)$时,$x_n + y_n \to x + y(n\to\infty)$;当 $\alpha_n \to \alpha(n\to\infty)$及 $x_n\to x(n\to\infty)$时,$\alpha_n x_n \to \alpha x(n\to\infty)$.

证 设 $x_n \to x(n\to\infty)$,由三角形不等式

$$\|x\| \leqslant \|x - x_n\| + \|x_n\|$$

及

$$\|x_n\| \leqslant \|x_n - x\| + \|x\|,$$

所以

$$\big| \|x_n\| - \|x\| \big| \leqslant \|x_n - x\|.$$

由此立刻得 $\|x_n\| \to \|x\|(n\to\infty)$,即 1)成立.

其次,由于

$$\|(x_n + y_n) - (x + y)\| \leqslant \|x_n - x\| + \|y_n - y\|,$$

及

$$\begin{aligned}\|\alpha_n x_n - \alpha x\| &\leqslant \|\alpha_n x_n - \alpha x_n\| + \|\alpha x_n - \alpha x\| \\ &= |\alpha_n - \alpha| \, \|x_n\| + |\alpha| \, \|x - x_n\|,\end{aligned}$$

注意由本定理的结论 1),$\{\|x_n\|\}$是有界的,则当 $x_n \to x$ 及 $y_n \to y$ 时,$x_n + y_n \to x + y$;当 $\alpha_n \to \alpha$ 及 $x_n \to x$ 时,$\alpha_n x_n \to \alpha x$.

从以上定理的结论 2)可见,在一个赋范空间中,作为线性空间的代数结构与作为距离空间的拓扑结构以线性运算的连续性把两种结构联系起来.

定理 2.1.2　$(X, \|\cdot\|)$是赋范空间,如果 X 是完备的且级数

$$\sum_{k=1}^{\infty}\|x_k\| = \|x_1\| + \|x_2\| + \cdots + \|x_n\| + \cdots \qquad (2.1.4)$$

收敛,则级数(2.1.3)收敛且

$$\left\|\sum_{k=1}^{\infty}x_k\right\| \leqslant \sum_{k=1}^{\infty}\|x_k\|.$$

反之,如果在一个赋范空间中,任意无穷级数(2.1.4)收敛必有级数(2.1.3)收敛,则空间是 Banach 空间.

证　设 $s_n = x_1 + \cdots + x_n$ 是级数(2.1.3)的部分和,对任意自然数 p,

$$\begin{aligned}\|s_{n+p} - s_n\| &= \|x_{n+1} + \cdots + x_{n+p}\| \\ &\leqslant \|x_{n+1}\| + \cdots + \|x_{n+p}\|.\end{aligned}$$

由于级数(2.1.4)收敛,可见$\{s_n\}$是 Cauchy 列,而 X 是完备的,所以级数(2.1.3)收敛. 在不等式

$$\left\|\sum_{k=1}^{n}x_k\right\| \leqslant \sum_{k=1}^{n}\|x_k\|$$

两边令 $n\to\infty$,则有

$$\left\|\sum_{k=1}^{\infty}x_k\right\| \leqslant \sum_{k=1}^{\infty}\|x_k\|.$$

反之,设空间 X 中,任意级数(2.1.4)收敛必有级数(2.1.3)收敛,且$\{x_n\}$是 X 中任一 Cauchy 列. 从$\{x_n\}$中选取子列$\{x_{n_k}\}$,使得

$$\|x_{n_{k+1}} - x_{n_k}\| < \frac{1}{2^k} \qquad (k = 1, 2, \cdots).$$

于是级数 $\sum\limits_{k=1}^{\infty}\|x_{n_{k+1}} - x_{n_k}\|$ 收敛,因此级数

$$\begin{aligned}&x_{n_1} + \sum_{k=1}^{\infty}(x_{n_{k+1}} - x_{n_k}) \\ &= x_{n_1} + (x_{n_2} - x_{n_1}) + \cdots + (x_{n_k} - x_{n_{k-1}}) + \cdots\end{aligned}$$

必收敛,其前 k 项的部分和是 x_{n_k},设 $x_{n_k}\to s(k\to\infty)$,这样,存在$\{x_n\}$的一个子列$\{x_{n_k}\}$收敛. 由于$\{x_n\}$是 Cauchy 列,对任意 $\varepsilon>0$,存在 N,当 $m, n>N$ 时

$$\|x_n - x_m\| < \varepsilon,$$

因此,对于充分大的 k,

$$\|x_n - x_{n_k}\| < \varepsilon,$$

命 $k\to\infty$,则当 $n>N$ 时,

$$\| x_n - s \| \leqslant \varepsilon.$$

所以$\{x_n\}$收敛，即 X 是完备的.

注意，在以上定理的证明中，我们得到一个有用的事实，当一个 Cauchy 列有一个子列收敛时，则点列本身必收敛并且收敛于同一极限.

二、凸集

凸集是线性空间中一个重要的几何概念，它在泛函分析中有着十分广泛的应用.

定义 2.1.2 设 X 是线性空间，A 是 X 的子集，如果对任意 $x,y\in A$，及满足 $0<\alpha<1$ 的数 α，

$$\alpha x + (1-\alpha)y \in A,$$

称 A 是 X 中的**凸集**.

从几何上看，集$\{\alpha x+(1-\alpha)y: 0\leqslant\alpha\leqslant 1\}$是联接 x,y 两点的“线段”，因此集 A 是凸集就是说，对 A 中任意两点，联接这两点的线段包含在 A 中.

从定义不难看出，任意个凸集的交集是凸集. 设 A 是空间 X 中任意子集，所有包含集 A 的凸集交集是凸集，称这个凸集是**集 A 生成的凸集**或**集 A 的凸包**，记为 $\mathrm{Co}(A)$，显然集 A 的凸包 $\mathrm{Co}(A)$是 X 中包含集 A 的最小凸集.

现在设$(X,\|\cdot\|)$是赋范空间，

$$B(0,1) = \{x \in X: \| x \| < 1\}$$

是原点为中心，半径为 1 的单位球，则 $B(0,1)$是原点的一个有界凸邻域.

显然 $B(0,1)$是原点的有界邻域，对任意 $x,y\in B(0,1)$及满足 $0<\alpha<1$ 的数 α，

$$\| \alpha x + (1-\alpha)y \| \leqslant \alpha \| x \| + (1-\alpha) \| y \| < \alpha + (1-\alpha) = 1.$$

因此，$B(0,1)$是凸集.

存在原点的有界凸邻域这一简单性质对赋范空间来说是本质的，关于这一点我们以后还将继续讨论.

三、赋范空间的例

这一段中我们给出几个常见的赋范空间例子.

例 2.1.1 空间$\mathbb{R}^n$.

$\mathbb{R}^n$ 中按通常方式定义线性运算，即按坐标相加及数乘是线性空间，定义

$$\| x \| = \left(\sum_{k=1}^{n} | \xi_k |^2\right)^{\frac{1}{2}},$$

其中 $x=(\xi_1,\xi_2,\cdots,\xi_n)\in\mathbb{R}^n$.

不难验证,$\mathbb{R}^n$ 是赋范空间,由于$\mathbb{R}^n$ 作为距离空间是完备的(参看§1.3)并在$\mathbb{R}^n$ 中坐标为有理数的点的全体是可数稠密子集,所以$\mathbb{R}^n$ 是一个可分的 Banach 空间.

在$\mathbb{R}^n$ 中我们也可以用以下方式引进范数:

$$\| x \|_1 = \max_{1\leqslant i\leqslant n} | \xi_i |$$

或

$$\| x \|_2 = \sum_{i=1}^{n} | \xi_i |.$$

例 2.1.2　空间 $C[a,b]$.

闭区间$[a,b]$上的连续函数空间 $C[a,b]$(参看§1.1)中按通常方式规定线性运算是一个线性空间,定义

$$\| x \| = \max_{a\leqslant t\leqslant b} | x(t) |.$$

不难验证,$C[a,b]$是一个赋范空间. 显然以前我们在 $C[a,b]$中定义的距离正是由范数诱导的距离,作为距离空间它是完备的、可分的. 因此,$C[a,b]$是一个可分的 Banach 空间.

$C[a,b]$是一个十分重要的 Banach 空间,它在分析中有着广泛的应用. 一般地,设 K 是紧 Hausdorff 空间,可以类似地定义 Banach 空间 $C(K)$.

例 2.1.3　空间 l^∞.

设 l^∞是有界数列 $x=\{\xi_k\}$的全体按坐标定义线性运算构成的线性空间,定义

$$\| x \| = \sup_n | \xi_n |.$$

易见这是一个范数,这个范数诱导的距离就是我们在§1.2 所讨论过的距离,l^∞是一个不可分的 Banach 空间.

例 2.1.4　空间 $V[a,b]$.

考虑$[a,b]$上所有有界变差函数全体按通常方式规定线性运算构成的线性空间,对于每一个有界变差函数 $x(t)$,令

$$\| x \| = | x(a) | + \bigvee_a^b (x),$$

其中 $\bigvee_a^b(x)$表示函数 $x(t)$在$[a,b]$上的全变差,则$\| \cdot \|$是一个范数.

实际上,范数公理的前两条显然成立. 所以只需证明三角形不等式. 设 x,y 是$[a,b]$上两个有界变差函数,$z=x+y$,于是,对$[a,b]$的任意分割:

$$a = t_0 < t_1 < \cdots < t_n = b,$$

由于

$$|z(a)|=|x(a)+y(a)|\leqslant|x(a)|+|y(a)|$$

及

$$|z(t_{k+1})-z(t_k)|\leqslant|x(t_{k+1})-x(t_k)|$$
$$+|y(t_{k+1})-y(t_k)|\ (k=1,2,\cdots,n-1),$$

因此

$$\begin{aligned}&|z(a)|+\sum_{k=0}^{n-1}|z(t_{k+1})-z(t_k)|\\ \leqslant&|x(a)|+\sum_{k=0}^{n-1}|x(t_{k+1})-x(t_k)|\\ &+\sum_{k=0}^{n-1}|y(t_{k+1})-y(t_k)|+|y(a)|\\ \leqslant&\|x\|+\|y\|,\end{aligned}$$

所以 $\|x+y\|\leqslant\|x\|+\|y\|$.

我们用 $V[a,b]$ 表示这个赋范空间. 以下我们证明 $V[a,b]$ 是一个 Banach 空间.

设 $\{x_n\}$ 是 $V[a,b]$ 中任一 Cauchy 列. 由于

$$\begin{aligned}|x_m(t)-x_n(t)|\leqslant&|(x_m(t)-x_n(t))\\ &-(x_m(a)-x_n(a))|+|x_m(a)-x_n(a)|\\ \leqslant&|x_m(a)-x_n(a)|+\bigvee_a^b(x_m-x_n)\\ =&\|x_m-x_n\|,\end{aligned}$$

可见,对于每一个 $t\in[a,b]$,函数列 $\{x_n(t)\}$ 逐点收敛. 对于 $t\in[a,b]$,令 $x_0(t)=\lim\limits_{n\to\infty}x_n(t)$. 对于任意 $\varepsilon>0$,存在 N,当 $m,n>N$ 时,$\|x_m-x_n\|<\varepsilon$. 因此,对于 $[a,b]$ 的任意给定分割:

$$a=t_0<t_1<\cdots<t_r=b,$$

$$|x_m(a)-x_n(a)|+\sum_{k=0}^{r-1}|(x_m(t_{k+1})$$
$$-x_n(t_{k+1}))-(x_m(t_k)-x_n(t_k))|<\varepsilon.$$

命 $m\to\infty$,则当 $n>N$ 时,

$$|x_0(a)-x_n(a)|+\sum_{k=0}^{r-1}|(x_0(t_{k+1})$$
$$-x_n(t_{k+1}))-(x_0(t_k)-x_n(t_k))|\leqslant\varepsilon.$$

所以当 $n>N$ 时,

$$|x_0(a)-x_n(a)|+\bigvee_a^b(x_0-x_n)\leqslant\varepsilon.$$

由此得 $x_0\in V[a,b]$，并且当 $n>N$ 时，

$$\|x_n-x_0\|\leqslant\varepsilon.$$

即 $x_n\to x_0(n\to\infty)$，$V[a,b]$是一个 Banach 空间.

以后我们将看到，$V[a,b]$与 $C[a,b]$有着密切的联系.

例 2.1.5　设 X 是$[a,b]$上所有连续函数全体按通常方式定义线性运算构成的线性空间，对于每一个$[a,b]$上的连续函数 $x(t)$，令

$$\|x\|_1=\int_a^b|x(t)|\,\mathrm{d}t.$$

$(X,\|\cdot\|_1)$是一个赋范空间，由范数诱导的距离正是§1.3 中定义的距离. 这个空间不完备，所以$(X,\|\cdot\|_1)$不是 Banach 空间.

§2.2　空间 $L^p(p\geqslant1)$

这一节我们引进一类常用的赋范空间 $L^p(E)$，其中 $p\geqslant1$，为了建立三角形不等式我们需要证明几个基本不等式.

一、Hölder 不等式与 Minkowski 不等式

引理 2.2.1　设 p,q 是正数，且满足

$$\frac{1}{p}+\frac{1}{q}=1,\tag{2.2.1}$$

则对任意数 a,b

$$|ab|\leqslant\frac{|a|^p}{p}+\frac{|b|^q}{q}.\tag{2.2.2}$$

证　不妨设 a,b 都是正数，记 $s=\frac{1}{p}$. 考虑$(0,\infty)$上的函数

$$\varphi(t)=t^s-st.$$

由于 $\varphi'(t)=s(t^{s-1}-1)$，所以当 $t=1$ 时 $\varphi(t)$取最大值. 因此当 $t>0$ 时，$\varphi(t)\leqslant\varphi(1)$. 由此 $t^s-1\leqslant s(t-1)$. 用 $t=\frac{a^p}{b^q}$代入这个不等式则得

$$ab^{-\frac{q}{p}}-1\leqslant\frac{1}{p}(a^pb^{-q}-1).$$

在上式两边乘 b^q，并注意 $q-\frac{q}{p}=1$，即得不等式(2.2.2).

引理 2.2.2(Hölder 不等式)　设 E 是 Lebesgue 可测集，$x(t),y(t)$是 E

上的可测函数. 则有不等式

$$\int_E |x(t)y(t)|\mathrm{d}t\leqslant\left(\int_E|x(t)|^p\mathrm{d}t\right)^{\frac{1}{p}}\left(\int_E|y(t)|^q\mathrm{d}t\right)^{\frac{1}{q}},\quad(2.2.3)$$

其中 p,q 满足式(2.2.1).

证 记 $A^p=\int_E|x(t)|^p\mathrm{d}t,B^q=\int_E|y(t)|^q\mathrm{d}t$, 则不妨设 $0<A^p<\infty$ 且 $0<B^q<\infty$, 因为如果 A^p,B^q 中有一个为 0 或无穷, 不等式(2.2.3)显然成立.

对于每一 $t\in E$, 由不等式(2.2.2), 得

$$\frac{|x(t)y(t)|}{AB}\leqslant\frac{1}{p}\left|\frac{x(t)}{A}\right|^p+\frac{1}{q}\left|\frac{y(t)}{B}\right|^q.$$

对上式两边积分, 则得

$$\begin{aligned}\frac{1}{AB}\int_E|x(t)y(t)|\mathrm{d}t&\leqslant\frac{A^{-p}}{p}\int_E|x(t)|^p\mathrm{d}t+\frac{B^{-q}}{q}\int_E|y(t)|^q\mathrm{d}t\\&=\frac{1}{p}+\frac{1}{q}=1.\end{aligned}$$

所以

$$\int_E|x(t)y(t)|\mathrm{d}t\leqslant AB=\left(\int_E|x(t)|^p\mathrm{d}t\right)^{\frac{1}{p}}\left(\int_E|y(t)|^q\mathrm{d}t\right)^{\frac{1}{q}}.$$

引理 2.2.3(Minkowski 不等式) 设 E 是 Lebesgue 可测集, $x(t),y(t)$ 是 E 上可测函数, $p\geqslant1$, 则有不等式

$$\begin{aligned}&\left(\int_E|x(t)+y(t)|^p\mathrm{d}t\right)^{\frac{1}{p}}\\&\leqslant\left(\int_E|x(t)|^p\mathrm{d}t\right)^{\frac{1}{p}}+\left(\int_E|y(t)|^p\mathrm{d}t\right)^{\frac{1}{p}}.\end{aligned}\quad(2.2.4)$$

证 只需证明 $p>1$ 的情形. 如果式(2.2.4)右边有一个积分为无穷, 则不等式(2.2.4)显然成立. 其次, 由于对任意数 a,b,

$$(|a|+|b|)^p\leqslant(2\max(|a|,|b|))^p\leqslant2^p(|a|^p+|b|^p),$$

则有

$$\int_E|x(t)+y(t)|^p\mathrm{d}t\leqslant2^p\left(\int_E|x(t)|^p\mathrm{d}t+\int_E|y(t)|^p\mathrm{d}t\right).$$

由此, 如果式(2.2.4)左边为无穷则右边的积分至少有一个为无穷. 因此, 可以认为所有积分是有穷的. 应用 Hölder 不等式, 并注意 $\frac{1}{p}+\frac{1}{q}=1$, 则有

$$\begin{aligned}&\int_E|x(t)+y(t)|^p\mathrm{d}t\\&\leqslant\int_E|x(t)||x(t)+y(t)|^{p-1}\mathrm{d}t+\int_E|y(t)||x(t)+y(t)|^{p-1}\mathrm{d}t\end{aligned}$$

$$\leqslant \left(\int_E |x(t)|^p \mathrm{d}t\right)^{\frac{1}{p}} \left(\int_E |x(t)+y(t)|^{q(p-1)} \mathrm{d}t\right)^{\frac{1}{q}}$$

$$+\left(\int_E |y(t)|^p \mathrm{d}t\right)^{\frac{1}{p}} \left(\int_E |x(t)+y(t)|^{q(p-1)} \mathrm{d}t\right)^{\frac{1}{q}}.$$

所以

$$\left(\int_E |x(t)+y(t)|^p \mathrm{d}t\right)^{\frac{1}{p}} \leqslant \left(\int_E |x(t)|^p \mathrm{d}t\right)^{\frac{1}{p}} + \left(\int_E |y(t)|^p \mathrm{d}t\right)^{\frac{1}{p}}.$$

二、空间 $L^p(E)(p\geqslant 1)$

现在我们研究空间 $L^p(E)$. 设 E 是$\mathbb{R}$上的 Lebesgue 可测集，$x(t)$是 E 上的可测函数，$p\geqslant 1$. 如果$|x(t)|^p$ 在E 上可积，称 $x(t)$是 E 上的 p 次幂可积函数. 用 $L^p(E)$表示所有 E 上 p 次幂可积函数的全体，其中两个几乎处处相等的函数看作是同一元，在 $L^p(E)$中按通常方式定义线性运算，$L^p(E)$是线性空间. 对于每一 $x\in L^p(E)$定义

$$\| x \| = \left(\int_E |x(t)|^p \mathrm{d}t\right)^{\frac{1}{p}}.$$

由 Minkowski 不等式，它满足三角形不等式，至于范数的另两条公理显然成立，所以 $L^p(E)$是一个赋范空间.

由于对于可测集 E 及数 $p\geqslant 1$ 的不同选取，$L^p(E)$实际上是一类赋范空间，这类空间在泛函分析及其应用中都十分重要.

定理 2.2.4　$L^p(E)(p\geqslant 1)$是 Banach 空间.

证　设$\{x_n\}$是 $L^p(E)$中任意 Cauchy 列，从$\{x_n\}$中可选出子列$\{x_{n_k}\}$，使得

$$\| x_{n_{k+1}} - x_{n_k} \| < \frac{1}{2^k} \qquad (k=1,2,\cdots). \tag{2.2.5}$$

由 Hölder 不等式，对于每个具有有穷测度的可测集 $E_1\subset E$，

$$\int_{E_1} |x_{n_{k+1}}(t) - x_{n_k}(t)| \mathrm{d}t \leqslant (m(E_1))^{\frac{1}{q}} \| x_{n_{k+1}} - x_{n_k} \|. \tag{2.2.6}$$

应用 Fatou 引理，并注意式(2.2.5)，(2.2.6)，则有

$$\int_{E_1} \varliminf_{n\to\infty} \sum_{k=1}^{n} |x_{n_{k+1}}(t) - x_{n_k}(t)| \mathrm{d}t$$

$$\leqslant \varliminf_{n\to\infty} \int_{E_1} \sum_{k=1}^{n} |x_{n_{k+1}}(t) - x_{n_k}(t)| \mathrm{d}t$$

$$= \sum_{k=1}^{\infty} \int_{E_1} |x_{n_{k+1}}(t) - x_{n_k}(t)| \mathrm{d}t < \infty.$$

因此级数

$$|x_{n_1}(t)|+|x_{n_2}(t)-x_{n_1}(t)|+\cdots+|x_{n_{k+1}}(t)-x_{n_k}(t)|+\cdots$$

在 E_1 上几乎处处收敛. 但是 $E_1\subset E$ 是任意有穷测度可测子集. 所以实际上，它在 E 上几乎处处收敛，从而级数

$$x_{n_1}(t)+(x_{n_2}(t)-x_{n_1}(t))+\cdots+(x_{n_{k+1}}(t)-x_{n_k}(t))+\cdots$$

在 E 上几乎处处收敛，即 $\{x_{n_k}(t)\}$ 在 E 上几乎处处收敛，设

$$x_{n_k}(t)\to x(t)\qquad (k\to\infty)\quad \text{a. e.},$$

我们证明 $x\in L^p(E)$ 并且 $\|x_n-x\|\to 0(n\to\infty)$.

由于 $\{x_n\}$ 是 Cauchy 列，对任意 $\varepsilon>0$，存在 N，当 $m,n>N$ 时

$$\|x_n-x_m\|<\varepsilon.$$

再次应用 Fatou 引理，则有

$$\int_E \lim_{m\to\infty}|x_n(t)-x_m(t)|^p\mathrm{d}t\leqslant \varliminf_{m\to\infty}\int_E|x_n(t)-x_m(t)|^p\mathrm{d}t\leqslant\varepsilon^p.$$

所以当 $n>N$ 时，

$$\|x_n-x\|\leqslant\varepsilon,$$

$$x=(x-x_n)+x_n\in L^p(E),$$

并且

$$\|x_n-x\|\to 0\qquad (n\to\infty).$$

定理 2.2.5 $L^p[a,b](p\geqslant 1)$ 是可分的.

证 我们采取逐步逼近方式证明，有理系数多项式全体是 $L^p[a,b]$ 中的可数稠密子集.

首先，对于每一 $x\in L^p[a,b]$，设 x_n 是 x 的截断函数，即

$$x_n(t)=\begin{cases}x(t), & \text{当}|x(t)|\leqslant n\text{时},\\ 0, & \text{当}|x(t)|>n\text{时},\ n=1,2,\cdots\end{cases}$$

则 $x_n\in L^p[a,b]$ 且 $|x_n(t)|\leqslant n$，由于

$$n^p m\{t:|x(t)|>n\}\leqslant\int_{\{t:|x(t)|>n\}}|x(t)|^p\mathrm{d}t\leqslant\int_a^b|x(t)|^p\mathrm{d}t,$$

$$\lim_{n\to\infty}m\{t:|x(t)|>n\}=0.$$

因此，由积分的绝对连续性，对任意 $\varepsilon>0$，存在 N，当 $n>N$ 时，

$$\|x-x_n\|=\left(\int_{\{t:|x(t)|>n\}}|x(t)|^p\mathrm{d}t\right)^{\frac{1}{p}}<\varepsilon.$$

其次，任取一满足上式的 n，由 Luzin 定理，存在连续函数 $y(t)$，使得除去一个可测子集 A 之外，$x_n(t)=y(t)$，并且可使 $mA\leqslant\left(\frac{\varepsilon}{2n}\right)^p$，且 $|y(t)|\leqslant n$. 这样我

们有

$$\| x_n - y \| = \left(\int_A | x_n(t) - y(t) |^p \mathrm{d}t\right)^{\frac{1}{p}}$$

$$\leqslant \left(\int_A (2n)^p \mathrm{d}t\right)^{\frac{1}{p}} = 2n(mA)^{\frac{1}{p}} < \varepsilon.$$

最后,由 Weierstrass 定理,$y(t)$可由多项式一致逼近,因此可选取有理系数多项式 $p(t)$,使得在$[a,b]$上

$$| y(t) - p(t) | < \frac{\varepsilon}{(b-a)^{\frac{1}{p}}}.$$

从而$\| y-p \| < \varepsilon$. 所以$\| x-p \| < 3\varepsilon$.

三、空间 $L^\infty(E)$

我们研究 $p=\infty$的情形,设 E 是 Lebesgue 可测集,$x(t)$是 E 上的可测函数,如果存在可测子集 $E_0\subset E$,使得 $mE_0=0$ 且 $x(t)$在 $E\setminus E_0$ 上是有界的,称 $x(t)$在 E 上是**本质有界的**. 用 $L^\infty(E)$表示 E 上本质有界可测函数全体按通常方式定义线性运算构成的线性空间. 同样地,在 $L^\infty(E)$中两个几乎处处相等的函数看作是同一元. 在 $L^\infty(E)$上定义

$$\| x \| = \inf_{\substack{mE_0=0\\ E_0\subset E}} \sup_{E\setminus E_0} | x(t) |. \tag{2.2.7}$$

我们首先证明式(2.2.7)中的下确界是可达到的,即存在 E 的零测度子集 E_0,使得$\| x \| = \sup\limits_{E\setminus E_0} | x(t) |$. 这是因为由下确界的定义,对于每一个 n,存在 $E_n\subset E$使得 $mE_n=0$ 且

$$\sup_{E\setminus E_n} | x(t) | < \| x \| + \frac{1}{n}.$$

记 $E_0=\bigcup\limits_{n=1}^{\infty} E_n$,则 $E_0\subset E, mE_0=0$ 且对每一个 n,

$$\| x \| \leqslant \sup_{E\setminus E_0} | x(t) | \leqslant \sup_{E\setminus E_n} | x(t) | < \| x \| + \frac{1}{n}.$$

所以$\| x \| = \sup\limits_{E\setminus E_0} | x(t) |$.

对于每一 $x\in L^\infty(E)$,称$\| x \|$为 $x(t)$在 E 上的本质上界,记为$\| x \| = \operatorname{ess}\sup\limits_{E} | x(t) |$.

不难验证,$\| x \|$是 $L^\infty(E)$上的范数,在 $L^\infty(E)$中点列$\{x_n\}$按范收敛于 x 等价于函数列$\{x_n(t)\}$在 E 上除去一个零测度集之外一致收敛于 $x(t)$. $L^\infty(E)$是一个不可分的 Banach 空间. 我们可以把 $L^\infty(E)$看作 $L^p(E)$的极限情形(参看本章后面的习题).

以下我们对空间 $L^p(E)$ 再作两点说明.

首先,在空间 $L^p(E)(1\leqslant p<\infty)$ 中如果点列 $\{x_n\}$ 按范收敛于 x,即

$$\int_E |x_n(t)-x(t)|^p \mathrm{d}t \to 0 \qquad (n\to\infty),$$

则称函数列 $\{x_n(t)\}$ 在 E 上 p 次幂平均收敛于函数 $x(t)$. 我们证明如果函数列 $\{x_n(t)\}$ 在 E 上 p 次幂平均收敛于函数 $x(t)$,则函数列 $\{x_n(t)\}$ 在 E 上必依测度收敛于 $x(t)$.

实际上,对任意 $\sigma>0$,令 $A=\{t\in E: |x_n(t)-x(t)|\geqslant\sigma\}$,则有

$$\int_E |x_n(t)-x(t)|^p \mathrm{d}t \geqslant \int_A |x_n(t)-x(t)|^p \mathrm{d}t \geqslant \sigma^p mA.$$

由此,$m\{t\in E: |x_n(t)-x(t)|\geqslant\sigma\}\to 0$,即函数列 $\{x_n(t)\}$ 在 E 上依测度收敛于函数 $x(t)$.

反之,如果函数列 $\{x_n(t)\}$ 在 E 上依测度收敛于函数 $x(t)$,函数列 $\{x_n(t)\}$ 在 E 上未必 p 次幂平均收敛于函数 $x(t)$.

其次,如果 $1\leqslant p_2\leqslant p_1<\infty$,并且 $mE<\infty$,则有

$$L^\infty(E)\subset L^{p_1}(E)\subset L^{p_2}(E).$$

实际上,对任意 $x\in L^{p_1}(E)$,令 $B=\{t\in E: |x(t)|\leqslant 1\}$,则有

$$\begin{aligned}\int_E |x(t)|^{p_2}\mathrm{d}t &= \int_B |x(t)|^{p_2}\mathrm{d}t + \int_{E\setminus B} |x(t)|^{p_2}\mathrm{d}t \\ &\leqslant mB + \int_{E\setminus B} |x(t)|^{p_1}\mathrm{d}t \\ &\leqslant mB + \int_E |x(t)|^{p_1}\mathrm{d}t < \infty.\end{aligned}$$

即 $x\in L^{p_2}(E)$. 此外显然 $L^\infty(E)\subset L^{p_1}(E)$.

四、空间 $l^p(p\geqslant 1)$

下面我们研究 $L^p(E)$ 的离散情形 $l^p(p\geqslant 1)$. 考虑满足条件

$$\sum_{k=1}^\infty |\xi_k|^p < \infty$$

的数列 $x=\{\xi_k\}$ 的全体 $l^p(p\geqslant 1)$,在其中按坐标定义线性运算,l^p 是一个线性空间. 对于 $x\in l^p$,$x=\{\xi_k\}$ 定义

$$\|x\| = \left(\sum_{k=1}^\infty |\xi_k|^p\right)^{\frac{1}{p}}.$$

要证明这是一个范数,显然只需证明三角形不等式成立,为此可以与引理 2.2.3类似地证明离散情形的 Minkowski 不等式. 对任意 $x,y\in l^p$,$x=\{\xi_k\}$,

$y\in\{\eta_k\}$，有不等式

$$\left(\sum_{k=1}^{\infty}|\xi_k+\eta_k|^p\right)^{\frac{1}{p}}\leqslant\left(\sum_{k=1}^{\infty}|\xi_k|^p\right)^{\frac{1}{p}}+\left(\sum_{k=1}^{\infty}|\eta_k|^p\right)^{\frac{1}{p}}.$$

据此，三角形不等式成立．所以 $l^p(p\geqslant1)$ 是一个赋范空间，它是一个可分的 Banach 空间(参看本章的习题)．

这里我们指出，如果读者熟悉一般测度论，对于任意测度空间 $(X,\mathscr{B},\mu)$ 可以类似地建立空间 $L^p(X,\mathscr{B},\mu)$．特别地，如果我们取 $X=\mathbb{N}$(自然数集)，$\mathscr{B}$ 是 $\mathbb{N}$ 的一切子集的集构成的 σ 代数及 μ 是 $\mathscr{B}$ 上的"记数测度"，可以看出，l^p 实际上是 $L^p(X,\mathscr{B},\mu)$ 的特殊情形．

§2.3　赋范空间进一步的性质

一、赋范空间的子空间

设 $(X,\|\cdot\|)$ 是赋范线性空间，X_1 是 X 的线性子空间，如果我们在 X_1 中取原来 X 上的范数，那么 $(X_1,\|\cdot\|)$ 是赋范空间，称它为 $(X,\|\cdot\|)$ 的(赋范)子空间．不难证明，赋范空间的任一完备子空间是闭子空间，Banach 空间的任一闭子空间是 Banach 空间．

例 2.3.1　Banach 空间 c．

设 c 是所有收敛数列全体，按坐标规定线性运算构成的线性空间，对于 $x\in c$，$x=\{\xi_k\}$，定义

$$\|x\|=\sup_n|\xi_n|.$$

易见，c 是赋范空间并且是 l^∞(参看例 2.1.3 及本章习题)的子空间，为证明 c 是 Banach 空间只需证明，c 是 Banach 空间 l^∞ 的闭子空间．

设 $\{x_n\}$ 是收敛于 $x_0\in l^\infty$ 的 c 中点列，其中 $x_n=\{\xi_k^{(n)}\}$，$x_0=\{\xi_k^{(0)}\}$，则对任意 $\varepsilon>0$，存在 N，当 $n\geqslant N$ 时，

$$\|x_n-x_0\|=\sup_k|\xi_k^{(n)}-\xi_k^{(0)}|<\frac{\varepsilon}{3},$$

于是，当 $n\geqslant N$ 时，对于每一个 k，

$$|\xi_k^{(n)}-\xi_k^{(0)}|<\frac{\varepsilon}{3}.$$

取定 $n\geqslant N$，由于 $x_n\in c$，$\{\xi_k^{(n)}\}$ 当 $k\to\infty$ 时收敛，因此对充分大的 k,k_1，$|\xi_k^{(n)}-\xi_{k_1}^{(n)}|<\frac{\varepsilon}{3}$，从而

$$|\xi_k^{(0)}-\xi_{k_1}^{(0)}|\leqslant|\xi_k^{(0)}-\xi_k^{(n)}|+|\xi_k^{(n)}-\xi_{k_1}^{(n)}|+|\xi_{k_1}^{(n)}-\xi_{k_1}^{(0)}|$$

$$< \frac{\varepsilon}{3} + \frac{\varepsilon}{3} + \frac{\varepsilon}{3} = \varepsilon.$$

即数列$\{\xi_k^{(0)}\}$收敛,$x_0 \in c$.

例 2.3.2　Banach 空间 c_0.

设 c_0 是所有收敛于 0 的数列的全体,线性运算与范数定义与空间 c 相同. c_0 是 c 的子空间,c_0 是一个 Banach 空间(参看本章习题).

二、赋范空间的完备化

如果一个赋范空间不完备,例如例 2.1.5,其中线性运算如同 $C[a,b]$,就是一个不完备的赋范空间,我们可以把它完备化. 下面我们简单地说明完备化的过程. 设 X 是给定的赋范空间,X 作为一个距离空间有一个完备化 $\widetilde{X}$(参看§1.3). 设 $\widetilde{x}, \widetilde{y} \in \widetilde{X}$, $\widetilde{x} = \{x_n\}$, $\widetilde{y} = \{y_n\}$,其中$\{x_n\}$,$\{y_n\}$是 X 中的 Cauchy 列,我们在 $\widetilde{X}$ 中定义线性运算及范数:

$$\widetilde{x} + \widetilde{y} = \{x_n + y_n\},$$

$$\alpha\widetilde{x} = \{\alpha x_n\},$$

$$\|\widetilde{x}\| = \lim_{n\to\infty} \|x_n\|.$$

不难证明,这时 $\widetilde{X}$ 是一个 Banach 空间并且 X 与 $\widetilde{X}$ 的一个稠密子空间等距同构. 自然称 Banach 空间 $\widetilde{X}$ 为赋范空间 X 的完备化,这里不再详细讨论.

三、赋范空间的商空间

从已知赋范空间构造新赋范空间的方法之一是构造商空间.

设 M 是线性空间 X 的线性子空间. 对于 $x_1, x_2 \in X$,如果 $x_1 - x_2 \in M$,我们认为 $x_1 \sim x_2$,不难验证"$\sim$"是等价关系,对于 $x \in X$,用 $\widetilde{x}$ 表示以 x 为代表的等价类,$\widetilde{X}$ 表示所有 X 中元的等价类全体. 我们在 $\widetilde{X}$ 中定义线性运算:

$$\widetilde{x} + \widetilde{y} = \widetilde{x+y},$$

$$\alpha\widetilde{x} = \widetilde{\alpha x}.$$

这样定义的运算不依赖代表的选取.

事实上,如果 $x, x_1 \in \widetilde{X}$, $y, y_1 \in \widetilde{Y}$,则 $x - x_1 \in M$, $y - y_1 \in M$,因此

$$(x + y) - (x_1 + y_1) = (x - x_1) + (y - y_1) \in M,$$

$$\alpha x - \alpha x_1 = \alpha(x - x_1) \in M.$$

即$\widetilde{x+y} = \widetilde{x_1+y_1}$, $\widetilde{\alpha x} = \alpha\widetilde{x}_1$.

由此不难验证(因为 $\widetilde{X}$ 中线性运算归结为 X 中线性运算)$\widetilde{X}$ 是一个线性空间,称这个空间为 X 关于子空间 M 的商空间,记为 $X\backslash M$.

商空间的概念实际上在前面我们已经使用过了，在定义空间 $L^p(E)$时我们把两个 E 上几乎处处相等的 p 次幂可积函数看成是空间中的“同一元”(参看§2.2). 这种做法其实就是把 $L^p(E)$定义为一个商空间，即设 X 是 E 上所有 p 次幂可积函数全体按通常方法定义线性运算构成的线性空间，M 是 E 上几乎处处为 0 的可测函数全体构成的 X 的子空间，$L^p(E)$正是商空间 $X\backslash M$.

现在设 X 是赋范线性空间，M 是 X 的闭子间，我们在商空间 $X\backslash M$ 中定义

$$\|\tilde{x}\| = \inf_{y\in\tilde{x}}\|y\|,$$

则显然 $\|\tilde{x}\|\geqslant 0$. 如果 $\tilde{x}=\tilde{0}$，则 $\tilde{x}=M$，由定义 $\|\tilde{0}\|=0$. 反之如果 $\|\tilde{x}\|=0$，则存在点列 $\{x_n\}\subset\tilde{x}$，使得 $\lim\limits_{n\to\infty}\|x_n\|=0$，由于 M 是闭子空间，每一个 $\tilde{x}$ 是 X 中的闭子集，所以 $0\in\tilde{x}$，$\tilde{x}=M$，即 $\tilde{x}$ 是商空间中的零元.

其次，由于对每一 $\alpha\in\mathbb{K}$，有

$$\|\alpha x\| = |\alpha|\,\|x\|,$$

在这个等式两边对所有 $y\in\tilde{x}$ 取下确界，则有

$$\|\alpha\tilde{x}\| = |\alpha|\,\|\tilde{x}\|.$$

最后，对于 $\tilde{x},\tilde{y}\in X\backslash M$，则

$$\|\tilde{x}+\tilde{y}\| \leqslant \|x+y\| \leqslant \|x\| + \|y\|,$$

在上面不等式右端分别对所有 $x\in\tilde{x}$ 及所有 $y\in\tilde{y}$ 取下确界，则得

$$\|\tilde{x}+\tilde{y}\| \leqslant \|\tilde{x}\| + \|\tilde{y}\|.$$

这样 $X\backslash M$ 是一个赋范空间. 称这个空间为赋范空间 X 关于闭子空间 M 的**赋范商空间**.

定理 2.3.1 设 X 是 Banach 空间，M 是 X 的闭子空间，则赋范商空间 $X\backslash M$是 Banach 空间.

证 设$\{\tilde{x}_n\}$是 $X\backslash M$ 中任一 Cauchy 列，从$\{\tilde{x}_n\}$中选取子列$\{\tilde{x}_{n_k}\}$，使得

$$\|\tilde{x}_{n_{k+1}}-\tilde{x}_{n_k}\| < \frac{1}{2^k},\qquad k=1,2,\cdots$$

由商空间范数的定义，对于每一个 k，可选取 $y_k\in\tilde{x}_{n_{k+1}}-\tilde{x}_{n_k}$，使得

$$\|y_k\| < \|\tilde{x}_{n_{k+1}}-\tilde{x}_{n_k}\| + \frac{1}{2^k} < \frac{1}{2^{k-1}}.$$

任取 $x_{n_1}\in\tilde{x}_{n_1}$，由上式可知级数

$$x_{n_1}+y_1+y_2+\cdots+y_m+\cdots$$

按 X 中范数收敛于某一元 x. 我们证明 $\tilde{x}_n\to\tilde{x}\,(n\to\infty)$. 为此记 $s_k=x_{n_1}+$

$y_1+\cdots+y_k$，则 $s_k\to x(k\to\infty)$. 由于 $x_{n_1}\in\tilde{x}_{n_1}$ 及 $y_k\in\tilde{x}_{n_{k+1}}-\tilde{x}_{n_k}$，$s_k\in\tilde{x}_{n_{k+1}}$. 因此

$$\|\tilde{x}-\tilde{x}_{n_{k+1}}\|\leqslant\|x-s_k\|.$$

因此 $\{\tilde{x}_n\}$ 的子列 $\{\tilde{x}_{n_k}\}$ 收敛于 $\tilde{x}$. 由于 $\tilde{x}_n$ 是 Cauchy 列，必有 $\tilde{x}_n\to\tilde{x}(n\to\infty)$.

四、赋范空间的乘积

从已知赋范空间构造新赋范空间的另一个方法是构造乘积赋范空间.

设 $(X_1,\|\cdot\|_1)$，$(X_2,\|\cdot\|_2)$ 是赋范空间. 在积集 $X_1\times X_2$ 中按坐标定义线性运算，显然这时 $X_1\times X_2$ 是一个线性空间. 如果 $z\in X_1\times X_2$，$z=(x,y)$，$x\in X_1$，$y\in X_2$，定义

$$\|z\|=\|x\|_1+\|y\|_2.$$

不难验证，这时 $X_1\times X_2$ 是赋范空间，并且如果 X_1 及 X_2 都是 Banach 空间，则 $X_1\times X_2$ 也是 Banach 空间.

五、赋范线性空间的基

如果 X 是一个有穷维赋范空间，例如 n 维的，则在 X 中存在 n 个线性无关元 $\{e_1,\cdots,e_n\}$，使得 X 中每一元 x 可惟一地表示为

$$x=\xi_1e_1+\cdots+\xi_ne_n$$

的形式. $\{e_1,\cdots,e_n\}$ 是线性空间 X 的一个基. 基的重要性是显而易见的.

对于一般无穷维线性空间 X，我们有另外一种基的概念. 设 $\{x_\alpha\}$ 是 X 的子集，$\{x_\alpha\}$ 中元的所有有穷线性组合的全体显然是一个线性空间，它是包含 $\{x_\alpha\}$ 的最小线性子空间，称这个子空间为由 $\{x_\alpha\}$ 生成的子空间，或者称它是 $\{x_\alpha\}$ 的线性包. 如果 $\{x_\alpha\}$ 是 X 的线性无关子集且 $\{x_\alpha\}$ 的线性包为 X. 则称 $\{x_\alpha\}$ 是 X 的 **Hamel 基**. 可以证明，每一个线性空间都有 Hamel 基(参看本章后面的习题). 如果 $\{x_\alpha\}$ 是 X 的 Hamel 基，则每一 $x\in X$，可惟一地表示为 $\{x_\alpha\}$ 中元的有穷线性组合的形式. Hamel 基可看作是有穷维线性空间中的基的一种推广.

设 X 是赋范空间，以上基的概念都没有涉及空间的收敛性，以下基的概念似乎更自然些. 设 $\{e_n\}$ 是 X 中的点列，如果每一 $x\in X$ 可惟一地表示为

$$x=\sum_{k=1}^{\infty}\xi_ke_k,\quad \xi_k\in\mathbb{K}$$

的形式，称 $\{e_n\}$ 为 X 的 **Schauder 基**.

显然有穷维空间中通常的基是 Schauder 基.

例 2.3.3 在空间 $l^p(p\geqslant1)$ 中，设

$$e_1=\{1,0,\cdots\},\ e_2=\{0,1,0,\cdots\},\ \cdots,e_n=\{0,\cdots,0,1,0,\cdots\},\ \cdots$$

则$\{e_n\}$是一个 Schauder 基.

因为对任一 $x\in l^p, x=\{\xi_k\}$, $\sum\limits_{k=1}^{\infty}|\xi_k|^p<\infty$. 于是

$$\|x-\sum_{k=1}^{n}\xi_k e_k\|=\Big(\sum_{k=n+1}^{\infty}|\xi_k|^p\Big)^{\frac{1}{p}}\to 0 \qquad (n\to\infty).$$

即 $x=\sum\limits_{k=1}^{\infty}\xi_k e_k$. 此外如果

$$x=\sum_{k=1}^{\infty}\xi_k e_k=\sum_{k=1}^{\infty}\xi'_k e_k,$$

则 $\sum\limits_{k=1}^{\infty}(\xi_k-\xi'_k)e_k=0, \xi_k=\xi'_k, k=1,2,\cdots$. 不难证实,如果 Banach 空间 X 具有 Schauder 基,X 必须是可分的. 但是,是否每一个可分 Banach 空间都具有 Schauder 基? 答案是否定的. 1973 年数学家 P. Enflo 曾举出反例.

六、等价范数

设$\|\cdot\|_1$与$\|\cdot\|_2$是线性空间 X 上的两个范数,如果存在常数 a,b,使得对于每一 $x\in X$,

$$a\|x\|_1\leqslant\|x\|_2\leqslant b\|x\|_1,$$

称这两个范数$\|\cdot\|_1$与$\|\cdot\|_2$是**等价的**.

如果线性空间 X 上两个范数$\|\cdot\|_1$与$\|\cdot\|_2$等价,那么赋范空间$(X,\|\cdot\|_1)$与$(X,\|\cdot\|_2)$代数同构拓扑同胚,在这两个空间中关于收敛性是同样的.

例 2.3.4 在例 2.1.1 中,在$\mathbb{R}^n$ 上定义范数为

$$\|x\|=\Big(\sum_{k=1}^{n}|\xi_k|^2\Big)^{\frac{1}{2}}, \qquad x=(\xi_1,\cdots,\xi_n).$$

我们曾提到,在$\mathbb{R}^n$ 中也可以引进范数

$$\|x\|_1=\max_{1\leqslant k\leqslant n}|\xi_k|, \qquad x=(\xi_1,\cdots,\xi_n).$$

由于

$$\max_{1\leqslant k\leqslant n}|\xi_k|\leqslant\Big(\sum_{k=1}^{n}|\xi_k|^2\Big)^{\frac{1}{2}}\leqslant\sqrt{n}\max_{1\leqslant k\leqslant n}|\xi_k|,$$

即$\|x|_1\leqslant\|x\|\leqslant\sqrt{n}\|x\|_1$. 可见,这两个范数是等价的.

§2.4 有穷维赋范空间

在这一节中我们讨论有穷维赋范空间. 我们首先证明,在代数同构与拓扑同胚意义下有穷维赋范空间只有一个,即$\mathbb{R}^n$,其次通过紧性给出有穷维赋范空间一个特征性质.

定理 2.4.1 任意 n 维赋范空间必与$\mathbb{R}^n$ 代数同构拓扑同胚.

证 设$(X,\|\cdot\|)$是任意 n 维赋范空间且$\{e_1,\cdots,e_n\}$是这个空间的一个基. 于是对任意 $x\in X$,可惟一地表示为

$$x=\xi_1e_1+\xi_2e_2+\cdots+\xi_ne_n.$$

对于元 $x\in X$,令

$$\overline{x}=(\xi_1,\xi_2,\cdots,\xi_n)\in\mathbb{R}^n$$

与之对应. 显然,这样在 X 与$\mathbb{R}^n$ 之间建立的映射是映上的并且是一对一的,它是 X 到$\mathbb{R}^n$ 上的一个同构映射. 现在我们证明这个映射是同胚映射.

对于 $x\in X$,我们有

$$\begin{aligned}\|x\|&=\Big\|\sum_{k=1}^n\xi_ke_k\Big\|\leqslant\sum_{k=1}^n|\xi_k|\,\|e_k\|\\&\leqslant\Big(\sum_{k=1}^n\|e_k\|^2\Big)^{\frac{1}{2}}\Big(\sum_{k=1}^n|\xi_k|^2\Big)^{\frac{1}{2}}=\beta\|\overline{x}\|,\end{aligned}\qquad(2.4.1)$$

其中常数 β 不依赖 x. 另一方面,在空间$\mathbb{R}^n$ 的单位球面 $S=\{(\xi_1,\cdots,\xi_n)\in\mathbb{R}^n:\sum_{k=1}^n|\xi_k|^2=1\}$ 上考虑函数

$$f(\overline{x})=f(\xi_1,\xi_2,\cdots,\xi_n)=\|x\|=\|\xi_1e_1+\xi_2e_2+\cdots+\xi_ne_n\|.$$

因为在 S 上 ξ_k 不能同时为 0 且$\{e_1,\cdots,e_n\}$线性无关,所以

$$f(\xi_1,\xi_2,\cdots,\xi_n)>0.$$

由于

$$\begin{aligned}|f(\xi_1,\xi_2,\cdots,\xi_n)-f(\eta_1,\eta_2,\cdots,\eta_n)|&=|\,\|x\|-\|y\|\,|\\&\leqslant\|x-y\|\leqslant\beta\|\overline{x}-\overline{y}\|,\end{aligned}$$

$f(\xi_1,\xi_2,\cdots,\xi_n)$是连续函数,而 S 是$\mathbb{R}^n$ 中紧集,因此 f 在 S 上有最小值 $\alpha>0$. 由此对于每一 $\overline{x}\in S$

$$f(\overline{x})=\|x\|\geqslant\alpha.$$

所以对于每一 $x\in X$,且 $x\neq0$

$$f(\overline{x}) = \| x \| = \| \overline{x} \| \left\| \frac{\sum_{k=1}^{n} \xi_k e_k}{\left(\sum_{k=1}^{n} |\xi_k|^2\right)^{\frac{1}{2}}} \right\| \geqslant \alpha \| \overline{x} \|. \quad (2.4.2)$$

由式(2.4.1)及(2.4.2)可见 X 与$\mathbb{R}^n$ 同胚.

由定理 2.4.1,在任意有穷维赋范空间中点列收敛等价于按坐标收敛;任意有穷维赋范空间是 Banach 空间;在任意有穷维赋范空间中有界集是列紧集. 后面这一性质实际上是有穷维赋范空间的一个特征性质,为了证实这一点,我们首先证明一个有用的引理.

引理 2.4.2(F. Riesz)　设 X_0 是赋范空间 X 的真闭子空间,则对任意 $\varepsilon>0$,存在 $x_0\in X$,使得 $\|x_0\|=1$且对于每一 $x\in X_0$,

$$\|x-x_0\|>1-\varepsilon.$$

证　任取 $x_1\in X\backslash X_0$,记

$$d=\inf_{x\in X_0}\|x_1-x\|.$$

因为 X_0 是 X 的闭子空间,所以 $d>0$. 因为如不然则存在 $x_n\in X_0$,使得 $x_n\to x_1(n\to\infty)$,从而 $x_1\in X_0$,矛盾.

不妨设 $\varepsilon<1$,于是$\dfrac{d}{1-\varepsilon}>d$,由 d 的定义,存在 $x_2\in X_0$,使得

$$\|x_1-x_2\|<\frac{d}{1-\varepsilon}.$$

令

$$x_0=\frac{x_1-x_2}{\|x_1-x_2\|},$$

则 $\|x_0\|=1$,并且对任意 $x\in X_0$

$$\begin{aligned}\|x-x_0\| &= \left\|x-\frac{x_1-x_2}{\|x_1-x_2\|}\right\| \\ &= \frac{1}{\|x_1-x_2\|}\|(\|x_1-x_2\|x+x_2)-x_1\| \\ &\geqslant \frac{d}{\|x_1-x_2\|}>1-\varepsilon.\end{aligned}$$

定理 2.4.3　赋范空间 X 是有穷维的,当且仅当 X 中任意有界集是列紧集.

证　设 X 是有穷维的,由定理 2.4.1,X 中任意有界集是列紧集.

反之,设 X 中任意有界集是列紧集,假设 X 是无穷维的. 用 S 表示 X 中单位球面:

$$S=\{x\in X:\|x\|=1\}.$$

任取 $x_1\in S$，记 X_1 是由 $\{x_1\}$ 生成的线性子空间，则 X_1 是 X 的真闭子空间，于是由引理 2.4.2，存在 $x_2\in S$，使得对于每一 $x\in X_1$

$$\|x_2-x\|>\frac{1}{2},$$

特别地

$$\|x_2-x_1\|>\frac{1}{2}.$$

记 X_2 是由 $\{x_1,x_2\}$ 生成的线性子空间. 与上同理，X_2 是 X 的真闭子空间，于是存在 $x_3\in S$，使得对于每一 $x\in X_2$

$$\|x_3-x\|>\frac{1}{2},$$

特别地

$$\|x_3-x_2\|>\frac{1}{2},\qquad \|x_3-x_1\|>\frac{1}{2}.$$

这样可以继续作下去，由于 X 是无穷维的，可以找出 S 中的点列 $\{x_n\}$，使得对于 $i\neq j$，

$$\|x_i-x_j\|>\frac{1}{2}.$$

显然，$\{x_n\}$ 不可能有收敛子列，这与 S 的列紧性相矛盾. 所以 X 是有穷维的.

习 题 二

1. 设 $(X,\|\cdot\|)$ 是赋范空间. 对于 $x,y\in X$，令

$$d_1=\begin{cases}0, & x=y,\\ \|x-y\|+1, & x\neq y,\end{cases}$$

证明：d_1 是 X 上的距离但不是由范数诱导的距离.

2. 在 l^∞ 中，按坐标定义线性运算且对 $x\in l^\infty$，$x=\{\xi_k\}$ 定义

$$\|x\|=\sup_n|\xi_n|,$$

证明 l^∞ 是一个赋范空间.

3. 设 M 是空间 l^∞ 中除有穷个坐标之外为 0 的元之全体构成的子空间. 证明 M 不是闭子空间.

4. 试举例说明，在赋范空间中，由 $\sum\limits_{n=1}^{\infty}\|x_n\|<\infty$，一般地不能推出 $\sum\limits_{n=1}^{\infty}x_n$ 收敛.

5. 设 $(X,\|\cdot\|)$ 是赋范空间，X_0 是 X 中的稠密子集，证明：对于每一 $x\in X$，存在 $\{x_n\}\subset X_0$，使得 $x=\sum\limits_{n=1}^{\infty}x_n$ 并且 $\sum\limits_{n=1}^{\infty}\|x_n\|<\infty$.

6. 设 $(X,\|\cdot\|)$ 是赋范空间，$X\neq\{0\}$，证明：X 是 Banach 空间，当且仅当，X 中的单位球面 $S=\{x\in X:\|x\|=1\}$ 是完备的.

7. 证明 c_0 是可分的 Banach 空间.

8. 设$(X_n, \|\cdot\|_n)$是一列赋范空间，$x=\{x_n\}, x_n \in X_n (n=1,2,\cdots)$ 且满足条件 $\sum_{k=1}^{\infty}\|x_k\|^p<\infty$，用 X 表示所有 x 的全体，按坐标定义线性运算构成的线性空间，在 X 中定义

$$\|x\|=\left(\sum_{k=1}^{\infty}\|x_k\|^p\right)^{\frac{1}{p}} \quad (p\geqslant 1),$$

证明$(X, \|\cdot\|)$是一个赋范空间.

9. 证明：1) 离散情形的 Hölder 不等式与 Minkowski 不等式；2) $l^p(p\geqslant 1)$是可分的 Banach 空间.

10. 证明任意线性空间中存在 Hamel 基(提示：利用 Zorn 引理，参看定理 3.4.1).

11. 设 A 是线性空间 X 中的子集. 证明：

$$\mathrm{Co}(A)=\{\alpha_1x_1+\cdots+\alpha_nx_n\in X: n \text{ 是任意自然数}, x_k\in A, \alpha_k\geqslant 0 \text{ 且 } \sum_{k=1}^{n}\alpha_k=1\}.$$

12. 设 E 是直线上的 Lebesgue 可测集，且 $mE<\infty$，用 $\|\cdot\|_p$ 表示 $L^p(E)(p\geqslant 1)$的范数，$\|\cdot\|_\infty$表示 $L^\infty(E)$的范数. 证明：对于每一 $x\in L_\infty(E)$，

$$\lim_{p\to\infty}\|x\|_p=\|x\|_\infty.$$

13. 设$(X_1, \|\cdot\|_1)$，$(X_2, \|\cdot\|_2)$是赋范空间，在乘积线性空间 $X_1\times X_2$ 中定义

$$\|z\|_1=\|x_1\|_1+\|x_2\|_2;\ \|z\|_2=\max(\|x_1\|_1, \|x_2\|_2),$$

其中 $z\in X_1\times X_2, z=(x_1,x_2)$. 证明：$\|z\|_1, \|z\|_2$ 是 $X_1\times X_2$ 上的等价范数.

14. 设 X 是区间$[a,b]$上所有连续函数全体按通常方式定义线性运算所成的线性空间，对于 $x\in X$ 定义

$$\|x\|=\sup_{a\leqslant t\leqslant b}|x(t)|; \qquad \|x\|_1=\int_a^b|x(t)|\,\mathrm{d}t.$$

证明：$\|\cdot\|$与$\|\cdot\|_1$ 是 X 上两个不等价的范数.

15. 设 Banach 空间$(X, \|\cdot\|)$具有 Schauder 基$\{e_n\}$，用 M 表示所有使得 $\sum_{k=1}^{\infty}\xi_ke_k$ 在 X 中收敛的数列$\{\xi_k\}$的全体，按通常方式定义线性运算构成的线性空间，对于每一 $x=\{\xi_k\}\in M$，定义

$$\|x\|_1=\sup_n\left\|\sum_{k=1}^{n}\xi_ke_k\right\|,$$

证明$(M, \|\cdot\|_1)$是 Banach 空间.

16. 设$(X, \|\cdot\|)$是赋范空间，Y 是 X 的子空间，对于 $x\in X$，令

$$\delta=d(x,Y)=\inf_{y\in Y}\|x-y\|.$$

如果存在 $y_0\in Y$，使得$\|x-y_0\|=\delta$，称 y_0 是 x 的**最佳逼近**.

1) 证明：如果 Y 是 X 的有穷维子空间，则对每一 $x\in X$，存在最佳逼近.

2) 试举例说明，当 Y 不是有穷维空间时，1)的结论不成立.

3) 试举例说明，一般地，最佳逼近不惟一.

4) 证明对于每一点 $x\in X$，x 关于子空间 Y 的最佳逼近点集是凸集.

17. 设$(X,\|\cdot\|)$是赋范空间，如果对任意$x,y\in X$，$x\neq y$且$\|x\|=\|y\|=1$必有$\|x+y\|<2$，称$(X,\|\cdot\|)$是**严格凸赋范空间**.

1）证明赋范空间$(X,\|\cdot\|)$是严格凸的，当且仅当，对任意$x,y\in X$，$\|x+y\|=\|x\|+\|y\|$必有$x=\alpha y\ (\alpha>0)$.

2）证明在严格凸赋范空间中，对于每一个$x\in X$，x关于任意子空间Y的最佳逼近是惟一的.

18. 设$(X,\|\cdot\|)$是赋范空间. 如果对任意$\varepsilon>0$，存在$\delta>0$，当$\|x-y\|\geqslant\varepsilon$，$\|x\|=\|y\|=1$时必有$\|x+y\|\leqslant 2-\delta$，称$(X,\|\cdot\|)$是**一致凸的**. 证明：

1）$C[a,b]$不是一致凸的.

2）$L^1[a,b]$不是一致凸的.

3）一致凸赋范空间必是严格凸的.

第三章　有界线性算子

在许多数学问题中，如微分方程、积分方程及经典力学，量子力学中常常要考虑赋范空间中的线性映射，我们称这样的映射为线性算子. 线性算子是泛函分析中最重要的基本概念之一. 在这一章中，我们主要研究有界线性算子的性质.

§3.1　有界线性算子与有界线性泛函

一、定义与例

设 X, X_1 是赋范空间，T 是 X 中线性子空间 $D(T)$ 上到 X_1 中的映射，满足条件：对任意 $x, y \in D(T)$，$\alpha \in \mathbb{K}$，

$$T(x+y) = Tx + Ty, \quad T(\alpha x) = \alpha Tx.$$

称 T 是 X 中到 X_1 中的**线性算子**，称 $D(T)$ 是 T 的**定义域**. 一般地，我们不假定 $D(T)=X$. 如果 $D(T)=X$，我们说 T 是 X 上到 X_1 中的线性算子.

特别地，称赋范空间 X 上到数域 $\mathbb{K}$ 中的线性算子为**线性泛函**，并且看它们是到实数域还是复数域，分别称为实线性泛函与复线性泛函.

赋范空间 X 上到 X_1 中的线性算子如果满足条件：存在常数 M，使得

$$\| Tx \| \leqslant M \| x \| \qquad (x \in X),$$

称 T 是有界线性算子. 注意，$\| Tx \|$ 是空间 X_1 中的范数，$\| x \|$ 是 X 中的范数，一般地，这两个范数不相同. 如果一个线性泛函 f 是有界的，即

$$| f(x) | \leqslant M \| x \| \qquad (x \in X),$$

称 f 为**有界线性泛函**.

定理 3.1.1　设 X, X_1 是赋范空间，T 是 X 上到 X_1 中的线性算子，如果 T 在某一点 $x_0 \in X$ 连续，则 T 是连续的.

证　任取 $y \in X$ 及 $y_n \in X (n=1,2,\cdots)$，使得 $y_n \to y (n \to \infty)$. 因为 T 是可加的，得

$$Ty_n - Ty = T(y_n - y) = T(y_n - y + x_0) - Tx_0, \tag{3.1.1}$$

由于加法的连续性及 T 在 x_0 点连续，$y_n - y + x_0 \to x_0 \quad (n \to \infty)$ 及 $T(y_n - y + x_0) \to Tx_0 \quad (n \to \infty)$. 由式(3.1.1)，$Ty_n \to Ty (n \to \infty)$.

根据定理 3.1.1，为了证明一个线性算子是连续的，只需证明它在某一点

连续,特别地在 $x_0=0$ 连续就够了.

在赋范线性空间中,线性算子的连续性与有界性是等价的,我们有下面的定理.

定理 3.1.2 设 X,X_1 是赋范空间,T 是 X 上到 X_1 中的线性算子,则 T 是连续的,当且仅当,T 是有界的.

证 设 T 有界,则存在 $M>0$,使得

$$\|Tx\| \leqslant M\|x\| \qquad (x\in X).$$

任取 $x_n\in X(n=1,2,\cdots)$,$x_n\to 0(n\to\infty)$,则有

$$\|Tx_n\| \leqslant M\|x_n\| \qquad (n=1,2,\cdots),$$

在上式两端命 $n\to\infty$,则得 $Tx_n\to 0\quad(n\to 0)$,所以 T 连续.

反之,设 T 连续. 假设 T 无界,则对每一个自然数 n,存在 $x_n\in X,x_n\neq 0$,使得

$$\|Tx_n\| \geqslant n\|x_n\|. \tag{3.1.2}$$

命 $y_n=\dfrac{x_n}{n\|x_n\|}$,则 $\|y_n\|=\dfrac{1}{n}\to 0\quad(n\to\infty)$,于是由 T 的连续性,$Ty_n\to 0$ $(n\to\infty)$. 另一方面,由(3.1.2)式

$$\|Ty_n\| = \left\|\frac{Tx_n}{n\|x_n\|}\right\| = \frac{\|Tx_n\|}{n\|x_n\|} \geqslant 1 \qquad (n=1,2,\cdots),$$

矛盾. 所以 T 必有界.

设 T 是赋范空间 X 上到 X_1 中的有界线性算子,$\|Tx\|\leqslant M\|x\|$ $x\in X$. 记

$$\|T\| = \sup_{\substack{x\in X\\ x\neq 0}}\frac{\|Tx\|}{\|x\|},$$

称 $\|T\|$ 为**算子 T 的范数**.

由于 $\|T\|=\sup\limits_{x\neq 0}\dfrac{\|Tx\|}{\|x\|}\leqslant M$ 及 $\|Tx\|\leqslant\|T\|\ \|x\|\quad(x\in X)$,可见算子范数是一个有穷数并且是使得 $\|Tx\|\leqslant M\|x\|$ $(x\in X)$成立的最小常数 M.

不难证明

$$\|T\| = \sup_{\|x\|=1}\|Tx\| = \sup_{\|x\|\leqslant 1}\|Tx\|. \tag{3.1.3}$$

事实上,一方面显然有

$$\|T\| \geqslant \sup_{\|x\|\leqslant 1}\|Tx\| \geqslant \sup_{\|x\|=1}\|Tx\|.$$

另一方面,对任意 $y\in X,y\neq 0$,则 $\left\|\dfrac{y}{\|y\|}\right\|=1$,于是

$$\| T \frac{y}{\| y \|} \| \leqslant \sup_{\| x \| = 1} \| Tx \| ,$$

在上式左边取上确界，则得

$$\| T \| = \sup_{y \neq 0} \frac{\| Ty \|}{\| y \|} \leqslant \sup_{\| x \| = 1} \| Tx \| .$$

由此可见式(3.1.3)成立.

为了证明一个线性算子是有界的，只需估计范数 $\| Tx \|$，求得任一常数 M，使得 $\| Tx \| \leqslant M \| x \| \ (x \in X)$. 精确地求出一个有界线性算子的范数也是有意义的，但是通常比较困难. 下面我们举几个线性算子与线性泛函的例.

例 3.1.1 考虑 n 阶方阵 $(a_{ik})(i,k=1,\cdots,n)$. 对于每一个 $x \in \mathbb{R}^n$，$x=(\zeta_1,\zeta_2,\cdots,\zeta_n)$. 令

$$\eta_i = \sum_{k=1}^{n} a_{ik} \zeta_k \qquad (i = 1,2,\cdots,n).$$

$Ax=y$，其中 $y=(\eta_1,\eta_2,\cdots,\eta_n)$. 显然 A 是 $\mathbb{R}^n$ 上到 $\mathbb{R}^n$ 中的线性算子. 此外，由 Cauchy 不等式

$$\begin{aligned} \| Ax \| &= \left(\sum_{i=1}^{n} \left| \sum_{k=1}^{n} a_{ik} \zeta_k \right|^2 \right)^{\frac{1}{2}} \\ &\leqslant \left(\sum_{i=1}^{n} \sum_{k=1}^{n} a_{ik}^2 \right)^{\frac{1}{2}} \left(\sum_{k=1}^{n} | \zeta_k |^2 \right)^{\frac{1}{2}} \\ &= \left(\sum_{i=1}^{n} \sum_{k=1}^{n} a_{ik}^2 \right)^{\frac{1}{2}} \| x \| , \end{aligned}$$

A 是一个有界线性算子.

例 3.1.2 设 $y_0(t)$ 是区间 $[a,b]$ 上的连续函数，对任意 $x \in C[a,b]$，令

$$f(x) = \int_a^b x(t) y_0(t) \mathrm{d}t.$$

易见，f 是 $C[a,b]$ 上的一个线性泛函，由于对每一个 $x \in C[a,b]$，

$$\begin{aligned} | f(x) | &= \left| \int_a^b x(t) y_0(t) \mathrm{d}t \right| \\ &\leqslant \int_a^b | x(t) | \, | y_0(t) | \mathrm{d}t \\ &\leqslant \int_a^b | y_0(t) | \mathrm{d}t \cdot \max_{a \leqslant t \leqslant b} | x(t) | \\ &= \left(\int_a^b | y_0(t) | \mathrm{d}t \right) \| x \| , \end{aligned}$$

f 是 $C[a,b]$ 上的有界线性泛函.

例 3.1.3 给定无穷矩阵 (a_{ik})，满足条件：

$$\sum_{i=1}^{\infty}\sum_{k=1}^{\infty}|a_{ik}|^q<\infty \qquad (q>1).$$

对于每一个 $x\in l^p \quad (p>1), x=\{\xi_k\}, \dfrac{1}{p}+\dfrac{1}{q}=1$,令

$$\eta_i=\sum_{k=1}^{\infty}a_{ik}\xi_k \qquad (i=1,2,\cdots),$$

$Tx=y, y=\{\eta_i\}$,则 T 是空间 l^p 上到空间 l^q 中的有界线性算子.

这是因为,对于每一个 $x\in l^p$,由离散情形的 Hölder 不等式

$$\begin{aligned}\sum_{i=1}^{\infty}|\eta_i|^q &= \sum_{i=1}^{\infty}\left|\sum_{k=1}^{\infty}a_{ik}\xi_k\right|^q \\ &\leqslant \sum_{i=1}^{\infty}\left\{\left(\sum_{k=1}^{\infty}|\xi_k|^p\right)^{\frac{1}{p}}\left(\sum_{k=1}^{\infty}|a_{ik}|^q\right)^{\frac{1}{q}}\right\}^q \\ &= \left(\sum_{i=1}^{\infty}\sum_{k=1}^{\infty}|a_{ik}|^q\right)\|x\|^q.\end{aligned}$$

由此,对于每一 $x\in l^p, y=\{\eta_i\}\in l^q$ 并且

$$\|Tx\|\leqslant\left(\sum_{i=1}^{\infty}\sum_{k=1}^{\infty}|a_{ik}|^q\right)^{\frac{1}{q}}\|x\|.$$

T 显然是线性算子. 所以 T 是 l^p 上到 l^q 中的有界线性算子.

例 3.1.4 在分析中,微分算子是线性算子的一个重要的例子. 在 $C[0,1]$中考虑

$$Tx(t)=x'(t),$$

这个算子是 $C[0,1]$中到 $C[0,1]$中的线性算子,显然它不能在全空间上定义,而只能定义在具有连续导数(在端点 $t=1, t=0$ 处分别取左、右导数)的线性子空间上,这个算子不是有界的.

事实上,取 $x_n(t)=\sin nt \quad (n=2,3,\cdots)$,则 $\|x_n\|=1$,但是 $\|Tx_n\|=n\|\cos nt\|=n\to\infty \quad (n\to\infty)$. 可见 T 把定义域中单位球上的元映为 $C[0,1]$中的无界集,所以 T 是无界的.

例 3.1.5 设 $k(t,s)$是 $a\leqslant t\leqslant b, a\leqslant s\leqslant b$ 上的连续函数. 令

$$Tx(t)=\int_a^b k(t,s)x(s)\mathrm{d}s \qquad (x\in C[a,b]).$$

显然 T 是 $C[a,b]$上到 $C[a,b]$中的线性算子. 由于

$$\begin{aligned}\|Tx\| &= \max_{a\leqslant t\leqslant b}\left|\int_a^b k(t,s)x(s)\mathrm{d}s\right| \\ &\leqslant \left(\max_{a\leqslant t\leqslant b}\int_a^b|k(t,s)|\mathrm{d}s\right)\|x\|=\beta\|x\|. \qquad (3.1.4)\end{aligned}$$

其中，$\beta=\max_{a\leqslant t\leqslant b}\int_a^b |k(t,s)|\mathrm{d}s$. 由此可知，$T$ 是有界算子. 我们证明

$$\|T\|=\max_{a\leqslant t\leqslant b}\int_a^b |k(t,s)|\mathrm{d}s.$$

由式(3.1.4)，只需证明 $\|T\|\geqslant\beta$. 由于$\int_a^b k(t,s)\mathrm{d}s$ 是 t 的连续函数，所以存在 $t_0\in[a,b]$，使得

$$\beta=\int_a^b |k(t_0,s)|\mathrm{d}s.$$

取 $Z_0(s)=\mathrm{sgn}k(t_0,s)$，则 $Z_0(s)$ 可测且 $|Z_0(s)|\leqslant 1$. 由 Luzin 定理，对于每一个自然数 n，存在 $[a,b]$ 上的连续函数 $x_n(t)$，使得 $|x_n(t)|\leqslant 1$，并且除去一个测度小于 $\frac{1}{2Mn}$ 的可测集 E_n 之外，在 $[a,b]/E_n$ 上 $x_n(s)=Z_0(s)$，其中 $M=\max_{a\leqslant t,s\leqslant b}|k(t,s)|$. 于是

$$\begin{aligned}\beta&=\int_a^b |k(t_0,s)|\mathrm{d}s=\left|\int_a^b k(t_0,s)Z_0(s)\mathrm{d}s\right|\\&\leqslant\left|\int_a^b k(t_0,s)x_n(s)\mathrm{d}s\right|+\int_a^b |k(t_0,s)||Z_0(s)-x_n(s)|\mathrm{d}s\\&\leqslant\|T\|\|x_n\|+2MmE_n<\|T\|+\frac{1}{n}.\end{aligned}$$

令 $n\to\infty$，则有 $\beta\leqslant\|T\|$. 再由式(3.1.4)，$\|T\|=\beta$.

二、有界线性算子空间

设 X,X_1 是赋范空间，用 $\mathscr{B}(X,X_1)$ 表示所有 X 上到 X_1 中的有界线性算子全体. 在 $\mathscr{B}(X,X_1)$ 中可以自然地定义线性运算，即，对于任意 $A,B\in\mathscr{B}(X,X_1)$ 及 $\alpha\in\mathbb{K}$，定义

$$(A+B)(x)=Ax+Bx,$$
$$(\alpha A)(x)=\alpha Ax.$$

不难看出，两个有界线性算子相加及数乘一个有界线性算子仍是有界线性算子. 此外我们取算子范数作为空间 $\mathscr{B}(X,X_1)$ 中的范数. 事实上，

1) $\|A\|=\sup_{\|x\|=1}\|Ax\|\geqslant 0$，且如果 $\|A\|=0$(零算子)，则对所有满足 $\|x\|=1$ 的 $x\in X$，$Ax=0$. 因此对任意 $x\in X$，$A\left(\frac{x}{\|x\|}\right)=0$，从而 $Ax=0$，即 $A=0$；

2) $\|\alpha A\|=\sup_{\|x\|=1}\|\alpha Ax\|=|\alpha|\sup_{\|x\|=1}\|Ax\|=|\alpha|\|A\|$；

3) $\|A+B\| = \sup\limits_{\|x\|=1}\|Ax+Bx\| \leqslant \sup\limits_{\|x\|=1}\|Ax\| + \sup\limits_{\|x\|=1}\|Bx\| = \|A\|+\|B\|$.

由此可知，$\mathscr{B}(X,X_1)$是一个赋范线性空间，如果 $X_1=X$，我们把$\mathscr{B}(X,X_1)$简记为$\mathscr{B}(X)$. 下面我们讨论空间 $\mathscr{B}(X,X_1)$中的收敛性.

在空间 $\mathscr{B}(X,X_1)$中按范收敛等价于算子列在 X 中的单位球面上一致收敛. 事实上，设 $A,A_n\in\mathscr{B}(X,X_1)\quad(n=1,2,\cdots)$及 $S=\{x\in X:\|x\|=1\}$. 如果 $A_n\to A\quad(n\to\infty)$. 则对任意 $\varepsilon>0$，存在 N，当 $n>N$ 时，对于每一个$x\in S$，

$$\|A_nx-Ax\| \leqslant \sup_{\|x\|=1}\|A_nx-Ax\| = \|A_n-A\| < \varepsilon.$$

即$\{A_n\}$在 S 上一致收敛于 A.

反之，如果$\{A_n\}$在 S 上一致收敛于 A，则对任意 $\varepsilon>0$，存在 N，当 $n>N$ 时，对于每一个 $x\in S$

$$\|A_nx-Ax\| < \varepsilon,$$

于是

$$\|A_n-A\| = \sup_{\|x\|=1}\|A_nx-Ax\| \leqslant \varepsilon.$$

即$\{A_n\}$按算子范数收敛于 A.

基于以上原因，在空间 $\mathscr{B}(X,X_1)$中按范收敛，即按算子范数收敛也称为一致收敛.

一般地空间 $\mathscr{B}(X,X_1)$不完备，我们有以下定理.

定理 3.1.3 设 X 是赋范空间，X_1 是 Banach 空间，则 $\mathscr{B}(X,X_1)$是 Banach 空间.

证 设$\{T_n\}$是 $\mathscr{B}(X,X_1)$中任意 Cauchy 列，则对任意 $\varepsilon>0$，存在 N，当 $m,n>N$ 时，

$$\|T_n-T_m\| < \varepsilon.$$

于是对任意 $x\in X$，

$$\|T_nx-T_mx\| \leqslant \|T_n-T_m\|\|x\| < \varepsilon\|x\|.$$

由此可知，对于每一 $x\in X$，$\{T_nx\}$是 X_1 中的 Cauchy 列，由于 X_1 是完备的，所以存在 $y\in X_1$，使得

$$T_nx\to y \qquad (n\to\infty).$$

这样，对于每一 $x\in X$，有 $y\in X_1$ 与之对应. 令 $Tx=y$ 表示这个对应关系，显然，T 是 X 上取值于 X_1 中的线性算子. 此外，由于

$$\big|\,\|T_n\|-\|T_m\|\,\big| \leqslant \|T_n-T_m\| \to 0 \qquad (n,m\to\infty),$$

$\{\|T_n\|\}$是 Cauchy 数列，所以存在 $M>0$，使得 $\|T_n\|\leqslant M\quad(n=1,2,\cdots)$. 因此对于每一 $x\in X$，

$$\| Tx \| = \| \lim_{n\to\infty} T_n x \| = \lim_{n\to\infty} \| T_n x \| \leqslant M \| x \|.$$

即 T 是有界算子,从而 $T\in\mathscr{B}(X,X_1)$. 最后,由于对于每一 $x\in X$,当 $n>N$ 时

$$\| T_n - T \| \leqslant \varepsilon.$$

即 $T_n \to T \quad (n\to\infty)$,$\mathscr{B}(X,X_1)$是 Banach 空间.

在空间 $\mathscr{B}(X,X_1)$中还有另一种收敛方式. 设 $T,T_n\in\mathscr{B}(X,X_1) \quad (n=1,2,\cdots)$. 如果对于每一 $x\in X$,

$$T_n x \to Tx \qquad (n\to\infty).$$

称**$\{T_n\}$逐点收敛于 T 或$\{T_n\}$强收敛于 T.**

显然,如果$\{T_n\}$一致收敛于 T,则$\{T_n\}$必强收敛于 T,反之则不然.

例 3.1.6 在空间 $l^p(p\geqslant 1)$中定义算子列$\{T_n\}$:

$$T_n x = x_n \qquad (n=1,2,\cdots),$$

其中 $x=\{\xi_k\}\in l^p$,$x_n=\{\xi_n,\xi_{n+1},\cdots\}$.

易见,对于每一个 n,T_n 是 l^p 上到 l^p 中的线性算子,此外由于

$$\| T_n x \| = \| x_n \| = \left(\sum_{k=n}^{\infty} |\xi_k|^p\right)^{\frac{1}{p}} \leqslant \left(\sum_{k=1}^{\infty} |\xi_k|^p\right)^{\frac{1}{p}} = \| x \|,$$

每一个 T_n 是有界的.

因为对于每一 $x\in l^p$,

$$\lim_{n\to\infty} \| T_n x \| = \lim_{n\to\infty} \| x_n \| = \lim_{n\to\infty} \left(\sum_{k=n}^{\infty} |\xi_k|^p\right)^{\frac{1}{p}} = 0.$$

所以$\{T_n\}$强收敛于零算子(即把每一元映为零元的算子),但是$\{T_n\}$并不按算子范数收敛于零算子. 事实上,记 $y_1=\{1,0,\cdots\}$,$y_2=\{0,1,0,\cdots\}$,$\cdots$,$y_n=(0,0,\cdots,1,0,\cdots)$,则 $y_n\in l^p(n=1,2,\cdots)$,$\| y_n \|=1$,并且 $T_n y_n = y_1 \quad (n=1,2,\cdots)$. 由于

$$\| T_n \| \geqslant \| T_n y_n \| = \| y_1 \| = 1 \quad (n=1,2,\cdots),$$

$\{T_n\}$不依算子范数收敛于零算子.

如果 X,X_1 都是 Banach 空间,那么空间 $\mathscr{B}(X,X_1)$在强收敛意义下也是完备的. 证明这个结果需要下节我们将要研究的一个重要定理.

§ 3.2 Banach-Steinhaus 定理及其某些应用

许多分析问题的研究涉及有界线性算子列的收敛性或一致有界性问题,Banach-Steinhaus 定理或称一致有界原理在这些问题的研究中起重要作用. 在这一节中,我们将证明 Banach-Steinhaus 定理及其某些推论,并给出这个定

理的一些应用的例子.

定理 3.2.1(Banach-Steinhaus)　设$\{T_\alpha\}(\alpha\in I)$是 Banach 空间 X 上到赋范空间 X_1 中的有界线性算子族,如果对于每一 $x\in X$,$\sup\limits_{\alpha\in I}\|T_\alpha x\|<\infty$,则$\{\|T_\alpha\|\}(\alpha\in I)$是有界集.

对于每一 $x\in X$,$\{T_\alpha x\}(\alpha\in I)$是算子族$\{T_\alpha\}(\alpha\in I)$在 x 点的"轨道",因此 Banach-Steinhaus 定理说,如果 Banach 空间 X 上的有界线性算子族$\{T_\alpha\}(\alpha\in I)$在每一点 $x\in X$ 轨道有界,则算子族一致有界,即存在常数 M,使得 $\|T_\alpha\|\leqslant M\quad(\alpha\in I)$.

证　设

$$p(x)=\sup_{\alpha\in I}\|T_\alpha x\|\quad(x\in X),$$

及对每一个自然数 k,

$$M_k=\{x\in X:p(x)\leqslant k\}=\bigcap_{\alpha\in I}\{x\in X:\|T_\alpha x\|\leqslant k\}.$$

因为每一个 T_α 是有界线性算子,$\|T_\alpha x\|$是 x 的连续函数,因此对于每一个 $\alpha\in I$,$\{x\in X:\|T_\alpha x\|\leqslant k\}$是 X 中的闭集,从而每一个 M_k 是闭集.

由给定条件可知

$$X=\bigcup_{k=1}^{\infty}M_k,$$

因为 X 是 Banach 空间,由 Baire 纲定理,X 是第二纲集,必存在 k_0,使得 M_{k_0} 在某个闭球 $\overline{S}=\{x\in X:\|x-x_0\|\leqslant r_0\}$中稠密,所以

$$\overline{S}\subset\overline{M}_{k_0}=M_{k_0}.$$

任取 $x\in X$,$x\neq0$,则 $x_0\pm\dfrac{x}{\|x\|}r_0\in\overline{S}$,于是

$$\begin{aligned}p\left(\frac{2r_0x}{\|x\|}\right)&=p\left(x_0+\frac{x}{\|x\|}r_0-x_0+\frac{x}{\|x\|}r_0\right)\\&\leqslant p\left(x_0+\frac{x}{\|x\|}r_0\right)+p\left(\frac{x}{\|x\|}r_0-x_0\right)\leqslant 2k_0.\end{aligned}$$

因此

$$p(x)\leqslant\frac{k_0}{r_0}\|x\|\quad(x\in X),$$

从而对于每一个 $\alpha\in I$,$\|T_\alpha\|\leqslant\dfrac{k_0}{r_0}$.

下面我们继续讨论算子列强收敛问题.

定理 3.2.2　设$\{T_n\}$是赋范空间 X 上到 Banach 空间 X_1 中的有界线性算子列,如果:

1) $\{\|T_n\|\}$有界;

2) 对于一个稠密子集 G 中的元 x, $\{T_nx\}$收敛,

则$\{T_n\}$强收敛于一个有界线性算子 T,并且

$$\|T\| \leqslant \varliminf_{n\to\infty} \|T_n\|.$$

证 由条件 1),存在常数 M,使得 $\|T_n\| \leqslant M \quad (n=1,2,\cdots)$. 任取 $x\in X$,由于 G 在 X 中稠密,对任意 $\varepsilon>0$,存在 $y\in G$,使得

$$\|x-y\| < \frac{\varepsilon}{3M}.$$

由条件 2),$\{T_ny\}$收敛,故存在 N,当 $n>N$ 时对任意的 k

$$\|T_{n+k}y - T_ny\| < \frac{\varepsilon}{3},$$

于是,

$$\|T_{n+k}x - T_nx\| \leqslant \|T_{n+k}x - T_{n+k}y\| + \|T_{n+k}y - T_ny\| + \|T_ny - T_nx\| < \frac{M\varepsilon}{3M} + \frac{\varepsilon}{3} + \frac{M\varepsilon}{3M} = \varepsilon.$$

所以$\{T_nx\}$是 X_1 中的 Cauchy 列,由于 X_1 完备,$\{T_nx\}$收敛,记

$$Tx = \lim_{n\to\infty} T_nx \qquad (x\in X).$$

不难看出,T 是 X 上到 X_1 中的线性算子,并且由于

$$\|Tx\| = \lim_{n\to\infty} \|T_nx\| \leqslant \varliminf_{n\to\infty} \|T_n\| \|x\|,$$

可知 T 有界且 $\|T\| \leqslant \varliminf_{n\to\infty} \|T_n\|$.

在定理 3.2.2 中,如果我们进一步假定 X 也是 Banach 空间,由 Banach-Steinhaus 定理可知,条件 1),2)是有界线性算子列$\{T_n\}$强收敛于一个有界线性算子的充要条件.

设 X, X_1 是 Banach 空间,$T_n\in\mathscr{B}(X,X_1) \quad (n=1,2,\cdots)$. 如果对于每一 $x\in X$, $\{T_nx\}$是 X_1 中的 Cauchy 列,由于 X_1 完备,$\{T_nx\}$收敛,并且 $\sup\limits_n \|T_nx\| < \infty$. 于是 Banach-Steinhaus 定理,$\{\|T_n\|\}$有界. 这样我们证明了在 §3.1 最后提到的一个定理.

定理 3.2.3 设 X, X_1 是 Banach 空间,则有界线性算子空间 $\mathscr{B}(X,X_1)$在强收敛意义下完备.

前面我们曾提到,Banach-Steinhaus 定理有着广泛的应用,这里我们给出两个典型的例子,其他应用的例子可在本章后的习题中找到.

例 3.2.1(机械求积公式的收敛性) 在积分的近似计算中,通常我们考虑形如

$$\int_a^b x(t)\mathrm{d}t \approx \sum_{k=0}^{n} A_k x(t_k) \quad (a \leqslant t_0 < t_1 < \cdots < t_n \leqslant b)$$

的求积公式.例如,矩形公式、梯形公式就是这类的公式.因为只用一个公式不能保证足够的精确度.自然我们要考虑求积公式系列

$$\int_a^b x(t)\mathrm{d}t \approx \sum_{k=0}^{n} A_k^{(n)} x(t_k^{(n)}). \tag{3.2.1}$$

其中,$a\leqslant t_0^{(n)}<t_1^{(n)}<\cdots<t_n^{(n)}\leqslant b$, $n=0,1,2,\cdots$

我们的问题是,在用这些公式近似计算积分时,在什么条件下当 $n\to\infty$ 时误差趋于零.这就是机械求积公式的收敛性问题.

我们证明,机械求积公式(3.2.1),对于每一个连续函数 $x\in C[a,b]$ 都收敛,即 $\sum_{k=0}^{n} A_k^{(n)} x(t_k^{(n)}) \to \int_a^b x(t)\mathrm{d}t$,当且仅当以下两个条件成立:

1) 存在常数 M,使得 $\sum_{k=0}^{n} |A_k^{(n)}| \leqslant M \quad (n=0,1,2,\cdots)$;

2) 公式(3.2.1)对于每个多项式是收敛的.

证 考虑 Banach 空间 $C[a,b]$上的线性泛函

$$f_n(x) = \sum_{k=0}^{n} A_k^{(n)} x(t_k^{(n)}) \quad (n=0,1,2,\cdots).$$

对于每一个 $x\in C[a,b]$,

$$|f_n(x)| = \left|\sum_{k=0}^{n} A_k^{(n)} x(t_k^{(n)})\right| \leqslant \left(\sum_{k=0}^{n} |A_k^{(n)}|\right)\|x\|,$$

因此 $\|f_n\| \leqslant \sum_{k=0}^{n} |A_k^{(n)}|$.

另一方面,对于每一个 n $(n=1,2,\cdots)$,取$[a,b]$上的连续函数 $x_n(t)$,使得 $\|x_n\|=1$,且

$$x_n(t_k^{(n)}) = \mathrm{sgn}A_k^{(n)} \quad (k=0,1,2,\cdots,n),$$

于是

$$\|f_n\| \geqslant |f_n(x_n)| = \sum_{k=0}^{n} |A_k^{(n)}|.$$

所以

$$\|f_n\| = \sum_{k=0}^{n} |A_k^{(n)}| \quad (n=1,2,\cdots).$$

如果对于每一个 $x\in C[a,b]$,公式(3.2.1)收敛,由 Banach-Steinhaus 定理,存在常数 M,使得条件 1)成立.条件 2)显然成立.反之,由于多项式的全体是 $C[a,b]$的稠密子集,由定理 3.2.2,对于每一个 $x\in C[a,b]$,公式(3.2.1)收敛.

注意：命题中的条件 2)，多项式的集合可用任何在 $C[a,b]$ 中稠密的子集来代替，例如用逐段线性函数的集合来代替.

例 3.2.2(Fourier 级数的发散性)　用 $C_{2\pi}$ 表示数直线上以 2π 为周期的实值连续函数全体构成的线性空间，在 $C_{2\pi}$ 中定义

$$\|x\| = \max_{-\infty<t<\infty} |x(t)| \quad (x \in C_{2\pi}),$$

则 $C_{2\pi}$ 是一个 Banach 空间.

对于 $x\in C_{2\pi}$，设 x 的 Fourier 级数为

$$x(t) \sim \frac{a_0}{2} + \sum_{k=1}^{\infty}(a_k \cos kt + b_k \sin kt).$$

上面级数前 $n+1$ 项的部分和为

$$\begin{aligned}&\frac{a_0}{2} + \sum_{k=1}^{n}(a_k \cos kt + b_k \sin kt)\\ &= \frac{1}{\pi}\int_{-\pi}^{\pi} x(s)\left(\frac{1}{2} + \sum_{k=1}^{n}\cos k(s-t)\right)\mathrm{d}s\\ &= \int_{-\pi}^{\pi} x(s)K_n(s,t)\mathrm{d}s,\end{aligned}$$

其中 $K_n(s,t)=\dfrac{\sin\left(n+\frac{1}{2}\right)(s-t)}{2\pi\sin\frac{1}{2}(s-t)}$ 为 Dirichlet 核.

我们证明，对任一点 $t_0\in[-\pi,\pi]$，存在 $x\in C_{2\pi}$，使得 x 的 Fourier 级数在 t_0 点发散. 因为 $C_{2\pi}$ 中函数以 2π 为周期，不失一般性可设 $t_0=0$.

对于每个 n，作 $C_{2\pi}$ 上的线性泛函

$$f_n(x) = \int_{-\pi}^{\pi} x(s)K_n(s,0)\mathrm{d}s,$$

其中，$K_n(s,0) = \dfrac{1}{2\pi} + \dfrac{1}{\pi}\sum\limits_{k=1}^{n}\cos ks$，显然 $K_n(s,0)$ 连续. 因此 f_n 是有界的，利用与例 3.1.5 类似的方法可以证明

$$\|f_n\| = \int_{-\pi}^{\pi} |K_n(s,0)| \mathrm{d}s \quad (n = 1,2,\cdots).$$

由于

$$\begin{aligned}\int_{-\pi}^{\pi} |K_n(s,0)| \mathrm{d}s &= \int_{0}^{2\pi} |K_n(s,0)| \mathrm{d}s\\ &= \frac{1}{2\pi}\int_{0}^{2\pi}\frac{\left|\sin\left(n+\frac{1}{2}\right)s\right|}{\left|\sin\frac{1}{2}s\right|}\mathrm{d}s\end{aligned}$$

$$=\frac{1}{\pi}\int_0^{\pi}\frac{|\sin(2n+1)t|}{\sin t}\mathrm{d}t$$
$$\geqslant\frac{1}{\pi}\int_0^{\pi}\frac{|\sin(2n+1)t|}{t}\mathrm{d}t$$
$$=\frac{1}{\pi}\int_0^{(2n+1)\pi}\frac{|\sin u|}{u}\mathrm{d}u\to\infty\quad(n\to\infty).$$

由 Banach-Steinhaus 定理可知,存在 $x_0\in C_{2\pi}$,使得$\{f_n(x_0)\}$发散,即 $x_0(t)$的 Fourier 级数在 $t=0$ 点发散.

§3.3 开映射定理与闭图像定理

一、逆算子

设 X,X_1,X_2 是赋范空间,$T_1\in\mathscr{B}(X,X_1)$,$T_2\in\mathscr{B}(X_1,X_2)$. 这时我们可以定义算子的乘法 $T=T_2T_1$,

$$Tx=T_2(T_1x)\quad(x\in X).$$

由于

$$\begin{aligned}T(x+y)&=T_2(T_1(x+y))\\&=T_2(T_1x+T_1y)\\&=T_2(T_1x)+T_2(T_1y)\\&=Tx+Ty,\end{aligned}$$

类似地,

$$T(\alpha x)=\alpha Tx,$$

及

$$\|Tx\|=\|T_2T_1(x)\|\leqslant\|T_2\|\|T_1x\|\leqslant\|T_2\|\|T_1\|\|x\|\quad(x\in X).$$

所以 T 是有界线性算子,$T\in\mathscr{B}(X,X_2)$,并且

$$\|T\|=\|T_2T_1\|\leqslant\|T_2\|\|T_1\|.\tag{3.3.1}$$

不难证明,算子乘法满足结合律和分配律,但是注意算子乘法不满足交换律,甚至一般地算子乘积 T_2T_1 没有意义,即使有意义 T_2T_1 与 T_1T_2 也可能定义在不同空间上.

我们研究乘法的逆运算,设 T 是从线性空间 X 上映到线性空间 X_1 中的线性算子. 如果存在一个 X_1 上到 X 中的算子 T_1,使得

$$T_1T=I_X,\qquad TT_1=I_{X_1}.\tag{3.3.2}$$

则称算子 T 有逆算子(或 T 是可逆的). 其中, I_X, I_{X_1} 分别为空间 X 及 X_1 中的恒等算子. 算子 T_1 称为 T 的逆算子. 并记为 $T_1=T^{-1}$.

从以上定义可以看到,逆算子也是线性算子,事实上,对任意 $y_1, y_2 \in X_1$,由式(3.3.2)

$$y_i = Tx_i \quad (x_i = T_1 y_i, i = 1,2).$$

于是

$$T_1(y_1 + y_2) = T_1(Tx_1 + Tx_2) = x_1 + x_2 = T_1 y_1 + T_1 y_2.$$

类似地,可证 T^{-1} 的齐次性.

由定义还可以直接得到, T 是 T^{-1} 的逆算子,即 $(T^{-1})^{-1}=T$. 其次,如果算子 T 存在逆算子 T^{-1},则算子 T 是空间 X 上到空间 X_1 上的一对一的映射.

事实上,任取 $x_1, x_2 \in X, x_1 \neq x_2$,如果 $Tx_1=Tx_2$,由式(3.3.2)中的第一个式子,则得

$$x_1 = T_1 Tx_1 = T_1 Tx_2 = x_2.$$

另外,由式(3.3.2),对于每一个 $y \in X_1$ 是某个 $x \in X$ 在 T 之下的像,即作为 x 可取 $x=T_1 y$,于是 $Tx=TT_1 y=y$.

反之,设算子 T 是 X 上到 X_1 上的一对一的映射,把 $y \in X_1$ 与它的原像对应,即与使得 $Tx=y$ 的 $x \in X$ 相对应,这样就得到 X_1 上映到 X 上的算子 T_1. 易证 T_1 是线性的且 $T_1=T^{-1}$.

此外,逆算子如果存在则是惟一的.

与逆算子这一概念相联系的是形如

$$Tx = y \tag{3.3.3}$$

的算子方程解的存在与惟一性问题. 其中 $y \in X_1$ 是已知元而 x 为空间 X 中的未知元. 显然,如算子 T 有逆算子 T^{-1},则对任一 $y \in X_1$,方程(3.3.3)有惟一解 $x=T^{-1}y$.

下面我们研究有界线性算子的逆算子存在的条件,首先我们有下面的定理.

定理 3.3.1 设 T 是赋范空间 X 上到赋范空间 X_1 上的线性算子且存在常数 $m>0$,使得

$$\| Tx \| > m \| x \| \quad (x \in X), \tag{3.3.4}$$

则 T 有有界逆算子 T^{-1}.

证 首先, T 一对一地把 X 映到 X_1 上. 因为如果 $Tx_1=Tx_2$,即 $T(x_1-x_2)=0$,由式(3.3.4)

$$m \| x_1 - x_2 \| \leqslant \| T(x_1 - x_2) \| = 0,$$

由此 $x_1=x_2$，这样，由前面的讨论，存在逆线性算子 T^{-1}. 其次，由式(3.3.4)，对任意 $y\in X_1$，

$$\|T^{-1}y\|\leqslant\frac{1}{m}\|TT^{-1}y\|=\frac{1}{m}\|y\|,$$

即 T^{-1}是有界的.

现在我们考虑空间 $\mathscr{B}(X)$中的算子. 这样，任意两个算子可以相乘并且可以规定算子的乘幂. 设 $T\in\mathscr{B}(X)$，定义

$$T^0=I(\text{恒等算子}),\qquad T^n=TT^{n-1}\quad(n=1,2,\cdots),$$

由以上定义，对任意自然数 m,n 有

$$T^mT^n=T^{m+n},$$

及由式(3.3.1)

$$\|T^n\|\leqslant\|T\|^n\quad(n=0,1,2,\cdots).$$

定理 3.3.2 设 X 是 Banach 空间，$T\in\mathscr{B}(X)$. 如果 $\|T\|<1$，则算子 $I-T$ 有有界逆算子，并且

$$\|(I-T)^{-1}\|\leqslant\frac{1}{1-\|T\|}.$$

证 考虑级数

$$\sum_{k=0}^{\infty}T^k=I+T+T^2+\cdots+T^{n-1}+\cdots\tag{3.3.5}$$

记

$$S_n=\sum_{k=0}^{n-1}T^k,$$

则对任意自然数 $m,n(m>n)$，

$$\|S_m-S_n\|=\|\sum_{k=n}^{m-1}T^k\|\leqslant\sum_{k=n}^{m-1}\|T\|^k.$$

由条件 $\|T\|<1$ 可知，$\{S_n\}$是 $\mathscr{B}(X)$中的 Cauchy 列，因为 X 是 Banach 空间从而 $\mathscr{B}(X)$是 Banach 空间，所以$\{S_n\}$按算子范数收敛于一个有界线性算子，即级数(3.3.5)按算子范数收敛. 由于

$$\begin{aligned}&(I-T)(I+T+\cdots+T^{n-1})\\&=(I+T+\cdots+T^{n-1})(I-T)=I-T^n,\end{aligned}\tag{3.3.6}$$

及

$$\lim_{n\to\infty}\|T^n\|\leqslant\lim_{n\to\infty}\|T\|^n=0,$$

在式(3.3.6)两边令 $n\to\infty$，则有

$$(I-T)\left(\sum_{k=0}^{\infty}T^k\right)=\left(\sum_{k=0}^{\infty}T^k\right)(I-T)=I.$$

这说明,算子 $I-T$ 有逆算子,并且

$$(I-T)^{-1}=\sum_{k=0}^{\infty}T^k.$$

由此我们还得到

$$\|(I-T)^{-1}\|=\left\|\sum_{k=0}^{\infty}T^k\right\|\leqslant\sum_{k=0}^{\infty}\|T\|^k=\frac{1}{1-\|T\|}.$$

推论　设 X 是 Banach 空间,$T\in\mathscr{B}(X)$有有界逆算子,则对任意 $\Delta T\in\mathscr{B}(X)$,当 $\|\Delta T\|<\dfrac{1}{\|T^{-1}\|}$时算子 $S=T+\Delta T$ 有有界逆算子 ,并且

$$S^{-1}=\sum_{k=0}^{\infty}(-1)^k(T^{-1}\Delta T)^kT^{-1}.$$

证　由于 $S=T+\Delta T=T(I+T^{-1}\Delta T)$及

$$\|-T^{-1}\Delta T\|\leqslant\|T^{-1}\|\,\|\Delta T\|<\|T^{-1}\|\frac{1}{\|T^{-1}\|}=1,$$

因此 $I+T^{-1}\Delta T$ 有有界逆算子并且

$$(I+T^{-1}\Delta T)^{-1}=\sum_{k=0}^{\infty}(-T^{-1}\Delta T)^k,$$

从而 S 有有界逆算子且

$$S^{-1}=(I+T^{-1}\Delta T)^{-1}T^{-1}=\sum_{k=0}^{\infty}(-1)^k(T^{-1}\Delta T)^kT^{-1}.$$

二、线性算子的谱

在算子理论中谱是一个重要概念. 我们首先看一看有穷空间的情形. 以下在提到算子的谱的地方我们都假设是复线性空间上的线性算子.

设 T 是 n 维空间$\mathbb{C}^n$ 上的线性算子,如果

$$Tx=\lambda x$$

有非零解,称数 λ 是算子 T 的特征值. 所有特征值的全体称为算子 T 的谱. 称所有其他的 λ 值为 T 的正则点,即如果算子 $T-\lambda I$ 是可逆的,称 λ 是 T 的正则点,这时$(T-\lambda I)^{-1}$是$\mathbb{C}^n$ 上的有界线性算子. 这样,在有穷维空间的情形只有两种可能情形:

1) 方程 $Tx=\lambda x$ 有非零解,即 λ 是 T 的特征值,这时$(T-\lambda I)^{-1}$不存在;

2) 存在定义在全空间上的算子$(T-\lambda I)^{-1}$,即 λ 是 T 的正则点.

但是如果 T 是无穷维空间 X 上的线性算子，那么还有第三种可能情形，即：

3) 算子 $(T-\lambda I)^{-1}$ 存在，即方程 $Tx=\lambda x$ 只有零解，但是这个算子不是定义在全空间 X 上(并且可能是无界的).

一般地，我们给出如下定义.

定义 3.3.1 设 T 是 Banach 空间 X 上的有界线性算子，如果算子 $(T-\lambda I)^{-1}$ 存在且定义在全空间 X 上，则称数 λ 为算子 T 的**正则值**，此时称 $R_\lambda=(T-\lambda I)^{-1}$ 为算子 T 的**预解式**. 称所有其他的 λ 值为算子 T 的谱点，算子 T 的**谱点**全体称为算子 T 的**谱**，记为 $\sigma(T)$.

如果 λ 是算子 T 的正则值，由我们即将证明的定理 3.3.5 可知，$R_\lambda=(T-\lambda I)^{-1}$ 是有界线性算子. 如果 $\lambda\in\sigma(T)$，则或者 $T-\lambda I$ 不是一对一的，或者 $T-\lambda I$ 的值域不是全空间 X，二者之中至少有一个成立. 如果前者成立，则方程 $Tx=\lambda x$ 有非零解，即 λ 是算子 T 的特征值，特征值的全体称为算子 T 的**点谱**，谱的其他部分称为 T 的**连续谱**. 这样，对于每一个 $\lambda\in\mathbb{C}$ 或者是 T 的正则值，或者是 T 的特征值，或者是属于 T 的连续谱. 线性算子可能存在连续谱这一事实是无穷维空间上的线性算子与有穷维空间情形的本质区别.

定理 3.3.3 设 X 是 Banach 空间，$T\in\mathscr{B}(X)$，则 $\sigma(T)$ 是有界闭集.

证 设 λ 是算子 T 的正则值，即算子 $(T-\lambda I)^{-1}$ 是定义在全空间 X 上的有界线性算子，由定理 3.3.2 的推论，对于充分小的 δ，算子 $(T-(\lambda-\delta)I)^{-1}$ 也是定义在全空间 X 上的有界线性算子. 即 $\lambda+\delta$ 也是 T 的正则值，这样正则值全体是开集，因此 $\sigma(T)$ 是闭集.

此外，由于

$$T-\lambda I=-\lambda\left(I-\frac{1}{\lambda}T\right),$$

及当 $|\lambda|>\|T\|$ 时 $\left\|\frac{1}{\lambda}T\right\|<1$. 由定理 3.3.2，

$$R_\lambda=(T-\lambda I)^{-1}=-\frac{1}{\lambda}\left(I-\frac{1}{\lambda}T\right)^{-1}=-\frac{1}{\lambda}\sum_{k=0}^{\infty}\left(\frac{T}{\lambda}\right)^k.$$

由此可知，$(T-\lambda I)^{-1}$ 存在并且定义在全空间 X 上，即 λ 是 T 的正则值. 所以 $\sigma(T)$ 必包含在以零点为中心，$\|T\|$ 为半径的圆中.

关于算子谱的性质，在第六章中我们还将进一步讨论.

例 3.3.1 在空间 $C[a,b]$ 上考虑算子

$$Tx(t)=tx(t),$$

显然 T 是线性算子. 对于 $\lambda\notin[a,b]$，算子

$$(T-\lambda I)x(t)=(t-\lambda)x(t)$$

有定义在全空间上的有界逆算子 $R_\lambda x(t)=\dfrac{x(t)}{t-\lambda}$. 因此 λ 是 T 的正则值. 如果 $\lambda\in[a,b]$, $T-\lambda I$ 的值域不是全空间，因此 $\lambda\in\sigma(T)$，并且由等式

$$(t-\lambda)x(t)=0$$

得连续函数 $x(t)$ 在 $[a,b]$ 上恒等于零，因此 λ 不是 T 的特征值. 所以算子 T 的谱是区间 $[a,b]$ 并且没有特征值，即仅有连续谱.

三、开映射定理

我们将证明有关逆算子的一个重要定理.

定理 3.3.4（开映射定理）　设 T 是 Banach 空间 X 上到 Banach 空间 X_1 上的有界线性算子，则 T 是一个开映射.

证　以下我们分别用 S 与 S_1 表示空间 X 与 X_1 中的球. 因为

$$X=\bigcup_{k=1}^{\infty}\overline{S}(0,k),$$

所以

$$X_1=TX=\bigcup_{k=1}^{\infty}T\overline{S}(0,k).$$

由于 X_1 是 Banach 空间，由 Baire 纲定理，X_1 是第二纲集. 因此存在 k_0，使得 $T\overline{S}(0,k_0)$ 在某个球 $S_1(y_0,r_0)$ 中稠密.

我们首先证明，对任意 $\varepsilon>0$，存在 $\delta>0$，使得 $T\overline{S}(0,\varepsilon)$ 在 $S_1(0,\varepsilon\delta)$ 中稠密，为此取 $\delta=\dfrac{r_0}{k_0}$，对任意 $y\in S_1(0,\varepsilon\delta)$，$y_0\pm\dfrac{k_0}{\varepsilon}y\in S_1(y_0,r_0)$. 因此存在 $\overline{S}(0,k_0)$ 中的点列 $\{x_k\}$ 及 $\{x'_k\}$，使得

$$Tx_k\to y_0-\frac{k_0}{\varepsilon}y,\quad Tx'_k\to y_0+\frac{k_0}{\varepsilon}y\quad(k\to\infty).$$

从而 $T\left(\dfrac{\varepsilon}{2k_0}(x'_k-x_k)\right)\to y\quad(k\to\infty)$. 显然 $\dfrac{\varepsilon}{2k_0}(x'_k-x_k)\in\overline{S}(0,\varepsilon)\ (k=1,2,\cdots)$. 所以 $T\overline{S}(0,\varepsilon)$ 在 $S_1(0,\varepsilon\delta)$ 中稠密.

其次，对任意 $y_0\in S_1(0,\dfrac{\delta}{2})$，由上面已证明的事实，$T\overline{S}(0,\dfrac{1}{2})$ 在 $S_1(0,\dfrac{\delta}{2})$ 中稠密，存在 $x_1\in\overline{S}(0,\dfrac{1}{2})$，使得

$$\|y_0-Tx_1\|<\frac{\delta}{2^2},$$

因此 $y_1=y_0-Tx_1\in S_1(0,\dfrac{\delta}{2^2})$. 由于 $T\overline{S}(0,\dfrac{1}{2^2})$ 在 $S_1(0,\dfrac{\delta}{2^2})$ 中稠密，存在

$x_2 \in \overline{S}(0,\frac{1}{2^2})$，使得

$$\| y_1 - Tx_2 \| < \frac{\delta}{2^3}.$$

而 $y_2 = y_1 - Tx_2 = y_0 - T(x_1 + x_2) \in S_1(0,\frac{\delta}{2^3})$. 这样继续下去得点列 $\{x_n\}$，$x_n \in \overline{S}(0,\frac{1}{2^n})(n=1,2,\cdots)$，使得

$$\| y_0 - T(x_1 + x_2 + \cdots + x_n) \| < \frac{\delta}{2^{n+1}}.$$

因为 X 是 Banach 空间及 $\sum\limits_{n=1}^{\infty} \| x_n \| \leqslant \sum\limits_{n=1}^{\infty} \frac{1}{2^n} = 1$，存在 $x_0 \in X$，使得 $x_0 = \sum\limits_{n=1}^{\infty} x_n$，并且 $\| x_0 \| \leqslant 1$. 于是由 T 的连续性

$$y_0 = \lim_{n\to\infty} T(\sum_{k=1}^{n} x_k) = Tx_0.$$

所以 $T\overline{S}(0,1) \supset S_1(0,\frac{1}{2}\delta)$. 由此对任意 $r>0$，

$$T\overline{S}(0,r) \supset S_1\left(0,\frac{1}{2}r\delta\right). \tag{3.3.7}$$

最后，设 G 是 X 中任一开集. 任取 $Tx \in TG$，$x \in G$，存在 x 的邻域 $S(x,r_1) \subset G$. 取正数 $r_2 < r_1$，则 $\overline{S}(x,r_2) \subset S(x,r_1) \subset G$. 因此

$$T\overline{S}(x,r_2) \subset TG.$$

由于 $\overline{S}(x,r_2) = x + \overline{S}(0,r_2)$，所以

$$\begin{aligned} T\overline{S}(x,r_2) &= Tx + T\overline{S}(0,r_2) \supset Tx + S_1(0,\frac{1}{2}r_2\delta) \\ &= S_1(Tx,\frac{1}{2}r_2\delta), \end{aligned}$$

即 Tx 是 TG 的内点. 所以 TG 是 X_1 中开集.

定理 3.3.5(Banach 逆算子定理) 设 T 是 Banach 空间 X 上到 Banach 空间 X_1 上的一对一的有界线性算子，则 T 的逆算子 T^{-1} 是有界算子.

证 根据定理的条件，逆算子 T^{-1} 存在并且是线性算子. 由定理 3.3.4 的证明中的式(3.3.7)，存在 $\delta>0$，使得 $T\overline{S}(0,1) \supset S_1(0,\frac{1}{2}\delta)$，因此对任意 $y \in S_1(0,\frac{1}{2}\delta)$，$T^{-1}y \in \overline{S}(0,1)$. 对任意 $z \in X_1$，$\frac{\delta z}{4\| z \|} \in S_1(0,\frac{1}{2}\delta)$，所以

$$\| T^{-1}z \| \leqslant \frac{4}{\delta} \| z \|.$$

即 T^{-1}是有界算子.

推论　设线性空间 X 上的两个范数 $\|\cdot\|_1$ 及 $\|\cdot\|_2$ 都使 X 成为 Banach 空间,并且存在常数 C,使得

$$\| x \|_2 \leqslant C \| x \|_1 \quad (x \in X),$$

则 $\|\cdot\|_1$ 与 $\|\cdot\|_2$ 等价.

证　设 I 是 X 上的恒等算子,由给定条件,I 是 Banach 空间$(X, \|\cdot\|_1)$上到 Banach 空间$(X, \|\cdot\|_2)$上的一对一的有界线性算子,由 Banach 逆算子定理,存在常数 C_1 使得

$$\| x \|_1 \leqslant C_1 \| x \|_2 \quad (x \in X).$$

所以 $\|\cdot\|_1$ 与 $\|\cdot\|_2$ 等价.

四、闭图像定理

我们证明另一个重要的定理——闭图像定理.有时直接验证一个线性算子的连续性比较困难,我们可以转而证明它的图像是闭的,从而由闭图像定理得知算子的连续性、我们先来说明算子的图像概念.

设 X, X_1 是赋范空间,T 是 X 中到 X_1 中的线性算子.考虑乘积赋范空间 $X \times X_1$(参看§2.3 的第四部分).记

$$G(T) = \{(x, Tx) \in X \times X_1 : x \in D(T)\}.$$

称 $G(T)$为算子 T 的**图像**.如果 $G(T)$是乘积赋范空间 $X \times X_1$ 中的闭集,则称 T 是**闭算子**.

为了验证一个线性算子是闭算子,通常我们使用以下简单而有用的判别法.

定理 3.3.6　设 X, X_1 是赋范空间,T 是 X 中到 X_1 中的线性算子,则 T 是闭算子,当且仅当,对任意$\{x_n\} \subset D(T)$,$x_n \to x$ 及 $Tx_n \to y\,(n \to \infty)$,这里 $x \in X, y \in X_1$,此时必有 $x \in D(T)$并且 $Tx = y$.

证　设$(x, y) \in \overline{G(T)}$,则存在$\{x_n\} \subset D(T)$,使得

$$(x_n, Tx_n) \to (x, y) \quad (n \to \infty).$$

于是

$$\| (x_n - x, Tx_n - y) \| = \| x_n - x \| + \| Tx_n - y \| \to 0 \quad (n \to \infty).$$

从而 $x_n \to x, Tx_n \to y\,(n \to \infty)$.如果定理中条件满足,则$(x, y) \in G(T)$,即 T 是闭算子.

反之,设$\{x_n\} \subset D(T)$,且 $x_n \to x$ 及 $Tx_n \to y\,(n \to \infty)$,于是$(x_n, Tx_n) \to$

(x,y). 如果 $G(T)$是闭集，则$(x,y)\in G(T)$，即 $x\in D(T)$且 $Tx=y$.

定理 3.3.7(闭图像定理) 设 T 是 Banach 空间 X 上到 Banach 空间 X_1 中的闭线性算子，则 T 是有界算子.

证 因为 X,X_1 都是 Banach 空间，所以乘积赋范空间 $X\times X_1$ 是 Banach 空间. 由于 $G(T)$是 $X\times X_1$ 中的闭集及 $G(T)$是 $X\times X_1$ 的线性子空间，从而 $G(T)$也是 Banach 空间. 定义从 $G(T)$上到 X 中的算子 $\widetilde{T}$：

$$\widetilde{T}(x,Tx)=x \quad (x\in X),$$

显然，$\widetilde{T}$ 是 $G(T)$上到 X 上的一对一的有界线性算子. 由 Banach 逆算子定理，$\widetilde{T}^{-1}$有界，即

$$\|(x,Tx)\| = \|\widetilde{T}^{-1}x\| \leqslant \|\widetilde{T}^{-1}\|\,\|x\| \quad (x\in X).$$

所以 $\|Tx\|\leqslant\|\widetilde{T}^{-1}\|\,\|x\|\,(x\in X)$.

§3.4 Hahn-Banach 定理及其推论

对一个赋范空间 X，X 上是否有“足够多”的有界线性泛函？确切地说，如果 $X\neq\{0\}$，X 上是否一定存在非零有界线性泛函，这对于许多问题的研究是非常重要的. 本节中，我们证明线性空间中一个重要定理——Hahn-Banach 定理，它实际上包含一系列定理及推论. 利用这一定理我们将证明，任一赋范空间上必有足够多的有界线性泛函. 后面(第五章)还将涉及这个问题，那时我们将看到，在更为一般的空间上可能只有零连续线性泛函以及 Hahn-Banach 定理的其他形式.

一、Hahn-Banach 定理

为了证明主要定理，我们先作一些准备.

设 $\mathscr{F}$是一个非空集，$\prec$是 $\mathscr{F}$中的一个二元关系且满足：

1) 对任意 $\alpha\in\mathscr{F}$，$\alpha\prec\alpha$；

2) 如果 $\alpha\prec\beta$ 且 $\beta\prec\gamma$，则 $\alpha\prec\gamma$；

3) 如果 $\alpha\prec\beta$ 且 $\beta\prec\alpha$，则 $\alpha=\beta$.

称$\prec$是 $\mathscr{F}$中的一个**半序**，如果 $\mathscr{F}$中定义了一个半序，称$(\mathscr{F},\prec)$是一个**半序集**.

在一个半序集$(\mathscr{F},\prec)$中，任取 $\alpha,\beta\in\mathscr{F}$，$\alpha,\beta$ 之间未必有关系$\prec$成立. 如果对任意 $\alpha,\beta\in\mathscr{F}$，$\alpha\prec\beta$ 或 $\beta\prec\alpha$ 中至少有一个成立，则称$(\mathscr{F},\prec)$是一个全序集.

设$(\mathscr{F},\prec)$是一个半序集，$\beta\in\mathscr{F}$. 如果对任意 $\alpha\in\mathscr{F}$，使得 $\beta\prec\alpha$ 必有 $\alpha=\beta$，则称 β 是$(\mathscr{F},\prec)$中的一个**极大元**；设 $\mathscr{G}\subset\mathscr{F}$，$\beta\in\mathscr{F}$，如果对任意 $\alpha\in\mathscr{G}$，有 $\alpha\prec\beta$，称 β

为 $\mathscr{G}$ 的一个上界. 在 Hahn-Banach 定理的证明中主要基于以下定理.

定理 3.4.1(Zorn 引理)　设$(\mathscr{F},\prec)$是一个半序集,如果$(\mathscr{F},\prec)$中的任意全序子集皆有上界,则$(\mathscr{F},\prec)$中必有极大元.

Zorn 引理是集论中基本定理之一,在泛函分析中有许多深刻的结果要用到它,实际上它和选择公理是等价的.

定理 3.4.2(实空间的 Hahn-Banach 定理)　设 M 是实线性空间 X 的线性子空间,$p:X\to\mathbb{R}$,对任意 $x,y\in X$ 及 $\alpha\geqslant 0$ 满足

$$p(x+y)\leqslant p(x)+p(y);\qquad p(\alpha x)=\alpha p(x).$$

f 是 M 上的线性泛函且满足

$$f(x)\leqslant p(x)\quad (x\in M),$$

则存在 X 上的线性泛函 F,使得

$$F(x)=f(x)\quad (x\in M),$$

并且

$$-p(-x)\leqslant F(x)\leqslant p(x)\quad (x\in X).$$

证　设 $M\neq X$,任取 $x_1\in X\backslash M$,用 M_1 表示由 x_1 与 M 张成的线性子空间,即

$$M_1=\{x+\alpha x_1: x\in M,\alpha\in\mathbb{R}\}.$$

由于对任意 $x,y\in M$

$$f(x)+f(y)=f(x+y)\leqslant p(x+y)\leqslant p(x-x_1)+p(x_1+y),$$

我们有

$$f(x)-p(x-x_1)\leqslant p(y+x_1)-f(y).$$

设 β 是上式左边当 x 取遍 M 中元的上确界,则有

$$f(x)-\beta\leqslant p(x-x_1)\quad (x\in M) \tag{3.4.1}$$

及

$$f(y)+\beta\leqslant p(y+x_1)\quad (y\in M), \tag{3.4.2}$$

现在在 M_1 上定义

$$f_1(x+\alpha x_1)=f(x)+\alpha\beta\quad (x\in M,\alpha\in\mathbb{R}).$$

不难看出,f_1 是 M_1 上的线性泛函并且在 M 上 $f_1=f$. 取 $\alpha<0$,用 $-\dfrac{x}{\alpha}$ 代替式(3.4.1)中的 x 再用$(-\alpha)$乘所得不等式的两边;再取 $\alpha>0$,用 $\dfrac{y}{\alpha}$ 代替式(3.4.2)中的 y,然后用 α 乘所得不等式的两边,则有

$$f_1(x+\alpha x_1) \leqslant p(x+\alpha x_1) \quad (x \in M, \alpha \in \mathbb{R}).$$

这样，我们把 f 保持关系 $f \leqslant p$ 延拓到 M_1 上. 为了能够把 f 保持这种关系延拓到全空间上，我们需要用 Zorn 引理.

用 $\mathscr{F}$ 表示 f 的保持 $f \leqslant p$ 延拓的全体，在 $\mathscr{F}$ 中引进关系 $\prec$：设 $F_1, F_2 \in \mathscr{F}$，$D(F_1)$ 与 $D(F_2)$ 分别是它们的定义域，如果 $D(F_1) \subset D(F_2)$，并且当 $x \in D(F_1)$ 时，$F_1(x)=F_2(x)$，即 F_2 是 F_1 的延拓时，定义 $F_1 \prec F_2$. 易见 $\prec$ 是 $\mathscr{F}$ 中的半序，从而 $(\mathscr{F}, \prec)$ 是一个半序集. 设 $\mathscr{G}$ 是 $\mathscr{F}$ 的任一全序子集，令

$$D = \bigcup_{F \in \mathscr{G}} D(F),$$

并在 D 上定义泛函 Φ：任取 $x \in D$，存在 $F \in \mathscr{G}, x \in D(F)$，此时令 $\Phi(x) = F(x)$. 由于 $\mathscr{G}$ 是 $\mathscr{F}$ 的全序子集，D 是线性子空间，且 Φ 在 D 上是惟一确定的线性泛函，并且对 $x \in D$ 是满足 $\Phi(x) \leqslant p(x)$ 的 f 的延拓，即 $\Phi \in \mathscr{F}$. 显然 Φ 是 $\mathscr{G}$ 的一个上界. 由 Zorn 引理，$\mathscr{F}$ 中存在极大元 F_0，这时必有 $D(F_0)=X$. 因为如果不然，则存在 $x_0 \in X \backslash D(F_0)$. 由证明的第一步，可把 F_0 保持 $F_0 \leqslant p$ 延拓到由 x_0 与 $D(F_0)$ 张成的线性子空间上，这显然与 F_0 的极大性矛盾.

以下是(复)赋范空间上的 Hahn-Banach 定理.

定理 3.4.3 设 G 是复赋范空 X 的子空间，f 是 G 上的有界线性泛函，则 f 可保持范数不变延拓到全空间 X 上，即存在 X 上的有界线性泛函 F，使得

1) 对于 $x \in G, F(x)=f(x)$；

2) $\|F\| = \|f\|_G$.

这里 $\|f\|_G$ 表示 f 作为 G 上的有界线性泛函的范数.

证 设

$$f(x) = \varphi(x) + \mathrm{i}\psi(x) \quad (x \in G),$$

其中 φ, ψ 分别表示 f 的实部与虚部. 由于

$$\mathrm{i}(\varphi(x) + \mathrm{i}\psi(x)) = f(\mathrm{i}x) = \varphi(\mathrm{i}x) + \mathrm{i}\psi(\mathrm{i}x),$$

所以

$$\varphi(\mathrm{i}x) = -\psi(x).$$

现将 X 看成是实赋范空间. 这样，φ 是实赋范空间 G 上的实有界线性泛函. 令

$$p(x) = \|f\|_G \|x\| \quad (x \in X),$$

则显然对于 $x, y \in X$ 及 $\alpha \geqslant 0$ 有

$$p(x+y) \leqslant p(x) + p(y),$$

及

$$p(\alpha x) = \alpha p(x),$$

并且当 $x\in G$ 时

$$\varphi(x)\leqslant|f(x)|\leqslant\|f\|_G\|x\|=p(x).$$

于是由定理 3.4.2,φ 可延拓成 X 上的实线性泛函 φ_0,并且 $\varphi_0(x)\leqslant p(x)$.

现在令

$$F(x)=\varphi_0(x)-\mathrm{i}\varphi_0(\mathrm{i}x)\quad(x\in X),$$

我们证明 F 就是满足定理 3.4.3 中要求的泛函. 首先,对任意 $x\in X$

$$\begin{aligned}F(\mathrm{i}x)&=\varphi_0(\mathrm{i}x)-\mathrm{i}\varphi_0(-x)\\&=\varphi_0(\mathrm{i}x)+\mathrm{i}\varphi_0(x)\\&=\mathrm{i}(\varphi_0(x)-\mathrm{i}\varphi_0(\mathrm{i}x))=\mathrm{i}F(x),\end{aligned}$$

由此不难看出,对任意复数 α,$F(\alpha x)=\alpha F(x)$. 此外,F 的可加性显然,所以 F 是 X 上的线性泛函.

其次,对任意 $x\in G$,

$$F(x)=\varphi_0(x)-\mathrm{i}\varphi_0(\mathrm{i}x)=\varphi(x)-\mathrm{i}\varphi(\mathrm{i}x)=f(x),$$

所以 F 是 f 的延拓.

最后我们证明 $\|F\|=\|f\|_G$,记 $\theta=\arg F(x)$,于是

$$\begin{aligned}|F(x)|&=\mathrm{e}^{-\mathrm{i}\theta}F(x)=F(\mathrm{e}^{-\mathrm{i}\theta}x),\\&=\varphi_0(\mathrm{e}^{-\mathrm{i}\theta}x)-\mathrm{i}\varphi_0(\mathrm{i}\mathrm{e}^{-\mathrm{i}\theta}x)=\varphi_0(\mathrm{e}^{-\mathrm{i}\theta}x)\\&\leqslant p(\mathrm{e}^{-\mathrm{i}\theta}x)=\|f\|_G\|x\|.\end{aligned}$$

另一方面,显然 $\|F\|\geqslant\|f\|_G$,所以 $\|F\|=\|f\|_G$.

推论 1　设 X 是赋范空间,则对任意 $x_0\in X$,$x_0\neq 0$ 必存在 X 上的有界线性泛函 f,使得

$$\|f\|=1,\quad f(x_0)=\|x_0\|.$$

证　设 G 是由 $\{x_0\}$ 张成的线性子空间,即

$$G=\{\alpha x_0:\alpha\in\mathbb{K}\}.$$

在 G 上定义

$$f_0(\alpha x_0)=\alpha\|x_0\|\quad(\alpha\in\mathbb{K}).$$

则 f_0 是 G 上的线性泛函,并且当 $x=\alpha x_0$ 时

$$|f_0(x)|=|f_0(\alpha x_0)|=|\alpha|\,\|x_0\|=\|\alpha x_0\|=\|x\|,$$

所以 $\|f_0\|_G=1$. 于是由定理 3.4.3,存在 X 上的有界线性泛函 f,使得 $\|f\|=1$ 及 $f(x_0)=\|x_0\|$.

由这个推论可以看出,如果赋范空间 $X\neq\{0\}$,那么 X 上必存在非零有界线性泛函.

推论 2　设 G 是赋范空间 X 的子空间,$x_0\in X$,如果

$$d = d(x_0, G) = \inf_{x\in G} \| x - x_0 \| > 0,$$

则存在 X 上的有界线性泛函 f，使得

$$\| f \| = \frac{1}{d}; f(x_0) = 1; \qquad f(x) = 0 \quad (x \in G).$$

证 设 G_1 是由 x_0 及 G 张成的线性子空间，即

$$G_1 = \{\alpha x_0 + x : \alpha \in \mathbb{K}, x \in G\}.$$

在 G_1 上定义

$$f_1(\alpha x_0 + x) = \alpha \qquad (\alpha \in \mathbb{K}, x \in G).$$

显然 f_1 是 G_1 上的线性泛函，并且

$$f_1(x_0) = 1; \qquad f_1(x) = 0 \quad (x \in G).$$

由于

$$\| \alpha x_0 + x \| = | \alpha | \ \| x_0 + \frac{x}{\alpha} \| \geqslant | \alpha | \ d,$$

所以

$$| f_1(\alpha x_0 + x) | \leqslant \frac{1}{d} \| \alpha x_0 + x \|,$$

即 $\| f_1 \|_{G_1} \leqslant \frac{1}{d}$.

另一方面，取 $x_n \in G \quad (n=1,2,\cdots)$，使得 $\| x_n - x_0 \| \to d (n \to \infty)$，于是有

$$\| f_1 \|_{G_1} \| x_n - x_0 \| \geqslant | f_1(x_n - x_0) | = | f_1(x_0) | = 1,$$

$$\| f_1 \|_{G_1} \geqslant \frac{1}{\| x_n - x_0 \|} \qquad (n = 1, 2, \cdots).$$

在后面不等式的右边，令 $n \to \infty$，则得 $\| f_1 \|_{G_1} \geqslant \frac{1}{d}$，所以 $\| f_1 \|_{G_1} = \frac{1}{d}$. 由定理 3.4.3，$f_1$ 可保持范数不变延拓成全空间 X 上的泛函 f 就是所要求的泛函.

作为推论 2 的一个特殊情形，当 G 是 X 的闭子空间时，任取 $x_0 \in X \backslash G$，则 $d(x_0, G) > 0$，因此推论 2 的结论成立.

满足定理 3.4.3 中条件 1)，2)的延拓一般不是惟一的.

例 3.4.1 在$\mathbb{R}^2$ 中定义范数为

$$\| x \| = | \xi_1 | + | \xi_2 |, \qquad x \in \mathbb{R}^2, \qquad x \in (\xi_1, \xi_2).$$

设 G 是$\mathbb{R}^2$ 中形如$(\xi_1, 0)$的元构成的线性子空间，且在 G 上定义泛函

$$f(x) = \xi_1 \quad (x = (\xi_1, 0) \in G).$$

显然 f 是 G 上的有界线性泛函且 $\| f \|_G = 1$. 任取 $\alpha \in [-1, 1]$，在$\mathbb{R}^2$ 上定义

线性泛函

$$F_\alpha(x) = \xi_1 + \alpha\xi_2 \quad (x = (\xi_1, \xi_2)),$$

则易见 F_α 是 f 的延拓且 $\|F_\alpha\| \geqslant 1$. 又因

$$|F_\alpha(x)| \leqslant |\xi_1| + |\alpha||\xi_2| \leqslant |\xi_1| + |\xi_2| = \|x\|,$$

$\|F_\alpha\| \leqslant 1$,所以 $\|F_\alpha\| = 1$. 因此对于每一个 $\alpha \in [-1,1]$,F_α 都是满足定理 3.4.3 中条件 1),2)的延拓.

最后我们还要强调指出,Hahn-Banach 定理是线性空间中的基本定理,这个定理除了我们上面讲到的形式之外还有一些其他形式,它们在泛函分析及其他数学分支中有着十分广泛的应用.

二、共轭空间与共轭算子

设 X 是赋范空间,记

$$X^* = \mathscr{B}(X, \mathbb{K}).$$

称 X^* 是 X 的**共轭空间**(或对偶空间). 即 X 的共轭空间是 X 上所有有界线性泛函构成的赋范空间. 由定理 3.1.3,任意赋范空间的共轭空间是 Banach 空间.

设 X, X_1 是赋范空间,$T \in \mathscr{B}(X, X_1)$,对于每一个 $f \in X_1^*$,令

$$(T^* f)(x) = f(Tx) \quad (x \in X).$$

称 T^* 是 T 的**共轭算子**. 由以上定义算子 T 的共轭算子 T^* 是 X_1^* 上到 X^* 中的线性算子.

定理 3.4.4 有界线性算子 T 的共轭算子具有以下性质:

1) T^* 是有界线性算子并且 $\|T^*\| = \|T\|$;

2) 对于每一个 $\alpha \in \mathbb{K}$,$(\alpha T)^* = \alpha T^*$;

3) $(T_1 + T_2)^* = T_1^* + T_2^*$;

4) $(T_1 T_2)^* = T_2^* T_1^*$;

5) 设 T 有有界逆算子,则 T^* 也有有界逆算子并且 $(T^*)^{-1} = (T^{-1})^*$.

证 由定义 T^* 显然是线性算子,此外由于

$$\begin{aligned} |(T^* f)(x)| &= |f(Tx)| \leqslant \|f\| \|Tx\| \\ &\leqslant \|f\| \|T\| \|x\| \quad (f \in X_1^*, x \in X), \end{aligned}$$

因此

$$\|T^* f\| \leqslant \|T\| \|f\| \quad (f \in X_1^*),$$

即 T^* 是有界线性算子并且 $\|T^*\| \leqslant \|T\|$.

另一方面,根据 Hahn-Banach 定理,对于 $x \in X$,$Tx \neq 0$,存在 $f_0 \in X_1^*$,使

得

$$\| f_0 \| = 1, \qquad f_0(Tx) = \| Tx \|,$$

所以

$$\begin{aligned}\| Tx \| &= \| f_0(Tx) \| = |(T^* f_0)(x)| \leqslant \| T^* f_0 \| \| x \| \\ &\leqslant \| T^* \| \| f_0 \| \| x \| = \| T^* \| \| x \|,\end{aligned}$$

因此 $\| T \| \leqslant \| T^* \|$. 故 $\| T^* \| = \| T \|$，结论 1)证完.

结论 2)～4)不难由定义直接验证.

最后，由于 $T^{-1} \in \mathscr{B}(X_1, X)$，因此 $(T^{-1})^* \in \mathscr{B}(X^*, X_1^*)$. 对于 $x \in X$，$f \in X^*$，

$$(T^*(T^{-1})^* f)(x) = ((T^{-1})^* f)(Tx) = f(T^{-1}Tx) = f(x),$$

由于 $x \in X$ 是任意的，$f \in X^*$ 也是任意的，所以

$$T^*(T^{-1})^* f = f,$$

$$T^*(T^{-1})^* = I_{X^*}. \tag{3.4.3}$$

这里 I_{X^*} 是 X^* 上的恒等算子，类似地，对于 $y \in X_1$，$g \in X_1^*$，

$$((T^{-1})^* T^* g)(y) = (T^* g)(T^{-1}y) = g(TT^{-1}y) = g(y),$$

所以

$$(T^{-1})^* T^* = I_{X_1^*} \tag{3.4.4}$$

这里，$I_{X_1^*}$ 是 X_1^* 上的恒等算子.(3.4.3)，(3.4.4)两式说明 T^* 可逆并且 $(T^*)^{-1} = (T^{-1})^*$. 即结论 5)成立.

§3.5 某些赋范空间上有界线性泛函的一般形式

在这一节中，我们对一些常见的赋范空间求出有界线性泛函的一般形式. 以下所讨论的空间都是实的.

一、空间 $C[a,b]$ 上的有界线性泛函

定理 3.5.1(F. Riesz) 设 f 是 $C[a,b]$ 上的有界线性泛函，则存在 $[a,b]$ 上的有界变差函数 $\upsilon(t)$，使得

$$f(x) = \int_a^b x(t)\mathrm{d}\upsilon(t) \quad (x \in C[a,b]), \tag{3.5.1}$$

并且 $\| f \| = \overset{b}{\underset{a}{\mathrm{V}}}(\upsilon)$，这里 $\overset{b}{\underset{a}{\mathrm{V}}}(\upsilon)$ 是 $\upsilon(t)$ 在 $[a,b]$ 上的全变差. 反之，$[a,b]$ 上的任一有界变差函数 $\upsilon(t)$，式(3.5.1)定义了 $C[a,b]$ 上的一个有界线性泛函.

证 对于每一个 $s \in [a,b]$，用 χ_s 表示子区间 $[a,s]$ 的特征函数，即

$$\chi_s(t)=\begin{cases}1, & a\leqslant t\leqslant s,\\ 0, & s<t\leqslant b.\end{cases}$$

显然 $\chi_s\in L^\infty[a,b]$，因为 $C[a,b]$ 是 $L^\infty[a,b]$ 的子空间. 所以由 Hahn-Banach 定理，我们可以把 f 保持范数不变延拓到 $L^\infty[a,b]$ 上，设 F 是这样的延拓，记

$$\upsilon(s)=F(\chi_s)\quad(s\in[a,b]).$$

我们证明 $\upsilon(s)$ 是 $[a,b]$ 上的有界变差函. 为此作 $[a,b]$ 的分割：

$$a=t_0<t_1<t_2<\cdots<t_n=b.$$

令

$$\varepsilon_k=\operatorname{sgn}(\upsilon(t_k)-\upsilon(t_{k-1}))\qquad(k=1,2,\cdots,n).$$

则

$$\begin{aligned}&\sum_{k=1}^{n}|\upsilon(t_k)-\upsilon(t_{k-1})|\\ &=\sum_{k=1}^{n}\varepsilon_k(\upsilon(t_k)-\upsilon(t_{k-1}))=\sum_{k=1}^{n}\varepsilon_k(F(\chi_{t_k})-F(\chi_{t_{k-1}}))\\ &=F(\sum_{k=1}^{n}\varepsilon_k(\chi_{t_k}-\chi_{t_{k-1}}))\leqslant\|F\|\,\|\sum_{k=1}^{n}\varepsilon_k(\chi_{t_k}-\chi_{t_{k-1}})\|.\end{aligned}$$

由于 $\|F\|=\|f\|$，$\|\sum_{k=1}^{n}\varepsilon_k(\chi_{t_k}-\chi_{t_{k-1}})\|=1$，我们有

$$\sum_{k=1}^{n}|\upsilon(t_k)-\upsilon(t_{k-1})|\leqslant\|f\|,$$

所以 $\upsilon(s)$ 是有界变差函数并且 $\overset{b}{\underset{a}{\mathrm{V}}}(\upsilon)\leqslant\|f\|$.

其次，任取 $x\in C[a,b]$ 且令

$$y(s)=\sum_{k=1}^{n}x(t_k)(\chi_{t_k}(s)-\chi_{t_{k-1}}(s))\qquad(s\in[a,b]),$$

则

$$F(y)=\sum_{k=1}^{n}x(t_k)(\upsilon(t_k)-\upsilon(t_{k-1})).$$

显然 $x(s)=\sum_{k=1}^{n}x(s)(\chi_{t_k}(s)-\chi_{t_{k-1}}(s))$. 记 $\delta=\max\limits_{1\leqslant k\leqslant n}|t_k-t_{k-1}|$，则当 $\delta\to 0$ 时，$\|y-x\|\to 0$ 且由 F 的连续性 $F(y)\to F(x)$. 于是由 Riemann-Steiltjes 积分的定义

$$F(x)=\int_a^b x(t)\mathrm{d}\upsilon(t).$$

因为 $x\in C[a,b]$，$F(x)=f(x)$. 故式(3.5.1)成立. 此外由 RS 积分的性质，对于每一个 $x\in C[a,b]$

$$|f(x)|=\left|\int_a^b x(t)\mathrm{d}\upsilon(t)\right|\leqslant\|x\|\bigvee_a^b(\upsilon).$$

因此 $\|f\|\leqslant\bigvee_a^b(\upsilon)$，从而 $\|f\|=\bigvee_a^b(\upsilon)$.

反之，如果 $\upsilon(t)$是$[a,b]$上任一有界变差函数，由 RS 积分的性质，式(3.5.1)定义了 $C[a,b]$上的一个有界线性泛函.

对于一般紧空间 X，$C(X)$上的连续线性泛函的表示有类似结果，它的证明需较多的测度论知识，可参看[7].

由定理 3.5.1，每一个 $f\in(C[a,b])^*$，通过(3.5.1)式有 $\upsilon\in V[a,b]$与之对应. 但是这样的 υ 不是惟一的，例如 υ 加上一个任意常数则得到同样的表达式. 为了求得 $C[a,b]$的共轭空间，注意对于每一个 $\upsilon\in V[a,b]$及 $t\in[a,b)$，$\upsilon(t+0)$存在，并且 υ 的间断点集最多为一可数集.

考虑所有 $V[a,b]$中使得 $\bar{\upsilon}(a)=0$，且 $\bar{\upsilon}(t+0)=\bar{\upsilon}(t)$ $(a<t<b)$的 $\bar{\upsilon}$ 的集合 $V_0[a,b]$，显然 $V_0[a,b]$是$V[a,b]$的子空间. 对于$\upsilon\in V[a,b]$，定义 $\bar{\upsilon}$：$\bar{\upsilon}(a)=0$，$\bar{\upsilon}(b)=\upsilon(b)-\upsilon(a)$及 $\bar{\upsilon}(t)=\upsilon(t+0)-\upsilon(a)$ $(a<t<b)$. 于是在 $t=a$，$t=b$ 及每一个使得υ 连续的$t\in(a,b)$，

$$\bar{\upsilon}(t)=\upsilon(t)-\upsilon(a).$$

因此，对于每一个 $x\in C[a,b]$有

$$\int_a^b x(t)\mathrm{d}\upsilon(t)=\int_a^b x(t)\mathrm{d}\bar{\upsilon}(t).$$

显然 $\bar{\upsilon}\in V_0[a,b]$. 这样，每一个 $f\in(C[a,b])^*$ 存在 $\bar{\upsilon}\in V_0[a,b]$与之对应，使得对于每一 $x\in[a,b]$，

$$f(x)=\int_a^b x(t)\mathrm{d}\bar{\upsilon}(t),$$

且 $\|f\|=\bigvee_a^b(\bar{\upsilon})$.

$\bar{\upsilon}$ 是惟一的. 因为如果还有 $h\in V_0[a,b]$，使得对所有 $x\in C[a,b]$，$f(x)=\int_a^b x(t)\mathrm{d}h(t)$. 取 $x(t)$ 为常数 1，由于 $\bar{\upsilon}(a)=h(a)=0$，所以 $\bar{\upsilon}(b)=h(b)$. 对于 $a<c<b$，记$\bar{h}(t)=\bar{\upsilon}(t)-h(t)$，则对所有 $x\in C[a,b]$，$\int_a^b x(t)\mathrm{d}\bar{h}(t)=0$. 选取$x$，使得在$[a,c]$上等于1，在$[c+r,b]$上等于零且在$(c,$

1) 与 $(c+r,0)$ 两点之间用直线连接，则 $x\in C[a,b]$. 由分部积分法

$$\begin{aligned}0&=\bar{h}(c)+\int_c^{c+r}x(t)\mathrm{d}\bar{h}(t)\\&=\bar{h}(c)-\bar{h}(c)-\int_c^{c+r}x'(t)\bar{h}(t)\mathrm{d}t\\&=\frac{1}{r}\int_c^{c+r}\bar{h}(t)\mathrm{d}t\to\bar{h}(c+0)\quad(r\to0^+).\end{aligned}$$

因此，对于 $a<c<b$，$\bar{h}(c+0)=0$，$\bar{v}(c+0)=h(c+0)$，即 $\bar{v}(c)=h(c)$. 从而在 $[a,b]$ 上 $\bar{v}=h$. 这样我们证明了 $(C[a,b])^*=V_0[a,b]$.

二、空间 $L^p[a,b](1<p<\infty)$ 上的有界线性泛函

定理 3.5.2　设 f 是空间 $L^p[a,b]$ 上的有界线性泛函，则存在惟一的 $y\in L^q[a,b]$，其中 $\frac{1}{p}+\frac{1}{q}=1$，使得

$$f(x)=\int_a^b x(t)y(t)\mathrm{d}t,\tag{3.5.2}$$

并且

$$\|f\|=\|y\|=\left(\int_a^b|y(t)|^q\mathrm{d}t\right)^{\frac{1}{q}}.\tag{3.5.3}$$

反之，任意 $y\in L^q[a,b]$，式(3.5.2)定义了 $L^p[a,b]$ 上的一个有界线性泛函.

证　对于 $s\in[a,b]$，设

$$x_s(t)=\begin{cases}1, & a\leqslant t\leqslant s,\\0, & s<t\leqslant b.\end{cases}$$

及 $g(s)=f(x_s)$. 我们证明 $g(s)$ 在 $[a,b]$ 上绝对连续. 为此，设 $\delta_k=[s_k,t_k]$ $(k=1,2,\cdots,n)$ 是一些包含在 $[a,b]$ 中且没有公共内点的区间. 记 $\varepsilon_k=\operatorname{sgn}(g(t_k)-g(s_k))$，则

$$\begin{aligned}\sum_{k=1}^n|g(t_k)-g(s_k)|&=\sum_{k=1}^n\varepsilon_k(g(t_k)-g(s_k))\\&=f\Big(\sum_{k=1}^n\varepsilon_k(x_{t_k}-x_{s_k})\Big)\leqslant\|f\|\,\Big\|\sum_{k=1}^n\varepsilon_k(x_{t_k}-x_{s_k})\Big\|\\&=\|f\|\left(\int_a^b\Big|\sum_{k=1}^n\varepsilon_k(x_{t_k}(t)-x_{s_k}(t)\Big|^p\mathrm{d}t\right)^{\frac{1}{p}}\\&=\|f\|\left(\sum_{k=1}^n\int_{\delta_k}\mathrm{d}t\right)^{\frac{1}{p}}=\|f\|\Big(\sum_{k=1}^n m\delta_k\Big)^{\frac{1}{p}}.\end{aligned}$$

由此可知，$g(s)$ 绝对连续.

令 $y(s)=g'(s)$，则 $y\in L^1[a,b]$，由于 $x_a(t)=0$,a. e. $g(a)=f(x_a)=0$,于是 $g(s)=g(a)+\int_a^s y(t)\mathrm{d}t=\int_a^s y(t)\mathrm{d}t$,所以，

$$f(x_s)=\int_a^s y(t)\mathrm{d}t=\int_a^b x_s(t)y(t)\mathrm{d}t. \tag{3.5.4}$$

现在设 $x(t)$是任一有界可测函数并选取一致有界的阶梯函数列$\{x_n(t)\}$几乎处处收敛于 $x(t)$. 由式(3.5.4)及 f 的线性,得到

$$f(x_n)=\int_a^b x_n(t)y(t)\mathrm{d}t \quad (n=1,2,\cdots). \tag{3.5.5}$$

由 Lebesgue 控制收敛定理,则有

$$\int_a^b x_n(t)y(t)\mathrm{d}t\to\int_a^b x(t)y(t)\mathrm{d}t,$$

$$\|x_n-x\|=\left(\int_a^b|x_n(t)-x(t)|^p\mathrm{d}t\right)^{\frac{1}{p}}\to 0.$$

在式(3.5.5)中令 $n\to\infty$,则有式(3.5.2)成立.

现在证明 $y\in L^q[a,b]$. 对于自然数 N,令

$$y_N(t)=\begin{cases}|y(t)|^{q-1}\mathrm{sgn}y(t), & |y(t)|\leqslant N,\\ 0, & |y(t)|>N.\end{cases}$$

则

$$f(y_N)=\int_a^b y_N(t)y(t)\mathrm{d}t=\int_{E_N}y_N(t)y(t)\mathrm{d}t=\int_{E_N}|y(t)|^q\mathrm{d}t, \tag{3.5.6}$$

其中 $E_N=\{t\in[a,b]:|y(t)|\leqslant N\}$. 另一方面，

$$\begin{aligned}f(y_N)&\leqslant\|f\|\,\|y_N\|=\|f\|\left(\int_{E_N}|y_N(t)|^p\mathrm{d}t\right)^{\frac{1}{p}}\\&=\|f\|\left(\int_{E_N}|y(t)|^{(q-1)p}\mathrm{d}t\right)^{\frac{1}{p}}\\&=\|f\|\left(\int_{E_N}|y(t)|^q\mathrm{d}t\right)^{\frac{1}{p}}.\end{aligned} \tag{3.5.7}$$

比较(3.5.6),(3.6.7)两式,得

$$\left(\int_{E_N}|y(t)|^q\mathrm{d}t\right)^{\frac{1}{q}}\leqslant\|f\|,$$

再令 $N\to\infty$,则有

$$\|y\|=\left(\int_a^b|y(t)|^q\mathrm{d}t\right)^{\frac{1}{q}}\leqslant\|f\|, \tag{3.5.8}$$

所以 $y\in L^q[a,b]$.

以下证明对任意 $x\in L^p[a,b]$，式(3.5.2)成立. 取有界可测函数列 $\{x_n(t)\}$ $(n=1,2,\cdots)$，使

$$\int_a^b |x_n(t)-x(t)|^p \mathrm{d}t \to 0 \quad (n\to\infty).$$

由于 $x_n(t)$ 有界，对于每一个 $x_n(t)$，式(3.5.2)成立，把 $x_n(t)$ 代入式(3.5.2)并令 $n\to\infty$，则得式(3.5.2)对于每一个 $x\in L^p[a,b]$ 成立.

对于任意 $x\in L^p[a,b]$，由式(3.5.2)及 Hölder 不等式，得

$$|f(x)|=\left|\int_a^b x(t)y(t)\mathrm{d}t\right|\leqslant \|x\|\,\|y\|,$$

于是 $\|f\|\leqslant\|y\|$，再由式(3.5.8)，得 $\|f\|=\|y\|$，即式(3.5.3)成立，并且由此可知，对于每个 f，使得式(3.5.2)成立的 y 是惟一的.

反之，对于每一 $y\in L^q[a,b]$，则由式(3.5.2)给出的 f 是 $L^p[a,b]$ 上的线性泛函，并且由 Hölder 不等式可知 f 是有界的.

在 $p=1$ 的情形，$L^1[a,b]$ 上的每一个有界线性泛函 f，存在惟一的 $y\in L^\infty[a,b]$，使得表达式(3.5.2)成立并且 $\|f\|=\operatorname*{esssup}_{a\leqslant t\leqslant b}|y(t)|$.

实际上，在定理 3.5.2 的证明中对于引进的函数 x_s 及 $g(s)=f(x_s)$，我们证明了 $g(s)$ 是绝对连续的. 此外对任意 $s_1,s_2\in[a,b]$，由于 $x_s\in L^\infty[a,b]$，同时

$$\begin{aligned}|g(s_2)-g(s_1)|&=|f(x_{s_2})-f(x_{s_1})|=|f(x_{s_2}-x_{s_1})|\\&\leqslant\|f\|\,\|x_{s_2}-x_{s_1}\|=\|f\|\,|s_2-s_1|,\end{aligned}$$

及 $y(t)=g'(t)$，可知 $|y(t)|\leqslant\|f\|$ a. e，即 $y\in L^\infty[a,b]$ 并且 $\operatorname*{esssup}_{a\leqslant t\leqslant b}|y(t)|\leqslant\|f\|$. 反之，由表达式(3.5.2)，得 $\|f\|\leqslant\operatorname*{esssup}_{a\leqslant t\leqslant b}|y(t)|$. 所以 $\|f\|=\operatorname*{esssup}_{a\leqslant t\leqslant b}|y(t)|$. 因此 $(L^1[a,b])^*=L^\infty[a,b]$.

从定理 3.5.2 及以上的讨论，我们得到 $(L^p[a,b])^*=L^q[a,b]$，其中 $\frac{1}{p}+\frac{1}{q}=1$. 如果我们约定 $p=1$ 时 $q=\infty$，那么这个结论对任意 $p(1\leqslant p<\infty)$ 成立.

对于离散情形，类似地我们有 $(l^p)^*=l^q(1\leqslant p<\infty)$.

三、空间 c 上的有界线性泛函

定理 3.5.3　对于每一个 $f\in c^*$，存在数 α 及 $\{\alpha_n\}\in l^1$，使得对于每一个 $x\in c$，$x=\{\xi_n\}$，

$$f(x)=\alpha\lim_{n\to\infty}\xi_n+\sum_{n=1}^{\infty}\alpha_n\xi_n, \tag{3.5.9}$$

且

$$\|f\| = |\alpha| + \sum_{n=1}^{\infty} |\alpha_n|.$$

反之,如果给定 α 及 $\{\alpha_n\}\in l^1$,则式(3.5.9)决定了 c 上的一个有界线性泛函.

证　首先,取 $e=(1,1,\cdots)$, $e_1=(1,0,0,\cdots)$, $e_2=(0,1,0,0,\cdots)$, $\cdots$, $e_n=(0,0,\cdots,1,0,\cdots)$, $\cdots$,则 $\{e,e_1,e_2,\cdots\}$ 是 c 的一个 Schauder 基,因为如果 $x\in c$, $x=\{\xi_n\}$,且 $\lim\limits_{n\to\infty}\xi_n=l$,则

$$\|x-le-\sum_{k=1}^{n}(\xi_k-l)e_k\| = \sup_{k>n}|\xi_k-l|\to 0 \quad (n\to\infty).$$

因此 $x=le+\sum\limits_{k=1}^{\infty}(\xi_k-l)e_k$ 且容易证明这个表达式是惟一的.

其次,设 f 是 c 上任一有界线性泛函. 则对于每一个 $x=\{\xi_n\}\in c$, $l=\lim\limits_{n\to\infty}\xi_n$,有

$$x = le + \sum_{k=1}^{\infty}(\xi_k-l)e_k,$$

$$f(x) = lf(e) + \sum_{k=1}^{\infty}(\xi_k-l)f(e_k). \tag{3.5.10}$$

任取 $r\geqslant 1$ 且对于 $1\leqslant n\leqslant r$ 令 $\xi_n=\operatorname{sgn}f(e_n)$;对于 $n>r$ 令 $\xi_n=0$. 则 $x=\{\xi_n\}\in c_0$, $\|x\|=1$且由于在 c 上 $|f(x)|\leqslant\|f\|\,\|x\|$,所以,

$$|f(x)| = \sum_{n=1}^{r}|f(e_n)| \leqslant \|f\|.$$

于是 $\sum\limits_{n=1}^{\infty}|f(e_n)| = \sup\limits_{r}\sum\limits_{n=1}^{r}|f(e_n)| \leqslant \|f\| < \infty$. 现在把式(3.5.10)写成

$$f(x) = \alpha l + \sum_{n=1}^{\infty}\alpha_n\xi_n, \tag{3.5.11}$$

这里 $\alpha=f(e)-\sum\limits_{n=1}^{\infty}f(e_n)$, $\alpha_n=f(e_n)$,级数 $\sum\limits_{n=1}^{\infty}f(e_n)$ 绝对收敛. 因为 $|\lim\limits_{n\to\infty}\xi_n|\leqslant\|x\|$,由式(3.5.11),

$$|f(x)| \leqslant \left(|\alpha| + \sum_{n=1}^{\infty}|\alpha_n|\right)\|x\|,$$

于是 $\|f\|\leqslant|\alpha|+\sum\limits_{n=1}^{\infty}|\alpha_n|$. 另外对于 $\|x\|=1$,我们有 $|f(x)|\leqslant\|f\|$,对任意 $r\geqslant 1$ 定义

$$\xi_n = \begin{cases} \operatorname{sgn}\alpha_n & (1\leqslant n\leqslant r), \\ \operatorname{sgn}\alpha & (n>r). \end{cases}$$

则 $x\in c$，$\|x\|=1$，$\lim\limits_{n\to\infty}\xi_n=\operatorname{sgn}\alpha$，所以

$$|f(x)|=\left||\alpha|+\sum_{n=1}^{r}|\alpha_n|+\sum_{n=r+1}^{\infty}\alpha_n\operatorname{sgn}\alpha\right|\leqslant\|f\|.$$

由于$\{\alpha_n\}\in l^1$，我们有$\sum\limits_{n=r+1}^{\infty}\alpha_n\to 0\quad(r\to\infty)$. 因此在上面不等式中令 $r\to\infty$，则得

$$|\alpha|+\sum_{n=1}^{\infty}|\alpha_n|\leqslant\|f\|,$$

所以 $\|f\|=|\alpha|+\sum\limits_{n=1}^{\infty}|\alpha_n|$.

反之，式(3.5.9)显然决定了空间 c 上的一个有界线性泛函.

由定理 3.5.3，我们有 $c^*=l^1$.

§3.6　自反性、弱收敛

一、自反性

设 X 是赋范空间，X^* 是它的共轭空间，则 X^* 是一个 Banach 空间，因此它也有共轭空间. 记 $X^{**}=(X^*)^*$，称 X^{**} 为 X 的**二次共轭空间**.

我们研究 X 与 X^{**} 的关系. 设 $x\in X$，$f\in X^*$，如果把 x 固定，让 f 遍取 X^*，这时 $f(x)$是定义在 X^* 上的一个有界线性泛函，即对于每一 $x\in X$，对应 X^{**} 中一元 F_x，$F_x(f)=f(x)(f\in X^*)$. 称映射 $F_x:X\to X^{**}$ 是**典型映射**. 不难验证，对任意 $x_1,x_2\in X$ 及 $\alpha\in\mathbb{K}$，

$$F_{x_1+x_2}=F_{x_1}+F_{x_2};F_{\alpha x}=\alpha F_x,$$

并且由于对于每一 $f\in X^*$，

$$|F_x(f)|=|f(x)|\leqslant\|x\|\,\|f\|\quad(f\in X^*),$$

得$\|F_x\|\leqslant\|x\|$. 另一方面，由 Hahn-Banach 定理，对于 $x\in X$，存在 $f_0\in X^*$，使得$\|f_0\|=1$，$f_0(x)=\|x\|$. 于是$\|F_x\|\geqslant|F_x(f_0)|=|f_0(x)|=\|x\|$，即$\|F_x\|\geqslant\|x\|$，所以$\|F_x\|=\|x\|$. 这样，在典型映射下空间 X 与 X^{**} 的一个子空间等距同构，如果 X 是 Banach 空间，则可以把 X 看成是 X^{**} 的一个闭子空间. 一般地，在典型映射下，$X\neq X^{**}$，如果 $X=X^{**}$ 则称空间 X 是**自反的**.

我们注意，如果空间 X 是自反的，则在典型映射下 X 与 X^{**} 等距同构. 但在 X 与 X^{**} 之间存在等距同构映射，X 不必是自反的，关于自反空间的特征我们将在后面第五章中讨论.

下面我们研究几个常见的空间的自反性.

$L^p[a,b]$　$(1<p<\infty)$是自反的. 为说明这一事实,我们需要证明,任取 $F\in(L^p[a,b])^{**}$,存在 $x\in L^p[a,b]$,使得

$$F(f)=f(x)\qquad(f\in(L^p[a,b])^*).$$

为此用 φ 表示这样的等距同构映射,使得对于每一个 $y\in L^q[a,b]$按照式(3.5.2)对应一个泛函 $f\in(L^p[a,b])^*$. 如果设

$$F_1(y)=F(\varphi y)\qquad(y\in L^q[a,b]),$$

则 $F_1\in(L^q[a,b])^*$. 于是根据定理 3.5.2,存在 $x\in L^p[a,b]$,使得

$$F_1(y)=\int_a^b y(t)x(t)\mathrm{d}t\qquad(y\in L^q[a,b]).$$

这样,如果 $f\in(L^p[a,b])^*$ 及 $y=\varphi^{-1}(f)\in L^q[a,b]$,则

$$F(f)=F_1(y)=\int_a^b y(t)x(t)\mathrm{d}t=\int_a^b x(t)y(t)\mathrm{d}t=f(x).$$

即 $L^p[a,b]$　$(1<p<\infty)$是自反的.

类似地可以证明,$l^p(1<p<\infty)$是自反的,$\mathbb{R}^n$ 是自反的.

$C[a,b]$不是自反的. 假设 $C[a,b]$自反,则对于有界变差函数空间 $V_0[a,b]$上的任一有界线性泛函,必存在 $x\in C[a,b]$,使得它具有 $F_x(f)=f(x)$的形式. 由定理 3.5.1,

$$F_x(f)=f(x)=\int_a^b x(t)\mathrm{d}\upsilon(t).$$

对于每一 $f\in(C[a,b])^*$,我们用 $f(t)$表示相应的有界变差函数,考虑泛函

$$F_{x_0}(f)=f(t_0+0)-f(t_0-0),$$

显然它是线性的并且由于

$$|F_{x_0}(f)|=|f(t_0+0)-f(t_0-0)|\leqslant\overset{b}{\underset{a}{\mathrm{V}}}(f)=\|f\|,$$

可见 $F_0(f)$有界并且 $\|F_{x_0}\|\leqslant 1$. 此外 $F_{x_0}(f)\neq 0$. 于是存在 $x_0\in C[a,b]$,使得

$$F_{x_0}(f)=\int_a^b x_0(t)\mathrm{d}f(t).$$

考虑函数

$$f_0(t)=\int_0^t x_0(\tau)\mathrm{d}\tau.$$

则 $F_{x_0}(f_0)=0$,这是因为 $f_0(t)$在$[a,b]$上连续. 但是另一方面,由 $F_{x_0}\neq 0$ 得 $x_0\neq 0$,且

$$F_{x_0}(f_0)=\int_a^b x_0(t)\mathrm{d}f_0(t)=\int_a^b x_0^2(t)\mathrm{d}t>0,$$

由此得出矛盾. 所以 $C[a,b]$ 不是自反的.

$L^1[a,b]$, $l^1 L^\infty[a,b]$, l^∞ 不是自反的(参看本章习题).

二、弱收敛

在应用中,我们常常通过空间的共轭空间来刻画空间本身的性质,这其中之一是,我们通过共轭空间给出空间中另一种收敛方式.

定义 3.6.1　设 X 是赋范空间, $x_0, x_n\in X\quad(n=1,2,\cdots)$, 如果对于每一个 $f\in X^*$, $f(x_n)\to f(x_0)\quad(n\to\infty)$, 称 **$\{x_n\}$ 弱收敛于 x_0**. 记为 $x_n\xrightarrow{W}x_0(n\to\infty)$, 称 x_0 为 $\{x_n\}$ 的**弱极限**.

由弱收敛的定义可得下列性质成立:

1) 弱收敛的极限是惟一的.

事实上,如果 $x_n\xrightarrow{W}x_0$ 及 $x_n\xrightarrow{W}y_0$, 则对每一个 $f\in X^*$, $f(x_n)\to f(x_0)$ 及 $f(x_n)\to f(y_0)$, 因此 $f(x_0-y_0)=0$, 于是由 Hahn-Banach 定理, $x_0=y_0$.

2) 如果 $\{x_n\}$ 弱收敛,则 $\{\|x_n\|\}$ 有界.

由于 $\{x_n\}$ 弱收敛,则对每一个 $f\in X^*$, $\{f(x_n)\}$ 收敛,在典型映射下我们把 $x_n(n=1,2,\cdots)$ 看成 X^{**} 中元,于是由 Banach-Steinhaus 定理得 $\{\|x_n\|\}$ 有界.

3) 如果 $\{x_n\}$ 强收敛于 x_0, 则 $\{x_n\}$ 必弱收敛于 x_0. 反之则不然.

因为对任意 $f\in X^*$,

$$\begin{aligned}&|f(x_n)-f(x_0)|\\=&|f(x_n-x_0)|\leqslant\|f\|\,\|x_n-x_0\|\qquad(n=1,2,\cdots).\end{aligned}$$

由此可见,如果 $\|x_n-x_0\|\to0(n\to\infty)$. 则对每一个 $f\in X^*$, $f(x_n)\to f(x_0)(n\to\infty)$, 即 $x_n\xrightarrow{W}x_0(n\to\infty)$.

反之,例如在空间 l^2 中,取 $x_n=(\underbrace{0,\cdots,1}_{n},0,\cdots)(n=1,2,\cdots)$, 则对每一个 $f\in(l^2)^*$, 存在 $\{\xi_k\}\in l^2$, 使得

$$f(x_n)=\xi_n\to0\qquad(n\to\infty).$$

即 $\{x_n\}$ 弱收敛于 0. 但是当 $n\neq m$ 时 $\|x_n-x_m\|=\sqrt{2}$. 所以 $\{x_n\}$ 不强收敛.

我们研究几个具体空间中的弱收敛性.

在空间 $\mathbb{R}^n$ 中弱收敛与强收敛等价(证明参看本章习题).

定理 3.6.1　空间 $C[a,b]$中点列$\{x_n\}$弱收敛于 $x_0\in C[a,b]$，当且仅当：

1) $\{\|x_n\|\}$有界；

2) $\{x_n(t)\}$在$[a,b]$上逐点收敛于 $x_0(t)$.

证　设 $x_n \xrightarrow{W} x_0(n\to\infty)$，由弱收敛的性质 2)，知 1)成立，其次，对于每一 $t_0\in[a,b]$，定义泛函 f_0：

$$f_0(x)=x(t_0)\qquad (x\in C[a,b]),$$

不难看到，f_0 是 $C[a,b]$上的有界线性泛函，于是对每一个 $t_0\in[a,b]$，

$$x_n(t_0)=f_0(x_n)\to f_0(x_0)=x_0(t_0)\qquad (n\to\infty),$$

即 2)成立

反之，设 f 是$C[a,b]$上任一有界线性泛函. 由定理 3.5.1，存在$[a,b]$上的有界变差函数 $v(t)$，使得

$$f(x)=\int_a^b x(t)\mathrm{d}v(t)\qquad (x\in C[a,b]).$$

如果$\{x_n\}$满足条件 1)及 2). 应用控制收敛定理则有

$$\int_a^b x_n(t)\mathrm{d}v(t)\to\int_a^b x_0(t)\mathrm{d}v(t)\qquad (n\to\infty).$$

从而 $f(x_n)\to f(x_0)(n\to\infty)$，即 $x_n \xrightarrow{W} x_0(n\to\infty)$.

定理 3.6.2　空间 $L^p[a,b](p>1)$中点列$\{x_n\}$弱收敛于 x_0，当且仅当：

1) $\{\|x_n\|\}$有界；

2) 对于每一 $t\in[a,b]$，$\int_a^t x_n(\tau)\mathrm{d}\tau\to\int_a^t x_0(\tau)\mathrm{d}\tau\quad (n\to\infty)$.

证　设 $x_n \xrightarrow{W} x_0(n\to\infty)$，则 1)成立. 为证明 2)成立，对于每一 $t\in[a,b]$，作函数

$$y_t(\tau)=\begin{cases}1, & a\leqslant\tau\leqslant t,\\ 0, & t<\tau\leqslant b,\end{cases}$$

$y_t(\tau)$作为 τ 的函数属于 $L^q[a,b]$　$\left(\frac{1}{p}+\frac{1}{q}=1\right)$. 于是由定理 3.5.2，

$$f(x)=\int_a^b x(\tau)y_t(\tau)\mathrm{d}\tau=\int_a^t x(\tau)\mathrm{d}\tau\qquad (x\in L^p[a,b])$$

定义了 $L^p[a,b]$上的一个有界线性泛函 f. 因此

$$\int_a^t x_n(\tau)\mathrm{d}\tau\to\int_a^t x_0(\tau)\mathrm{d}\tau\qquad (n\to\infty).$$

即 2)成立.

反之，设$\{x_n\}$满足条件 1)及 2). 条件 2)等价于

$$\int_a^b x_n(\tau) y_t(\tau) \mathrm{d}\tau \to \int_a^b x_0(\tau) y_t(\tau) \mathrm{d}\tau \qquad (n \to \infty).$$

于是对任一阶梯函数

$$y(\tau) = \sum_{i=1}^{k} \alpha_i y_{t_i}(\tau),$$

其中,k 为任一自然数,$t_1 < t_2 < \cdots < t_k$ 为$[a,b]$中任意 k 个点,$\alpha_i (i=1,\cdots,k)$ 为任意 k个数.则有

$$\int_a^b x_n(\tau) y(\tau) \mathrm{d}\tau \to \int_a^b x_0(\tau) y(\tau) \mathrm{d}\tau \qquad (n \to \infty).$$

而形如 $y(\tau)$的阶梯函数全体在 $L^q[a,b]$中稠密,由定理 3.2.2,对任意 $y \in L^q[a,b]$上式成立,即$\{x_n\}$弱收敛于 x_0.

我们已知,在有穷维赋范空间中强弱收敛等价.下面我们给出一个无穷维空间的例.在这个空间中,由点列弱收敛可推出强收敛.

定理 3.6.3(Schur)　在空间 l^1 中,点列强收敛与弱收敛等价.

证　设 $x_0, x_n \in l^1$ $(n=1,2,\cdots)$ 且 $x_n \xrightarrow{W} x_0$ $(n\to\infty)$,我们证明 $\| x_n - x_0 \| \to 0 (n\to\infty)$.为此只需证明,如果 $x_n \xrightarrow{W} 0 (n\to\infty)$,则 $\| x_n \| \to 0$ $(n\to\infty)$.假如不然,则存在子列$\{x_{n_k}\}$,使得

$$\lim_{k\to\infty} \| x_{n_k} \| = l > 0. \tag{3.6.1}$$

显然当考虑子列时仍保持弱收敛性.此外必要时我们以$\dfrac{x_{n_k}}{\| x_{n_k} \|}$来代替 x_{n_k},于是我们可以假设所给点列$\{x_n\} \in l^1$, $\| x_n \| = 1 (n=1,2,\cdots)$并且

$$x_n \xrightarrow{W} 0 \qquad (n \to \infty). \tag{3.6.2}$$

设 $x_n = \{\xi_k^{(n)}\} (n=1,2,\cdots)$,定义泛函 f_k:

$$f_k(x) = \xi_k \qquad (x = \{\xi_k\}, k = 1,2,\cdots).$$

显然 $f_k (k=1,2,\cdots)$是 l^1 上的有界线性泛函.于是由式(3.6.2) $f_k(x_n) \to 0$ $(n\to\infty)$,即

$$\xi_k^{(n)} \to 0 \qquad (n\to\infty; k=1,2,\cdots). \tag{3.6.3}$$

设 $n_1 = 1$,这时

$$\sum_{k=1}^{\infty} | \xi_k^{(n_1)} | = \| x_{n_1} \| = 1,$$

因此存在指标 $p_1 > 0$,使得

$$\sum_{k=1}^{p_1} | \xi_k^{(n_1)} | > \frac{3}{4}.$$

设已经选取整数 $1=n_1<n_2<\cdots<n_j$ 及 $0=p_0<p_1<\cdots<p_j$，使得

$$\sum_{k=1}^{p_{s-1}} |\xi_k^{(n_s)}| < \frac{1}{4} \qquad (s=1,2,\cdots,j) \tag{3.6.4}$$

及

$$\sum_{k=p_{s-1}+1}^{p_s} |\xi_k^{(n_s)}| > \frac{3}{4} \qquad (s=1,2,\cdots,j), \tag{3.6.5}$$

这时由式(3.6.3)可求出指标 $n_{j+1}>n_j$，使得

$$\sum_{k=1}^{p_j} |\xi_k^{(n_{j+1})}| < \frac{1}{4}.$$

由这个不等式及 $\|x_n\|=1 \quad (n=1,2,\cdots)$，则有

$$\sum_{k=p_j+1}^{\infty} |\xi_k^{(n_{j+1})}| = \sum_{k=1}^{\infty} |\xi_k^{(n_{j+1})}| - \sum_{k=1}^{p_j} |\xi_k^{(n_{j+1})}| > \frac{3}{4},$$

因此存在指标 $p_{j+1}>p_j$，使得

$$\sum_{k=p_j+1}^{p_{j+1}} |\xi_k^{(n_{j+1})}| > \frac{3}{4}.$$

以上应用数学归纳法我们证明了，存在两个整数列 $1=n_1<n_2<\cdots$，及 $0=p_0<p_1<\cdots$，使得对于每个 $s=1,2,\cdots$ 不等式(3.6.4)及(3.6.5)成立.

现在令

$$\eta_k = \operatorname{sgn}\xi_k^{(n_s)} \qquad (p_{s-1}<k\leqslant p_s;k,s=1,2,\cdots),$$

则 $\{\eta_k\}\in l^\infty$，因此它在 l^1 上决定了一个线性泛函 f_0，使得

$$f_0(x) = \sum_{k=1}^{\infty} \eta_k\xi_k \qquad (x=\{\xi_k\}\in l^1).$$

我们估计 $f_0(x_{n_s})$ 的下界. 由于 $|\eta_k|\leqslant 1$，我们有

$$\begin{aligned}
|f_0(x_{n_s})| &= \left|\sum_{k=1}^{\infty} \eta_k\xi_k^{(n_s)}\right| \\
&\geqslant \left|\sum_{k=p_{s-1}+1}^{p_s} \eta_k\xi_k^{(n_s)}\right| - \sum_{k=1}^{p_{s-1}} |\eta_k\xi_k^{(n_s)}| - \sum_{k=p_s+1}^{\infty} |\eta_k\xi_k^{(n_s)}| \\
&\geqslant \sum_{k=p_{s-1}+1}^{p_s} |\xi_k^{(n_s)}| - \sum_{k=1}^{p_{s-1}} |\xi_k^{(n_s)}| - \sum_{k=p_s+1}^{\infty} |\xi_k^{(n_s)}| \\
&= 2\sum_{k=p_{s-1}+1}^{p_s} |\xi_k^{(n_s)}| - \|x_{n_s}\|.
\end{aligned}$$

于是由于 $\|x_{n_s}\|=1$ 及式(3.6.5)得 $f_0(x_{n_s})>\frac{1}{2}$，这与式(3.6.2)相矛盾.

在后面的第五章中，我们将在赋范空间中引进弱拓扑，可以证明，如果弱拓扑与范数拓扑一致，空间必是有穷维的，从以上 Schur 定理可以看出通过序列研究弱拓扑是不够充分的.

§3.7　紧　算　子

无穷维空间上的任意线性算子可以相当复杂，但有一类算子在某种意义上接近有穷维空间上的线性算子并且在各种不同的研究中，特别是积分方程理论中起着重要的作用，这一类算子就是紧算子.

一、定义

设 T 是赋范空间 X 上到赋范空间 X_1 中的线性算子，如果对 X 中任意有界集 M，$\overline{TM}$为 X_1 中紧集，称 T 是**紧算子**或**全连续算子**.

由于 TM 列紧等价于$\overline{TM}$是紧集. 因此线性算子 T 是紧算子，当且仅当 T 把 X 中有界集映为 X_1 中列紧集.

由于赋范空间中的紧子集是有界集，所以紧算子必是有界线性算子.

在有穷维赋范空间中任意线性算子都是紧算子，因为它把任意有界集映为有界集，但是在无穷维空间中，有界线性算子未必是紧算子.

例 3.7.1　设赋范空间 X 是无穷维的，I 是 X 上的恒等算子，则 I 不是紧算子.

事实上，设 $x_1, x_2, \cdots$是 X 中线性无关的点列，X_n 是由$\{x_1, \cdots, x_n\}$张成的子空间. 由 Riesz 引理（定理 2.4.2），存在点列 $y_n \in X_n (n=1,2,\cdots)$，使得 $\| y_n \| =1$，且对每一个 $y \in X_{n-1}$，$\| y_n - y \| \geqslant \frac{1}{2}$，这样点列$\{y_n\}$没有收敛子列. 所以 I 不是紧算子.

例 3.7.2　设 X, X_1 是赋范空间，$T \in \mathscr{B}(X, X_1)$，如果 TX 是有穷维的，则 T 是紧算子.

因为 T 把 X 中任意有界集映为 X_1 中有界集，而在有穷维空间中有界集是列紧集，所以 T 是紧算子.

例 3.7.3　设 $k(t,s)$在 $a \leqslant t \leqslant b, a \leqslant s \leqslant b$ 上连续，

$$(Tx)(t) = \int_a^b k(t,s)x(s)\mathrm{d}s, \qquad x \in C[a,b].$$

则 T 是$C[a,b]$上到自身中的紧算子.

证　设 M 是 $C[a,b]$中任意有界集，则存在常数 C，使得对于每一个 $x \in M$，$\| x \| \leqslant C$，于是对任意 $t_1, t_2 \in [a,b]$，

$$|Tx(t_1)-Tx(t_2)| \leqslant \int_a^b |k(t_1,s)-k(t_2,s)|\,|x(s)|\,ds$$
$$\leqslant C\int_a^b |k(t_1,s)-k(t_2,s)|\,ds.$$

由于 $k(t,s)$ 连续，对任意 $\varepsilon>0$，存在 $\delta>0$，使得对任意 $t_1,t_2\in[a,b]$，当 $|t_1-t_2|<\delta$ 时，

$$|k(t_1,s)-k(t_2,s)|<\frac{\varepsilon}{C(b-a)} \qquad (s\in[a,b]),$$

因此对于每一个 $x\in M$，

$$|Tx(t_1)-Tx(t_2)|<\varepsilon,$$

这说明 TM 是等度连续的，此外 TM 是有界的，由 Arzelà 定理，TM 是列紧的，所以 T 是紧算子.

二、紧算子的基本性质

定理 3.7.1 设 X,X_1 是赋范空间，$T\in\mathscr{B}(X,X_1)$，如果 T 是紧算子，则 T 把 X 中弱收敛点列映为 X_1 中强收敛点列.

证 设 $\{x_n\}\subset X$ 弱收敛于 $x_0\in X$，则在 X_1 中 $\{Tx_n\}$ 弱收敛于 Tx_0. 假设 $\{Tx_n\}$ 不强收敛于 Tx_0，必存在 $\varepsilon_0>0$ 及 $\{x_n\}$ 的子列 $\{x_{n_k}\}$，使得

$$\|Tx_{n_k}-Tx_0\|\geqslant\varepsilon_0 \qquad (k=1,2,\cdots). \tag{3.7.1}$$

由于 T 是紧算子而 $\{x_{n_k}\}$ 有界，$\{Tx_{n_k}\}$ 中必存在强收敛子列，不妨设这个子列就是 $\{Tx_{n_k}\}$ 且其极限为 y_0. 在式(3.7.1)中命 $k\to\infty$ 则得

$$\|y_0-Tx_0\|\geqslant\varepsilon_0. \tag{3.7.2}$$

另一方面，$\{Tx_{n_k}\}$ 显然弱收敛于 y_0，因此 $y_0=Tx_0$，这与式(3.7.2)相矛盾，所以 $\{Tx_n\}$ 强收敛于 Tx_0.

定理 3.7.2 设 $\{T_n\}$ 是赋范空间 X 上到 Banach 空间 X_1 中的紧算子列且按范收敛于算子 T，则 T 也是紧的.

证 为了证明 T 是紧的，我们只需证明对 X 中任意有界点列 $\{x_n\}$，$\{Tx_n\}$ 中有收敛子列.

由于 T_1 是紧算子，从 $\{T_1x_n\}$ 中可选出收敛子列，设 $\{x_n^{(1)}\}$ 是使 $\{T_1x_n^{(1)}\}$ 收敛的子列. 现在考虑 $\{T_2x_n^{(1)}\}$，由于 T_2 也是紧的，因此由它也可选出收敛子列. 设 $\{x_n^{(2)}\}$ 是 $\{x_n^{(1)}\}$ 的子列且使得 $\{T_2x_n^{(2)}\}$ 收敛. 显然这时 $\{T_1x_n^{(2)}\}$ 也收敛. 这个过程可以继续下去，从 $\{x_n^{(2)}\}$ 中可选出子列 $\{x_n^{(3)}\}$，使得 $\{T_3x_n^{(3)}\}$ 收敛等等. 我们取对角线点列 $\{x_n^{(n)}\}$，则算子列 $\{T_n\}$ 中每一个算子都把这个点列映为收敛点列. 现在我们只需证明 $\{Tx_n^{(n)}\}$ 收敛.

对于任意 m,n,由于

$$\begin{aligned}&\| Tx_n^{(n)} - Tx_m^{(m)} \| \\ \leqslant\ & \| Tx_n^{(n)} - T_kx_n^{(n)} \| + \| T_kx_n^{(n)} - T_kx_m^{(m)} \| + \| T_kx_m^{(m)} - Tx_m^{(m)} \|,\end{aligned} \tag{3.7.3}$$

设 $\| x_n \| \leqslant C$. 对任意 $\varepsilon > 0$,选取 k,使得 $\| T - T_k \| < \frac{\varepsilon}{3C}$,然后再选取 N,使得当 $n,m > N$ 时,

$$\| T_kx_n^{(n)} - T_kx_m^{(m)} \| < \frac{\varepsilon}{3},$$

于是由式(3.7.3),当 $n,m > N$ 时

$$\| Tx_n^{(n)} - Tx_m^{(m)} \| < \varepsilon.$$

即 $\{Tx_n^{(n)}\}$ 是 X_1 中的 Cauchy 列,由于 X_1 完备,所以 $\{Tx_n^{(n)}\}$ 必收敛.

容易验证,紧算子的线性组合也是紧的,由此及定理 3.7.2 可知,对于 Banach 空间 X,X 上的紧算子的全体是 $\mathscr{B}(X)$ 的闭子空间.

例 3.7.4　对于每一 $x = \{\xi_k\} \in l^2$,令 $Tx = y$,其中 $y = \{\eta_k\}$,$\eta_k = \frac{\xi_k}{k}$ $(k = 1,2,\cdots)$,则 $T: l^2 \to l^2$ 且 T 是一个紧算子.

显然 T 是线性算子且当 $x = \{\xi_k\} \in l^2$ 时 $Tx = y = \{\eta_k\} \in l^2$. 定义算子 T_n: 对于 $x = \{\xi_k\} \in l^2$,

$$T_nx = \{\xi_1, \frac{\xi_2}{2}, \cdots, \frac{\xi_n}{n}, 0, 0, \cdots\}.$$

容易验证,对于每一个 n,T_n 是线性算子并且 T_n 的值域是有穷维的,因此由例 3.7.2 知 T_n 是紧算子. 此外由于

$$\begin{aligned}\| (T - T_n)x \|^2 &= \sum_{k=n+1}^{\infty} | \eta_k |^2 = \sum_{k=n+1}^{\infty} \frac{1}{k^2} | \xi_k |^2 \\ &\leqslant \frac{1}{(n+1)^2} \sum_{k=n+1}^{\infty} | \xi_k |^2 \leqslant \frac{\| x \|^2}{(n+1)^2},\end{aligned}$$

得 $\| T - T_n \| \leqslant \frac{1}{n+1}$,因此 $\| T_n - T \| \to 0 \quad (n \to \infty)$. 根据定理 3.7.2,$T$ 是紧算子.

定理 3.7.3　设 X 是赋范空间,T 是 X 上的紧算子,S 是 X 上任意有界线性算子,则 TS,ST 都是紧算子.

证　设 $M \subset X$ 是任意有界集,则 SM 也是 X 中有界集,因此 TSM 是列紧集,所以 TS 是紧算子. 其次,如果 M 是 X 中有界集,则 TM 是列紧集,由于 S 的连续性,STM 也是列紧的,即 ST 是紧算子.

推论　在无穷维赋范空间中,紧算子不可能有有界逆算子.

事实上，设赋范空间 X 是无穷维的，T 是 X 上的紧算子，假设 T^{-1} 是 T 的有界逆算子，则由定理 3.7.3，$I=T^{-1}T$ 是紧算子，由例 3.7.1，这是不可能的.

定理 3.7.3 表明，Banach 空间 X 上的所有紧算子的全体是有界线性算子环 $\mathscr{B}(X)$ 中的一个双侧理想.

定理 3.7.4 设 T 是赋范空间 X 上到赋范空间 X_1 中的紧算子，则 T^* 也是紧算子.

证 考虑 X_1^* 中的球 $B=\{g\in X_1^*:\|g\|\leqslant C\}$，我们证明 T^*B 是 X^* 中的全有界集，由于 X^* 完备，由此得 T^* 是紧算子.

由于 T 是紧的，设 $U=\{x\in X:\|x\|\leqslant 1\}$，则 TU 是全有界集，因此对任意 $\varepsilon>0$，存在有穷 ε_1 网，这里 $\varepsilon_1=\frac{\varepsilon}{4C}$. 即存在 $x_1,\cdots,x_n\in U$，使得对于每一 $x\in U$，存在 $1\leqslant i\leqslant n$，使得

$$\|Tx-Tx_i\|<\frac{\varepsilon}{4C}. \tag{3.7.4}$$

定义线性算子 $A:X_1^*\to\mathbb{R}^n$，

$$Ag=(g(Tx_1),\cdots,g(Tx_n)). \tag{3.7.5}$$

由于 g 是有界的，T 是有界的，则 A 是一个紧算子. 因此 AB 是全有界集，于是 AB 包含一个有穷 ε_2 网 $\{Ag_1,\cdots,Ag_m\}$，这里 $\varepsilon_2=\frac{\varepsilon}{4}$，即对于每一个 $g\in B$，存在 $1\leqslant k\leqslant m$，使得

$$\|Ag-Ag_k\|<\frac{\varepsilon}{4}. \tag{3.7.6}$$

我们证明 $\{T^*g_1,\cdots,T^*g_m\}$ 是 T^*B 的 ε 网. 由式(3.7.5)及(3.7.6)，对于每个 i 及每个 $g\in B$，存在 k 使得

$$\begin{aligned}|g(Tx_i)-g_k(Tx_i)|^2&\leqslant\sum_{i=1}^n|g(Tx_i)-g_k(Tx_i)|^2\\&=\|A(g-g_k)\|^2<\left(\frac{\varepsilon}{4}\right)^2.\end{aligned} \tag{3.7.7}$$

由于对任意 $x\in U$ 存在 i，使得式(3.7.4)成立；对于任意 $g\in B$，使得式(3.7.6)成立及对于 k 及每一个 i，式(3.7.7)成立，我们得到

$$\begin{aligned}&|g(Tx)-g_k(Tx)|\\\leqslant&|g(Tx)-g(Tx_i)|+|g(Tx_i)-g_k(Tx_i)|+|g_k(Tx_i)-g_k(Tx)|\\\leqslant&\|g\|\,\|Tx-Tx_i\|+\frac{\varepsilon}{4}+\|g_k\|\,\|Tx_i-Tx\|\end{aligned}$$

$$\leqslant C \cdot \frac{\varepsilon}{4C} + \frac{\varepsilon}{4} + C \cdot \frac{\varepsilon}{4C} < \varepsilon,$$

最后得

$$\begin{aligned} &\| T^* g - T^* g_k \| \\ &= \sup_{\|x\|=1} | T^*(g - g_k)(x) | = \sup_{\|x\|=1} | g(Tx) - g_k(Tx) | < \varepsilon. \end{aligned}$$

这说明$\{T^* g_1, \cdots, T^* g_m\}$是 $T^* B$ 的 ε 网，由于 X^* 完备，T^* 是紧算子.

定理 3.7.5 设 X 是 Banach 空间，T 是 X 上的紧算子，则对任意 $\delta>0$，仅有有穷个线性无关的特征向量，它们对应于其模超过 δ 的特征值.

证 假设 $\lambda_1, \lambda_2, \cdots, \lambda_n, \cdots$是算子 T 的任意一个特征值序列(它们彼此不相同或有重复)，且$|\lambda_n|>\delta$；$x_1, x_2, \cdots, x_n, \cdots$是它们对应的特征向量序列，且这些向量线性无关.

用 X_n 表示由$\{x_1, \cdots, x_n\}$生成的子空间. 由 Riesz 引理，对于每一个 n，存在 $y_n \in X_n$，使得$\| y_n \| = 1$，并且对于每一个 $y \in X_{n-1}$，$\| y_n - y \| > \dfrac{1}{2}$.

由于$|\lambda_n| > \delta$，$\left\{\dfrac{y_n}{\lambda_n}\right\}$是 X 中的有界集. 我们证明$\left\{T\left(\dfrac{y_n}{\lambda_n}\right)\right\}$没有收敛子列.

设 $y_n = \sum\limits_{k=1}^{n} \alpha_k x_k$，则

$$T\left(\frac{y_n}{\lambda_n}\right) = \sum_{k=1}^{n-1} \frac{\alpha_k \lambda_k}{\lambda_n} x_k + \alpha_n x_n = y_n + Z_n,$$

其中 $Z_n = \sum\limits_{k=1}^{n-1} \alpha_k \left(\dfrac{\lambda_k}{\lambda_n} - 1\right) x_k \in X_{n-1}$. 对任意 $i > j$，由于 $y_j + Z_j - Z_i \in X_{i-1}$，则有

$$\begin{aligned} \left\| T\left(\frac{y_i}{\lambda_i}\right) - T\left(\frac{y_j}{\lambda_j}\right) \right\| &= \| y_i + Z_i - (y_j + Z_j) \| \\ &= \| y_i - (y_j + Z_j - Z_i) \| > \frac{1}{2}, \end{aligned}$$

这与 T 是紧算子矛盾.

由定理 3.7.5 得，对于紧算子 T 的特征值 $\lambda \neq 0$ 对应的线性无关的特征向量的个数是有穷的. 此外还可得，在圆外部$|\lambda| > \delta > 0$，紧算子 T 的特征值的数目是有穷的，因此算子 T 的特征值可按其模的递减顺序$|\lambda_1| \geqslant |\lambda_2| \geqslant \cdots$来编号.

关于紧算子的谱的进一步性质以及方程$(T - \lambda I)x = y$ 的可解性(Riesz-Schauder 理论)这里不再讨论. 有兴趣的读者可参考书后文献[6].

习 题 三

1. 设$\sup\limits_{n\geqslant 1} |\alpha_n| < \infty$，在 l^1 上定义算子 $T: y = Tx$，其中 $x = \{\xi_k\}$，$y = \{\eta_k\}$，$\eta_k = \alpha_k \xi_k$

$(k=1,2,\cdots)$. 证明 T 是 l^1 上的有界线性算子并且 $\|T\|=\sup\limits_{n\geqslant 1}|\alpha_n|$.

2. 设 $e_1=(1,0,\cdots,0),e_2=(0,1,0,\cdots,0),\cdots,e_n=(0,0,\cdots,0,1)$ 是$\mathbb{R}^n$ 的基. 对于 $x\in\mathbb{R}^n,x=(\xi_1,\cdots,\xi_n)$,如果在$\mathbb{R}^n$ 上定义范数为:1) $\|x\|=\sup\limits_{1\leqslant k\leqslant n}|\xi_k|$;2) $\|x\|=\sum\limits_{k=1}^{n}|\xi_k|$. 试分别求出$(\mathbb{R}^n)^*$ 的范数.

3. 证明 Banach 空间 X 是自反的,当且仅当 X^* 是自反的.

4. 设 X 是 Banach 空间,证明如果 X^* 是可分的,则 X 也是可分的.

5. 证明空间 $L^1[a,b]$及 l^1 不是自反的.

6. 设$\{x_n\}\subset L^p[a,b](1<p<\infty)$. 证明对于每一个 $y\in L^q[a,b]\left(\dfrac{1}{p}+\dfrac{1}{q}=1\right)$, $\int_a^b x_n(t)y(t)\mathrm{d}t\to 0\quad(n\to\infty)$, 当且仅当$\sup\limits_n\|x_n\|<\infty$, 并且对于每一个可测子集 $E\subset[a,b]$, $\int_E x_n(t)\mathrm{d}t\to 0(n\to\infty)$.

7. 设 X 是 Banach 空间, $p(x)$是 X 上的泛函,满足:1) $p(x)\geqslant 0$;2) 当 $\alpha\geqslant 0$ 时, $p(\alpha x)=\alpha p(x)$;3) $p(x+y)\leqslant p(x)+p(y)$. 并且当 $x,x_n\in X,x_n\to x(n\to\infty)$时, $\varliminf\limits_n p(x_n)\geqslant p(x)$. 证明存在常数 M,使得

$$p(x)\leqslant M\|x\|\qquad(x\in X).$$

8. 设$\{x_k\}$是Banach空间X中的点列. 证明如果对于每一个$f\in X^*$, $\sum\limits_{k=1}^{\infty}|f(x_k)|<\infty$, 则存在 常数$M$,使得对于每一个 $f\in X^*$

$$\sum_{k=1}^{\infty}|f(x_k)|\leqslant M\|f\|.$$

9. 试应用习题一第 15 题的结果证明 Banach-Steinhaus 定理.

10. 设 X 是 Banach 空间, A,B 是 X 的闭子空间,且 $X=A+B$. 证明存在常数 M,使得每一个 $x\in X$ 有表示 $x=a+b$,其中 $a\in A,b\in B$ 并且

$$\|a\|+\|b\|\leqslant M\|x\|.$$

11. 设 X,Y 是 Banach 空间, $T:X\to Y$ 是线性算子并且对任意 $x_n\in X$,当 $x_n\to 0(n\to\infty)$ 时,对于每一个 $f\in Y^*$,

$$f(Tx_n)\to 0\qquad(n\to\infty).$$

证明 T 是连续的.

12. 设 Banach 空间 X 具有 Schauder 基$\{e_k\}$. 对于每一个 $x\in X,x=\sum\limits_{k=1}^{\infty}\alpha_k e_k$ 令

$$f_n(x)=\alpha_n\qquad(n=1,2,\cdots).$$

证明每一个 f_n 是 X 上的有界线性泛函(提示:利用习题二第 15 题的结果).

13. 设 X 是赋范空间, f 是 X 上的线性泛函,证明 f 是有界的,当且仅当 f 的零空间 $\mathcal{N}(f)=\{x\in X:f(x)=0\}$是闭子空间.

14. 证明如果赋范空间中的一个有界线性泛函的保范延拓不惟一,则所有保范延拓的势不小于连续统的势.

15. 设 G 是赋范空间 X 的子空间，$x_0\in X$，证明，$x_0\in\overline{G}$，当且仅当对于 X 上任一满足

$$f(x)=0 \qquad (x\in G)$$

的有界线性泛函 f 必有 $f(x_0)=0$.

16. 设 X 是赋范空间，$x_k\in X(k=1,\cdots,n)$，$a_1,a_2,\cdots,a_n$ 是一组数并且满足条件：存在常数 M，使得对任意 $t_1,t_2,\cdots,t_n$

$$\left|\sum_{k=1}^{n}t_k a_k\right|\leqslant M\left\|\sum_{k=1}^{n}t_k x_k\right\|.$$

证明存在 X 上的线性泛函 f，使得

1) $f(x_k)=a_k \quad (k=1,2,\cdots,n)$；

2) $\|f\|\leqslant M$.

17. 设$(X,\|\cdot\|)$是可分的赋范空间. 证明存在可数子集 $\Phi\subset X^*$，使得对于每一个 $x\in X$

$$\|x\|=\sup_{f\in\Phi}|f(x)|.$$

18. 设 X 是赋范空间，$x_0,x_n\in X(n=1,2,\cdots)$. 证明若 $x_n\xrightarrow{W}x_0(n\to\infty)$，则存在$\{x_n\}$的有穷线性组合序列强收敛于 x_0.

19. 设 M 是赋范空间 X 的闭子空间，$x_0\in X$ 是 M 中某个弱收敛点列的极限，证明 $x_0\in M$.

20. 设 X 是一致凸赋范空间(参看习题二第 18 题)，$x_0,x_n\in X(n=1,2,\cdots)$. 证明如果 $x_n\xrightarrow{W}x_0(n\to\infty)$且$\|x_n\|\to\|x_0\|(n\to\infty)$，则 $x_n\to x_0(n\to\infty)$.

21. (Banach 极限) 对于 $x=\{\xi_k\}\in c$，定义 $f(x)=\lim\limits_{k\to\infty}\xi_k$. 证明：

1) f 是空间 c 上的线性泛函；

2) 在空间 l^∞ 上存在线性泛函 F，使得 F 是 f 的延拓并且

$$\underline{\lim_{n\to\infty}}\eta_n\leqslant F(x)\leqslant\overline{\lim_{n\to\infty}}\eta_n \qquad (x=\{\eta_n\}\in l^\infty).$$

(称 $F(x)$为序列 $x=\{\eta_n\}\in l^\infty$ 的 **Banach 极限**).

22. 证明空间 $l^p(1<p<\infty)$上的有界线性泛函的一般形式为

$$f(x)=\sum_{k=1}^{\infty}\alpha_k\xi_k \qquad (x=\{\xi_k\}\in l^p),$$

其中 $y=\{\alpha_k\}\in l^q(\frac{1}{p}+\frac{1}{q}=1)$并且

$$\|f\|=\left(\sum_{k=1}^{\infty}|\alpha_k|^q\right)^{\frac{1}{q}}, \qquad (l^p)^*=l^q.$$

23. 证明$(c_0)^*=l^1$.

24. (级数的广义求和问题)设有数项级数

$$a_1+a_2+\cdots+a_n+\cdots \tag{1}$$

及$\{S_n\}$是其部分和序列，给定无穷矩阵

$$\begin{pmatrix} \alpha_{11} & \alpha_{12} & \cdots & \alpha_{1k} & \cdots \\ \alpha_{21} & \alpha_{22} & \cdots & \alpha_{2k} & \cdots \\ \vdots & \vdots & & \vdots & \vdots \\ \alpha_{n1} & \alpha_{n2} & \cdots & \alpha_{nk} & \cdots \\ \vdots & \vdots & & \vdots & \vdots \end{pmatrix}, \tag{2}$$

设 $\sigma_n = \sum_{k=1}^{\infty} \alpha_{nk} S_k (n = 1,2,\cdots)$ 且假定其右边的所有级数都收敛，如果 $n \to \infty$ 时 $\{\sigma_n\}$ 有极限，称级数(1) 关于矩阵(2) 可广义求和，并且称 $\sigma = \lim\limits_{n\to\infty} \sigma_n$ 为级数(1) 的广义和. 证明由矩阵(2) 给出的广义求和法，对于每一个按通常意义收敛的级数(1) 也按由矩阵(2) 决定的广义求和法可求和，并且广义和等于通常意义下的和，当且仅当，以下三个条件成立：

1) $\lim\limits_{n\to\infty} \alpha_{nk} = 0 (k = 1,2,\cdots)$；

2) $\lim\limits_{n\to\infty} \sum_{k=1}^{\infty} \alpha_{nk} = 1$；

3) $\sum_{k=1}^{\infty} |\alpha_{nk}| \leqslant M \quad (n = 1,2,\cdots)$.

25. 设 X 是 Banach 空间，$T \in \mathscr{B}(X)$，记

$$\mathscr{N}(T) = \{x \in X : Tx = 0\},$$
$$\mathscr{R}(T) = \{y \in X : Tx = y, x \in X\},$$
$$\mathscr{N}(T)^{\perp} = \{f \in X^* : f(x) = 0, x \in \mathscr{N}(T)\},$$
$$\overline{\mathscr{R}(T)}^{\perp} = \{f \in X^* : f(x) = 0, x \in \overline{\mathscr{R}(T)}\}.$$

证明：

1) $\overline{\mathscr{R}(T)}^{\perp} = \mathscr{N}(T^*)$；

2) 当 X 自反时，$\mathscr{N}(T)^{\perp} = \overline{\mathscr{R}(T^*)}$.

26. (平均遍历定理) 设 X 是自反 Banach 空间，$V \in \mathscr{B}(X)$ 并且存在常数 K，使得 $\| V^n \| \leqslant K (n=1,2,\cdots)$，令

$$T_n = \frac{1}{n}(I + V + \cdots + V^{n-1}).$$

证明：1) $\{T_n\}$ 在 $\mathscr{N}(I-V) \oplus \overline{\mathscr{R}(I-V)}$ 上强收敛于一个线性算子 P，$P^2 = P$ 且 $\| P \| \leqslant K$.

2) $X = \mathscr{N}(I-V) \oplus \overline{\mathscr{R}(I-V)}$. 从而 $\{T_n\}$ 在 X 上强收敛于 P. (提示：参考习题 25.)

27. 设无穷矩阵 (a_{ij}) 满足条件

$$\sum_{i=1}^{\infty} \sum_{j=1}^{\infty} |a_{ij}|^2 < \infty,$$

定义算子 $T: l^2 \to l^2$，$y = Tx$，其中 $x = \{\xi_k\}$，$y = \{\eta_k\}$，$\eta_n = \sum_{k=1}^{\infty} a_{nk} \xi_k (n = 1,2,\cdots)$. 证明 T 是紧算子.

28. 设 $\{T_n\}$ 是 Banach 空间 X 上的紧算子列并且强收敛于线性算子 T，试举例说明 T 不必是紧算子.

第四章　Hilbert 空间

有穷维线性空间可以引进种种范数使它成为 Banach 空间，但是通常欧氏空间的一个重要特性是它上面定义了内积，借助于内积就可以定义向量的长（范数）和两个向量的正交性. 我们把这种方法推广到无穷维空间的情形，在这一章中，引进内积空间和 Hilbert 空间的概念，并有围绕着内积和正交性研究内积空间的基本性质.

§4.1　内积空间的基本概念、例

设 H 是域$\mathbb{K}$ 上的线性空间，对任意 $x,y\in H$，有一个$\mathbb{K}$ 中数(x,y)与之对应，使得对任意 $x,y,z\in H,\alpha\in\mathbb{K}$ 满足：

1）$(x,x)\geqslant 0$；$(x,x)=0$，当且仅当 $x=0$；

2）$(x,y)=\overline{(y,x)}$；

3）$(\alpha x,y)=\alpha(x,y)$；

4）$(x+y,z)=(x,z)+(y,z)$.

称（　，　）是 H 上的一个**内积**，H 上定义了内积称为**内积空间**.

从定义可以看出，内积(x,y)对于每一 $y\in H$ 是 H 上的一个线性泛函；当$\mathbb{K}=\mathbb{C}$ 时，对于每一 $x\in H$，(x,y)是 H 上的一个共轭线性泛函，即它是可加的并且是共轭齐次的：$(x,\alpha y)=\bar{\alpha}(x,y)$.

定理 4.1.1（Schwarz 不等式）　设 H 是内积空间，则对任意 $x,y\in H$ 有

$$|(x,y)|^2\leqslant(x,x)(y,y).$$

证　任取 $\lambda\in\mathbb{C}$，则对任意 $x,y\in H$

$$\begin{aligned}&(x+\lambda y,x+\lambda y)\\&=(x,x)+\bar{\lambda}(x,y)+\lambda(y,x)+|\lambda|^2(y,y)\geqslant 0.\end{aligned}$$

设 $y\neq 0$，取 $\lambda=-\dfrac{(x,y)}{(y,y)}$并代入上面等式右边，得

$$(x,x)-\frac{2|(x,y)|^2}{(y,y)}+\frac{|(x,y)|^2}{(y,y)^2}(y,y)\geqslant 0,$$

代简后即得$|(x,y)|^2\leqslant(x,x)(y,y)$，对于 $y=0$ 不等式显然成立.

设 H 是内积空间，对任意 $x\in H$，令

$$\|x\| = \sqrt{(x,x)}.$$

则 $\|\cdot\|$ 是 H 上的一个范数,事实上,由 Schwarz 不等式

$$\begin{aligned}\|x+y\|^2 &= (x+y,x+y) = (x+y,x)+(x+y,y)\\ &\leqslant \|x+y\|\,\|x\| + \|x+y\|\,\|y\|,\end{aligned}$$

由此 $\|x+y\| \leqslant \|x\| + \|y\|$,即三角形不等式成立,范数的其他公理显然成立.

称内积空间的这个范数是由**内积产生的范数**,因此每一个内积空间是赋范空间. 以后凡说到内积空间是赋范空间都是指范数是由内积产生的. 我们称完备的内积空间为 **Hilbert 空间**.

例 4.1.1 $\mathbb{R}^n$ 是(实)Hilbert 空间.

在$\mathbb{R}^n$ 中定义

$$(x,y) = \sum_{k=1}^{n} \xi_k \eta_k \qquad (x = \{\xi_k\}, y = \{\eta_k\} \in \mathbb{R}^n).$$

不难验证,(,)是一个内积,且由这个内积产生的范数为

$$\|x\| = (\sum_{k=1}^{n} |\xi_k|^2)^{\frac{1}{2}} \qquad (x = \{\xi_k\} \in \mathbb{R}^n).$$

因此$\mathbb{R}^n$ 是 Hilbert 空间.

例 4.1.2 l^2 是 Hilbert 空间.

对任意 $x,y\in l^2$,$x=\{\xi_k\}$,$y=\{\eta_k\}$,由离散情形的 Hølder 不等式

$$\sum_{k=1}^{\infty} |\xi_k \bar{\eta}_k| \leqslant (\sum_{k=1}^{\infty} |\xi_k|^2)^{\frac{1}{2}} (\sum_{k=1}^{\infty} |\bar{\eta}_k|^2)^{\frac{1}{2}},$$

级数 $\sum_{k=1}^{\infty} \xi_k \bar{\eta}_k$ 绝对收敛,定义

$$(x,y) = \sum_{k=1}^{\infty} \xi_k \bar{\eta}_k.$$

(x,y)是 l^2 上的内积,由它产生范数为

$$\|x\| = (\sum_{k=1}^{\infty} |\xi_k|^2)^{\frac{1}{2}},$$

所以 l^2 是 Hilbert 空间.

例 4.1.3 $L^2[a,b]$是 Hilbert 空间.

与 l^2 类似,由 Hølder 不等式,对任意 $x,y\in L^2[a,b]$,

$$\int_a^b |(x(t),\overline{y(t)}|\,\mathrm{d}t \leqslant (\int_a^b |x(t)|^2 \mathrm{d}t)^{\frac{1}{2}} (\int_a^b |\overline{y(t)}|^2 \mathrm{d}t)^{\frac{1}{2}},$$

在 $L^2[a,b]$上定义内积

$$(x,y)=\int_a^b x(t)\,\overline{y(t)}\,\mathrm{d}t,$$

由这个内积产生的范数为

$$\|x\|=\left(\int_a^b |x(t)|^2\mathrm{d}t\right)^{\frac{1}{2}},$$

由此可知 $L^2[a,b]$是 Hilbert 空间.

例 4.1.4　设 H 是区间$[a,b]$上所有复值连续函数全体构成的线性空间,对任意 $x,y\in H$,定义

$$(x,y)=\int_a^b x(t)\,\overline{y(t)}\,\mathrm{d}t,$$

则与 $L^2[a,b]$类似,(x,y)是一个内积,由内积产生的范数为

$$\|x\|=\left(\int_a^b |x(t)|^2\mathrm{d}t\right)^{\frac{1}{2}}.$$

H 是一个内积空间但不是 Hilbert 空间.

定理 4.1.2　设 H 是内积空间,则内积(x,y)是 x,y 的连续函数,即当 $x_n\to x,y_n\to y$ 时,$(x_n,y_n)\to(x,y)$.

证　由 Schwarz 不等式

$$\begin{aligned}|(x_n,y_n)-(x,y)|&\leqslant|(x_n,y_n)-(x,y_n)|+|(x,y_n)-(x,y)|\\&\leqslant|(x_n-x,y_n)|+|(x,y_n-y)|\\&\leqslant\|x_n-x\|\,\|y_n\|+\|x\|\,\|y_n-y\|,\end{aligned}$$

因为当 $n\to\infty$时$\{\|y_n\|\}$有界,所以$(x_n,y_n)\to(x,y)(n\to\infty)$.

定理 4.1.3　设 H 是内积空间,则对任意 $x,y\in H$,有以下关系式成立,

1) 平行四边行法则:

$$\|x+y\|^2+\|x-y\|^2=2(\|x\|^2+\|y\|^2);$$

2) 极化恒等式:

$$(x,y)=\frac{1}{4}(\|x+y\|^2-\|x-y\|^2+\mathrm{i}\|x+\mathrm{i}y\|^2-\mathrm{i}\|x-\mathrm{i}y\|^2).$$

证　首先,

$$\|x+y\|^2=(x+y,x+y)=\|x\|^2+(x,y)+(y,x)+\|y\|^2 \tag{4.1.1}$$

$$\|x-y\|^2=(x-y,x-y)=\|x\|^2-(x,y)-(y,x)-\|y\|^2, \tag{4.1.2}$$

(4.1.1),(4.1.2)两式相加即得 1)成立.

其次,式(4.1.1)减式(4.1.2)得

$$\|x+y\|^2-\|x-y\|^2=2((x+y)+(y,x)),$$

再把 y 换成 $\mathrm{i}y$ 得

$$\|x+\mathrm{i}y\|^2-\|x-\mathrm{i}y\|^2=2((x,\mathrm{i}y)+(\mathrm{i}y,x)).$$

于是

$$\begin{aligned}(x,y)&=\frac{1}{2}((x,y)+(y,x)+(x,y)-(y,x))\\&=\frac{1}{2}((x,y)+(y,x)+\mathrm{i}(x,\mathrm{i}y)+\mathrm{i}(\mathrm{i}y,x))\\&=\frac{1}{4}(\|x+y\|^2-\|x-y\|^2+\mathrm{i}\|x+\mathrm{i}y\|^2-\mathrm{i}\|x-\mathrm{i}y\|^2).\end{aligned}$$

即 2)式成立.

公式 1)有一个简单的几何解释,它表示任一平行四边形两对角线长度平方之和等于四个边长度平方之和,所以称它为平形四边形法则,下面我们将看到,这个简单的性质,实际上是内积空间的一个特征性质. 极化恒等式也是一个很有用的公式,它使我们可以把内积通过范数来表示.

前面我们已经提到,一个内积空间必是一个赋范空间. 反之,我们自然要问,是否每一个赋范空间都可以引进一个内积,使得由这个内积产生的范数是原来的范数? 回答是. 一般并非如此,而是有条件的,这个条件就是范数要满足平行四边形法则.

定理 4.1.4 设 X 是赋范空间,如果范数满足平行四边形法则,则可在 X 中定义一个内积,使得由它产生的范数正是 X 中原来的范数.

证 首先我们考虑 X 是实空间的情形. 对于 $x,y\in X$,令

$$(x,y)_1=\frac{1}{4}(\|x+y\|^2-\|x-y\|^2). \tag{4.1.3}$$

我们证明 $(x,y)_1$ 是 X 上的内积. 由式(4.1.3)显然

$$(x,y)_1=(y,x)_1,$$

其次,在式(4.1.3)中命 $x=y$,则有

$$(x,x)_1=\frac{1}{4}\|2x\|^2=\|x\|^2.$$

由此内积公理 1)成立,并且由这个内积产生的范数就是 X 上原来的范数. 为证明内积公理 4)成立,考虑 X 上三个变元 x,y,z 的函数 φ,

$$\begin{aligned}\varphi(x,y,z)&=4((x+y,z)_1-(x,z)_1-(y,z)_1)\\&=\|x+y+z\|^2-\|x+y-z\|^2-\|x+z\|^2\\&\quad+\|x-z\|^2-\|y+z\|^2+\|y-z\|^2,\end{aligned} \tag{4.1.4}$$

由于平行四边形法则成立,

$$\|x+y\pm z\|^2=2\|x\pm z\|^2+2\|y\|^2-\|x\pm z-y\|^2. \tag{4.1.5}$$

把式(4.1.5)代入式(4.1.4),则有

$$\begin{aligned}\varphi(x,y,z)=&-\|x+z-y\|^2+\|x-z-y\|^2+\|x+z\|^2\\&-\|x-z\|^2-\|y+z\|^2+\|y-z\|^2.\end{aligned} \tag{4.1.6}$$

把(4.1.4),(4.1.6)两式相加并再次应用平行四边形法则,得

$$\begin{aligned}\varphi(x,y,z)=&\frac{1}{2}(\|y+z+x\|^2+\|y+z-x\|^2)-\frac{1}{2}(\|y-z+x\|^2\\&+\|y-z-x\|^2)-\|y+z\|^2+\|y-z\|^2\\=&\|y+z\|^2+\|x\|^2-\|y-z\|^2-\|x\|^2-\|y+z\|^2\\&+\|y-z\|^2=0,\end{aligned}$$

因此

$$(x+y,z)_1=(x,z)_1+(y,z)_1. \tag{4.1.7}$$

类似地,对任意实数 c 及 $x,y\in X$,令

$$\psi(c)=(cx,y)_1-c(x,y)_1. \tag{4.1.8}$$

由式(4.1.3)直接代入,得 $\psi(0)=\psi(-1)=0$. 因此对任意整数 n

$$\begin{aligned}(nx,y)_1&=(\operatorname{sgn}n(x+\cdots+x),y)_1\\&=\operatorname{sgn}n((x,y)_1+\cdots+(x,y)_1)\\&=|n|\operatorname{sgn}n(x,y)_1=n(x,y)_1,\end{aligned}$$

即 $\psi(n)=0$,于是对于任意整数 $n,m(m\neq0)$,

$$\left(\frac{n}{m}x,y\right)_1=n\left(\frac{1}{m}x,y\right)_1=\frac{n}{m}\cdot m\left(\frac{1}{m}x,y\right)_1=\frac{n}{m}(x,y)_1.$$

即对所有有理数 r,$\psi(r)=0$,显然 $\psi(c)$ 是连续的,因此对所有实数 c,$\psi(c)=0$. 即

$$(cx,y)_1=c(x,y)_1, \tag{4.1.9}$$

所以 $(x,y)_1$ 是实空间 X 上的内积.

对于 X 是复空间的情形,对任意 $x,y\in X$,令

$$\begin{aligned}(x,y)=&\frac{1}{4}(\|x+y\|^2-\|x-y\|^2\\&+\mathrm{i}\|x+\mathrm{i}y\|^2-\mathrm{i}\|x-\mathrm{i}y\|^2)\\=&(x,y)_1+\mathrm{i}(x,\mathrm{i}y)_1,\end{aligned} \tag{4.1.10}$$

其中$(x,y)_1$是由式(4.1.3)定义的.由以上定义及式(4.1.7)立刻得

$$(x+y,z)=(x,z)+(y,z),$$

由式(4.1.9)对任意实数α,

$$(\alpha x,y)=\alpha(x,y),$$

此外由式(4.1.10)直接代入得

$$\begin{aligned}(\mathrm{i}x,y)=&\frac{1}{4}(\|\mathrm{i}x+y\|^2-\|\mathrm{i}x-y\|^2\\&+\mathrm{i}\|\mathrm{i}x+\mathrm{i}y\|^2-\mathrm{i}\|\mathrm{i}x-\mathrm{i}y\|^2)\\=&\frac{1}{4}(\|\mathrm{i}x+y\|^2-\|\mathrm{i}x-y\|^2+\mathrm{i}\|x+y\|^2-\mathrm{i}\|x-y\|^2)\\=&\mathrm{i}(x,y),\end{aligned}$$

由此及式(4.1.9),对任意复数α,

$$(\alpha x,y)=\alpha(x,y).$$

最后,由式(4.1.10)不难直接验证

$$(x,y)=\overline{(y,x)}$$

及

$$(x,x)=\|x\|^2.$$

所以(x,y)是X上的内积并且由这个内积产生的范数正是原来X上的范数.

例 4.1.5 在空间$C[0,\frac{\pi}{2}]$中,取

$$x(t)=\sin t,\qquad y(t)=\cos t.$$

则

$$\|x\|=\|y\|=1,$$

及

$$\|x+y\|=\max_{0\leqslant t\leqslant\frac{\pi}{2}}|\sin t+\cos t|=\sqrt{2},$$

$$\|x-y\|=\max_{0\leqslant t\leqslant\frac{\pi}{2}}|\sin t-\cos t|=1.$$

因此$\|x+y\|^2+\|x-y\|^2\neq2(\|x\|^2+\|y\|^2)$.

所以在空间$C[0,\frac{\pi}{2}]$上不能定义内积,使得由它产生的范数是$C[0,\frac{\pi}{2}]$的范数.

§4.2　正交性、正交系

一、正交性

在内积空间中，我们可以像在欧氏空间中一样，利用内积定义两个元的正交性.

设 H 是内积空间，$x,y\in H$，如果 $(x,y)=0$，称 x 与 y **正交**，记为 $x\perp y$.

有了以上定义，我们可以定义元与集以及两个集之间的正交性，设 M 是 H 的任意子集，如果 $x\in H$ 与 M 中每一元正交，称 x 与 M 正交，记为 $x\perp M$；如果 M,N 是 H 中两个子集，对于任意 $x\in M, y\in N, x\perp y$ 称 M 与 N 正交，记为 $M\perp N$. 设 M 是 H 的子集，所有 H 中与 M 正交的元的全体称为 M 的正交补，记为 $M^{\perp}$ 或 $H\ominus M$.

正交性是内积空间中的一个重要概念. 由定义可直接得到以下结果.

定理 4.2.1　设 H 是内积空间.

1)（勾股定理）如果 $x,y,z\in H$，$x=y+z$ 且 $y\perp z$，则 $\|x\|^2=\|y\|^2+\|z\|^2$.

2) 如果 L 是 H 的一个稠密子集，即 $\overline{L}=H$，并且 $x\perp L$，则 $x=0$.

3) M 是 H 的任意子集，则 $M^{\perp}$ 是 H 的闭子空间.

证　1)，2)的证明留给读者作为练习，我们证明结论 3).

任取 $x,y\in M^{\perp}$ 及 $\alpha,\beta\in\mathbb{K}$，则对任意 $z\in M$，

$$(\alpha x+\beta y,z)=\alpha(x,z)+\beta(y,z)=0,$$

因此 $\alpha x+\beta y\in M^{\perp}$，即 $M^{\perp}$ 是 H 的线性子空间. 此外如果 $x_n\in M^{\perp}$ $(n=1,2,\cdots)$，且 $x_n\to x_0$ $(n\to\infty)$，则对任意 $z\in M$，由内积的连续性

$$(x_0,z)=\lim_{n\to\infty}(x_n,z)=0,$$

因此 $x_0\in M^{\perp}$ 所以 $M^{\perp}$ 是 H 的闭子空间.

定理 4.2.2　设 M 是内积空间 H 中的完备凸集，则对任意 $x\in H$，存在 $x_0\in M$，使得

$$\|x-x_0\|=d(x,M)=\inf_{y\in M}\|x-y\|.$$

证　不失一般性，我们可以设 M 是 H 的真子集并且 $x\notin M$. 记 $\alpha=\inf\limits_{y\in M}\|x-y\|$，于是存在 $\{x_n\}\subset M$，使得

$$\|x-x_n\|\to\alpha\qquad(n\to\infty),\tag{4.2.1}$$

由于 M 是凸集，对任意自然数 m,n

$$\frac{x_m+x_n}{2}\in M,$$

因此

$$\| x - \frac{x_m + x_n}{2} \| \geqslant \alpha.$$

由平行四边形法则

$$\begin{aligned} \| x_m - x_n \|^2 &= \| x_m - x + x - x_n \|^2 \\ &= 2\| x_m - x \|^2 + 2\| x - x_n \|^2 - 4\| x - \frac{x_m + x_n}{2} \|^2 \\ &\leqslant 2\| x_m - x \|^2 + 2\| x - x_n \|^2 - 4\alpha^2, \end{aligned}$$

因此由式(4.2.1)，当 $m,n\to\infty$ 时 $\| x_m - x_n \| \to 0$，即 $\{x_n\}$ 是 M 中的 Cauchy 列，由 M 的完备性，必存在 $x_0 \in M$，使得 $x_n \to x_0 (n\to\infty)$，因为范数是连续的，由式(4.2.1) $\| x - x_0 \| = \alpha$.

由定理 4.2.2，我们得到下面 Hilbert 空间中的一个基本定理.

定理 4.2.3（正交分解）　设 M 是 Hilbert 空间 H 的闭子空间，则对任意 $x\in H$，存在惟一的 $x_0\in M$ 及 $y\in M^{\perp}$，使得

$$x = x_0 + y.$$

证　由于 M 是 Hilbert 空间 H 的闭子空间，因此 M 是完备的，于是由定理 4.2.2，对任意 $x\in H$，存在 $x_0\in M$，使得

$$\| x - x_0 \| = d(x,M) = \alpha.$$

任取 $z\in M, z\neq 0$，则对任意 $\lambda\in\mathbb{C}$，$x_0+\lambda z\in M$，因此

$$\begin{aligned} \alpha^2 \leqslant \| x - x_0 - \lambda z \|^2 = \| x - x_0 \|^2 \\ - \bar{\lambda}(x - x_0, z) - \lambda(z, x - x_0) + |\lambda|^2 \| z \|^2. \end{aligned} \tag{4.2.2}$$

取

$$\lambda = \frac{(x - x_0, z)}{\| z \|^2},$$

并把它代入式(4.2.2)则得

$$|(x - x_0, z)|^2 \leqslant 0,$$

因此 $(x - x_0, z) = 0$，即 $(x - x_0)\in M^{\perp}$. 记 $y = x - x_0$，则有

$$x = x_0 + y, \qquad x_0 \in M, \qquad y \in M^{\perp}. \tag{4.2.3}$$

下面证明惟一性，设还有 $x = x'_0 + y'$，其中 $x'_0\in M, y'\in M^{\perp}$. 则由式(4.2.3)得 $x'_0 - x_0 = y - y'$，因此，$y - y' \in M\cap M^{\perp}$，所以 $y' = y$ 且 $x'_0 = x_0$.

设 M 是 Hilbert 空间 H 的任一闭子空间，由以上正交分解定理，对于每一 $x\in H$ 都可以惟一地表示为 $x = x_0 + y$ 的形式，其中，$x_0\in M, y\in M^{\perp}$. 这时我们称 x_0 是 x 在子空间 M 上的**投影**. 并且把空间 H 表示为

$$H = M \oplus M^{\perp}.$$

即 H 是 M 与 $M^{\perp}$ 的直和.

一般地,对于 Banach 空间 X 的闭子空间 M,如果存在闭子空间 N,使得 $X=M\oplus N$,称子空间 M 在 X 中是**可补的**.

由正交分解定理我们得到,Hilbert 空间的任意闭子空间都是可补的,但对于 Banach 空间而言,现在我们已经知道许多具体的 Banach 空间存在不可补子空间,例如 c_0 在 l^{∞} 中是不可补的;空间 $l^p(p>1,p\neq 2)$ 中存在不可补子空间等,进而 Lindenstrauss 于 1971 年证明了,如果 Banach 空间 X 的每一个闭子空间是可补的,则 X 必同构于一个 Hilbert 空间. 由此可见,Hilbert 空间中每一个闭子空间是可补的这一性质,本质上是 Hilbert 空间的一个特征性质.

作为定理 4.2.2,4.2.3 的一个应用我们研究一个逼近问题.

例 4.2.1　设 $x,x_1,x_2,\cdots,x_n$ 是 Hilbert 空间 H 中的 $(n+1)$ 个元,试求 n 个数 $\alpha_1,\cdots,\alpha_n$,使得

$$\| x - \sum_{k=1}^{n} \beta_k x_k \|$$

当 $\beta_1,\cdots,\beta_n$ 取遍所有可能的数时达到最小值.

不妨设 $x_1,\cdots,x_n$ 线性无关,设 M 是由 $\{x_1,\cdots,x_n\}$ 张成的子空间,则 M 是 H 的闭子空间,于是由定理 4.2.2,存在 $x_0 = \sum_{k=1}^{n} \alpha_k x_k$,使得

$$\| x - x_0 \| = d(x,M).$$

其次,由定理 4.2.3,

$$x - x_0 \in M^{\perp},$$

它等价于

$$(x - x_0, x_i) = 0 \qquad (i = 1,2,\cdots,n),$$

或者

$$(\sum_{k=1}^{n} \alpha_k x_k, x_i) = (x, x_i) \qquad (i = 1,2,\cdots,n),$$

因此问题就变成求解如下线性方程组

$$(\sum_{k=1}^{n} \alpha_k x_k, x_i) = (x, x_i) \qquad (i = 1,2,\cdots,n).$$

由于 x_0 是惟一的,上面方程组的行列式不为零,由此可求出 $\alpha_1,\cdots,\alpha_n$ 的值

$$\alpha_k = \frac{\begin{vmatrix} (x_1,x_1) & \cdots & (x,x_1) & \cdots & (x_n,x_1) \\ (x_1,x_2) & \cdots & (x,x_2) & \cdots & (x_n,x_2) \\ \vdots & & \vdots & & \vdots \\ (x_1,x_n) & \cdots & (x,x_n) & \cdots & (x_n,x_n) \end{vmatrix}}{\begin{vmatrix} (x_1,x_1) & \cdots & (x_k,x_1) & \cdots & (x_n,x_1) \\ (x_1,x_2) & \cdots & (x_k,x_2) & \cdots & (x_n,x_2) \\ \vdots & & \vdots & & \vdots \\ (x_1,x_n) & \cdots & (x_k,x_n) & \cdots & (x_n,x_n) \end{vmatrix}} \quad (k=1,\cdots,n).$$

二、正交系

设$\{x_\alpha\},\alpha\in I$是内积空间H中的子集，如果当$\alpha\neq\beta$时$(x_\alpha,x_\beta)=0$，称$\{x_\alpha\},\alpha\in I$是H中的一个**正交系**. 设$\{x_\alpha\},\alpha\in I$是一个正交系，如果对每一个$\alpha\in I$，$\|x_\alpha\|=1$，称$\{x_\alpha\},\alpha\in I$是一个标准**正交系**.

设$\{x_\alpha\},\alpha\in I$是H的一个正交系，如果包含它的最小闭子空间是全空间H，称$\{x_\alpha\},\alpha\in I$是H的正交基.

例 4.2.2 在空间$\mathbb{R}^n$中，设

$$e_1=(1,0,\cdots,0),$$
$$e_2=(0,1,0,\cdots,0),$$
$$\cdots\cdots\cdots\cdots$$
$$e_n=(0,0,\cdots,0,1),$$

则$\{e_1,\cdots,e_n\}$是一个标准正交基.

例 4.2.3 在空间l^2中，设

$$e_1=(1,0,\cdots),$$
$$e_2=(0,1,0,\cdots),$$
$$\cdots\cdots\cdots\cdots$$
$$e_n=(0,0,\cdots,1,0,\cdots)$$
$$\cdots\cdots\cdots\cdots$$

显然$\{e_n\}$是l^2的一个标准正交系. 其次任取$x=\{\xi_k\}\in l^2$，设$x_n=\xi_1e_1+\cdots+\xi_ne_n(n=1,2,\cdots)$，则$\|x_n-x\|=\left(\sum_{k=n+1}^{n}|\xi_k|^2\right)^{\frac{1}{2}}\to 0(n\to\infty)$. 所以$\{e_n\}$是$l^2$的一个标准正交基.

例 4.2.4 在空间$L^2[0,2\pi]$中，令

$$e_n(t)=\frac{1}{\sqrt{2\pi}}\mathrm{e}^{int}\quad(n=0,\pm1,\pm2,\cdots),$$

$$(e_n,e_m)=\frac{1}{2\pi}\int_0^{2\pi}\mathrm{e}^{int}\,\overline{\mathrm{e}^{imt}}\,\mathrm{d}t=\frac{1}{2\pi}\int_0^{2\pi}\mathrm{e}^{i(n-m)t}\,\mathrm{d}t$$

$$=\begin{cases}1, & n=m,\\ 0, & n\neq m.\end{cases}$$

因此$\{e_n\}$是一个标准正交系.

在例 4.2.4 中,对于 $x\in L^2[0,2\pi]$,

$$(x,e_n)=\frac{1}{\sqrt{2\pi}}\int_0^{2\pi}x(t)\overline{\mathrm{e}^{int}}\,\mathrm{d}t\qquad(n=0,\pm1,\pm2,\cdots)$$

是 $x(t)$关于三角函数系$\{\frac{1}{\sqrt{2\pi}}\mathrm{e}^{int}\}$的 Fourier 系数. 类似地,设$\{e_\alpha\}$,$\alpha\in I$ 是内积空间 H 中的标准正交系,$x\in H$,称(x,e_α),$\alpha\in I$ 是 x 关于$\{e_\alpha\}\alpha\in I$ 的 **Fourier 系数.**

以下为简单起见,我们只讨论由可数个元构成的标准正交系.

设$\{e_n\}$ 是内积空间 H 中的标准正交系,对于 $x\in H$,称$\sum\limits_{n=1}^{\infty}(x,e_n)e_n$ 为 x 关于$\{e_n\}$ 的 Fourier 级数. 自然我们要问,x 的 Fourier 级数是否收敛?如果收敛,是否收敛于 x?以下我们逐步回答这个问题,首先我们有以下定理.

定理 4.2.4　设$\{e_n\}$是内积空间 H 中的标准正交系,$x\in H$,$\alpha_1,\cdots,\alpha_n$ 是 n 个数,则当且仅当 $\alpha_k=(x,e_k)(k=1,\cdots,n)$时,

$$\left\|x-\sum_{k=1}^{n}\alpha_k e_k\right\|\ \text{取最小值.}$$

证　由于

$$(x-\sum_{k=1}^{n}(x,e_k)e_k,e_i)=(x,e_i)-(x,e_i)=0,(i=1,2,\cdots,n),$$

应用勾股定理,则有

$$\begin{aligned}\left\|x-\sum_{k=1}^{n}\alpha_k e_k\right\|^2&=\left\|x-\sum_{k=1}^{n}(x,e_k)e_k+\sum_{k=1}^{n}((x,e_k)-\alpha_k)e_k\right\|^2\\&=\left\|x-\sum_{k=1}^{n}(x,e_k)e_k\right\|^2+\left\|\sum_{k=1}^{n}((x,e_k)-\alpha_k)e_k\right\|^2\\&=\left\|x-\sum_{k=1}^{n}(x,e_k)e_k\right\|^2+\sum_{k=1}^{n}|(x,e_k)-\alpha_k|^2.\end{aligned}$$

由此可知,当且仅当 $\alpha_k=(x,e_k)(k=1,2,\cdots,n)$ 时,$\left\|x-\sum\limits_{k=1}^{n}\alpha_k e_k\right\|$ 取最小

值.

这个定理的几何意义是，设 M 是由 $\{e_1,\cdots,e_n\}$ 张成的 n 维子空间，则 $x\in H$ 在 M 上的投影为 $x_0=\sum_{k=1}^{n}(x,e_k)e_k$，而 x 到 M 上的最短距离为 $\|x-x_0\|$.

定理 4.2.5（Bessel 不等式） 设 $\{e_n\}$ 是内积空间 H 中的标准正交系，则对任意 $x\in H$，有

$$\sum_{k=1}^{\infty}|(x,e_k)|^2\leqslant\|x\|^2.$$

证 由于对任意 n

$$\begin{aligned}\|x-\sum_{k=1}^{n}(x,e_k)e_k\|^2&=(x-\sum_{k=1}^{n}(x,e_k)e_k,x-\sum_{k=1}^{n}(x,e_k)e_k)\\&=\|x\|^2-\sum_{k=1}^{n}|(x,e_k)|^2\geqslant 0,\end{aligned}\qquad(4.2.4)$$

即 $\sum_{k=1}^{n}|(x,e_k)|^2\leqslant\|x\|^2$. 令 $n\to\infty$ 即得要证的不等式.

推论（Riemann-Lebesgue 引理） 在定理 4.2.5 的条件下，$\lim\limits_{n\to\infty}(x,e_n)=0$.

设 $\{e_n\}$ 是内积空间 H 中的标准正交系，$x\in H$，如果

$$\sum_{k=1}^{\infty}|(x,e_k)|^2=\|x\|^2,$$

称 x 关于 $\{e_n\}$ Parseval 等式成立.

由定理 4.2.5 证明中式(4.2.4)可知，对于 $x\in H$，x 关于 $\{e_n\}$ 的 Fourier 级数收敛，且收敛于 x，当且仅当 x 关于 $\{e_n\}$ Parseval 等式成立.

如果对于每一个 $x\in H$，Parseval 等式成立，称 $\{e_n\}$ 是**完备的**.

下面定理给出了一个标准正交系是完备的判别法.

定理 4.2.6 设 $\{e_n\}$ 是内积空间 H 中的一个标准正交系，则 $\{e_n\}$ 是完备的，当且仅当 $\{e_n\}$ 张成的子空间 L 在 H 中稠密.

证 设 $\{e_n\}$ 是完备的，则对任意 $x\in H$，

$$\|x-\sum_{k=1}^{n}(x,e_k)e_k\|\to 0\qquad(n\to\infty).$$

因此 $\{e_n\}$ 张成的子空间 L 在 H 中稠密.

反之，对任意 $x\in H$ 及 $\varepsilon>0$，存在 $x_n=\sum_{k=1}^{n_0}\alpha_k^{(n_0)}e_k$，使得

$$\| x - x_{n_0} \| < \varepsilon,$$

于是由定理 4.2.4，

$$\| x - \sum_{k=1}^{n_0} (x, e_k) e_k \| \leqslant \| x - \sum_{k=1}^{n_0} \alpha_k^{(n_0)} e_k \| = \| x - x_{n_0} \| < \varepsilon.$$

因此由式(4.2.4)得，当 $n > n_0$ 时

$$\| x - \sum_{k=1}^{n} (x, e_k) e_k \| \leqslant \| x - \sum_{k=1}^{n_0} (x, e_k) e_k \| < \varepsilon.$$

所以$\{e_n\}$是完备的.

作为定理 4.2.6 应用的例，我们证明三角函数系

$$\{\frac{1}{\sqrt{2\pi}} e^{int}\}, \qquad n = 0, \pm 1, \pm 2, \cdots$$

在 $L^2[0,2\pi]$中是完备的.

为了证明这一点，取 L 为$\{\frac{1}{\sqrt{2\pi}} e^{int}\}$，($n=0,\pm 1,\cdots$)张成的子空间，由 Weierstrass 定理 L 在 $L^2[0,2\pi]$中稠密，应用定理 4.2.6 知$\{\frac{1}{\sqrt{2\pi}} e^{int}\}$($n=0,\pm 1,\cdots$)在$L^2[0,2\pi]$中完备.

与标准正交系的完备性有关还有完全性概念，

设$\{e_n\}$是内积空间 H 中的标准正交系，如果 H 中不存在与所有 e_n 正交的非零元，称$\{e_n\}$**是完全的**.

定理 4.2.7　设 H 是 Hilbert 空间，$\{e_n\}$是 H 中的标准正交系，则$\{e_n\}$是完备的，当且仅当$\{e_n\}$是完全的.

证　设$\{e_n\}$是完备的，如果 $x \in H$，使得

$$(x, e_n) = 0 \qquad (n = 1, 2, \cdots).$$

由 Parseval 等式

$$\| x \|^2 = \sum_{n=1}^{\infty} |(x, e_n)|^2 = 0.$$

因此 $x=0$，所以$\{e_n\}$是完全的.

反之，设$\{e_n\}$是完全的，假设$\{e_n\}$张成的子空间 M 在 H 中不稠密，于是存在 $x \in H \backslash \overline{M}$，由正交分解定理，存在 $x_0 \in \overline{M}$ 及 $y \in \overline{M}^{\perp}$，使得

$$x = x_0 + y.$$

显然 $y \neq 0$ 且 y 与所有 e_n 正交，这与$\{e_n\}$的完全性矛盾，所以 $\overline{M} = H$，从而$\{e_n\}$是完备的.

定理 4.2.8(Riesz-Fischer)　设 H 是 Hilbert 空间，$\{e_n\}$是 H 中的标准

正交系，$\{\xi_n\}\in l^2$，则存在 $x\in H$，使得

$$\xi_k=(x,e_k)\qquad(k=1,2,\cdots),$$

并且

$$\sum_{k=1}^{\infty}|\xi_k|^2=\|x\|^2.$$

证 令

$$x_n=\sum_{k=1}^{n}\xi_k e_k\quad(n=1,2,\cdots),$$

则对任意自然数 p

$$\|x_{n+p}-x_n\|^2=\|\sum_{k=n+1}^{n+p}\xi_k e_k\|^2=\sum_{k=n+1}^{n+p}|\xi_k|^2,$$

由于$\{\xi_k\}\in l^2$，$\{x_n\}$是 H 中的 Cauchy 列，由 H 的完备性，存在 $x\in H$，使得

$$\|x-x_n\|\to 0\qquad(n\to\infty).$$

其次，由于

$$(x_n,e_i)=(\sum_{k=1}^{n}\xi_k e_k,e_i)=\xi_i\quad(n\geqslant i),$$

$$|(x-x_n,e_i)|\leqslant\|x-x_n\|\,\|e_i\|=\|x-x_n\|,$$

$$(x,e_i)=(x_n,e_i)+(x-x_n,e_i).$$

注意上式左边与 n 无关. 在上式右边令 $n\to\infty$则有

$$(x,e_i)=\xi_i\qquad(i=1,2,\cdots),$$

并且

$$\lim_{n\to\infty}\|x-x_n\|^2=\lim_{n\to\infty}(x-\sum_{k=1}^{n}\xi_k e_k,x-\sum_{k=1}^{n}\xi_k e_k)$$

$$=\|x\|^2-\sum_{k=1}^{\infty}|\xi_k|^2.$$

即 $\|x\|^2=\sum_{k=1}^{\infty}|\xi_k|^2$.

以上我们讨论完备标准正交系的存在性问题.

定理 4.2.9(正交化定理) 设$\{x_n\}$是内积空间 H 中的可数子集，则在 H 中存在标准正交系$\{e_n\}$，使得$\{e_n\}$与$\{x_n\}$张成的子空间相同.

证 设 x_{n_1} 是$\{x_n\}$中第一个不为零的元，记

$$e_1=\frac{x_{n_1}}{\|x_{n_1}\|}.$$

令 M_1 是由$\{e_1\}$张成的子空间. 设 x_{n_2} 是$\{x_n\}$中每一个不属于 M_1 的元,记$h_2 = x_{n_2} - (x_{n_2}, e_1)e_1$. 则 $h_2 \neq 0$ 并且由于$(h_2, e_1) = (x_{n_2}, e_1) - (x_{n_2}, e_1) = 0$, $h_2 \perp e_1$. 记

$$e_2 = \frac{h_2}{\| h_2 \|},$$

并且令 M_2 是由$\{e_1, e_2\}$张成的子空间. 继续上面的作法,如果已经作出 $e_1, \cdots, e_{k-1}$,令 M_{k-1}是由$\{e_1, e_2, \cdots, e_{k-1}\}$张成的子空间,设 x_{n_k} 是第一个不属于M_{k-1}的元,记

$$h_k = x_{n_k} - \sum_{i=1}^{k-1} (x_{n_k}, e_i)e_i,$$

则 $h_k \neq 0$ 并且 $h_k \perp e_i (i=1, \cdots, k-1)$. 令

$$e_k = \frac{h_k}{\| h_k \|}.$$

即我们可以作出 e_k.

如果$\{x_n\}$张成的子空间是有穷维的,则以上作法经过有穷次将停止,不然便可继续作下去,这样我们得到$\{e_n\}$是一个有穷集或可数集. 由以上作法不难验证,对于每一个 k, e_k 可由$\{x_{n_1}, \cdots, x_{n_k}\}$线性表示,并且每一个 x_{n_k} 可用$\{e_1, \cdots, e_k\}$线性表示,所以$\{e_n\}$与$\{x_n\}$张成相同的子空间.

推论　任何可分的内积空间中,存在完备的标准正交关系.

事实上,设$\{x_n\}$是可分内积空间 H 中的可数稠密子集,由定理 4.2.9,从$\{x_n\}$可作出标准正交系$\{e_n\}$,使得$\{e_n\}$与$\{x_n\}$张成同一子空间,由于$\{x_n\}$稠密,$\{e_n\}$张成的子空间在 H 中稠密,根据定理 4.2.6,$\{e_n\}$是完备的.

三、可分 Hilbert 空间的同构

利用本节的结果我们证明,每一个可分的无穷维的 Hilbert 空间都与 l^2 等距同构.

定理 4.2.10　设 H 是任一可分的无穷维的 Hilbert 空间,则存在 H 上到 l^2 上同构映射 φ,且 φ 保持内积.

证　由于 H 可分且是无穷维的,H 中存在由可数个元构成的完备的标准正交系$\{e_n\}$. 对于任意 $x \in H$,令

$$\varphi(x) = \{(x, e_n)\}.$$

由 Bessel 不等式,$\varphi(x) \in l^2$. 此外对任意 $x, y \in H$ 及 $\alpha, \beta \in \mathbb{K}$,

$$\begin{aligned}\varphi(\alpha x + \beta y) &= \{(\alpha x + \beta y, e_n)\} = \{\alpha(x, e_n) + \beta(y, e_n)\} \\ &= \alpha\varphi(x) + \beta\varphi(y),\end{aligned}$$

及由 Riesz-Fisher 定理,φ 是映上的,因此 φ 是 H 上到 l^2 上的一个同构映射.最后,对任意 $x,y\in H$,

$$\begin{aligned}(x,y) &= \Big(\sum_{k=1}^{\infty}(x,e_k)e_k,\sum_{k=1}^{\infty}(y,e_k)e_k\Big)\\ &= \sum_{k=1}^{\infty}(x,e_k)\overline{(y,e_k)}\\ &= (\varphi(x),\varphi(y))_{l^2}.\end{aligned}$$

即 φ 保持内积.

定理 4.2.10 表明,任何一个无穷维可分 Hilbert 空间都可以表示为"坐标形式"l^2.

§4.3 Riesz 表示定理,Hilbert 空间的共轭空间

一、Riesz 表示定理

我们研究 Hilbert 空间的一个基本定理.

定理 4.3.1(F. Riesz) 设 H 是 Hilbert 空间,f 是 H 上任意有界线性泛函,则存在惟一的 $y_f\in H$,使得对于每一个 $x\in H$

$$f(x)=(x,y_f),$$

并且

$$\|f\|=\|y_f\|.$$

证 因为 f 是连续线性泛函,所以 f 的零空间 $\mathcal{N}(f)=\{x\in H: f(x)=0\}$ 是 H 的闭子空间.如果$\mathcal{N}(f)=H$,定理的结论显然成立,这时只需取 $y_f=0$ 即可;如果 $\mathcal{N}(f)\neq H$,由投影定理,存在 $y_0\in\mathcal{N}(f)^{\perp}$,$y_0\neq 0$,取

$$y_f=\frac{\overline{f(y_0)}}{\|y_0\|^2}y_0,$$

我们证明 y_f 满足定理的要求.

首先,如果 $x\in\mathcal{N}(f)$,则 $f(x)=(x,y_f)$,因为这时等式两边都是零,如果 $x=\alpha y_0(\alpha\in\mathbb{C})$,则

$$(x,y_f)=(\alpha y_0,y_f)=\Big(\alpha y_0,\frac{\overline{f(y_0)}}{\|y_0\|^2}y_0\Big)=f(x).$$

由于 $y_0\in\mathcal{N}(f)^{\perp}$ 且 $y_0\neq 0$,所以 $f(y_f)\neq 0$,于是对任意 $x\in H$,

$$f\Big(x-\frac{f(x)}{f(y_f)}y_f\Big)=f(x)-\frac{f(x)}{f(y_f)}f(y_f)=0,$$

即 $x-\dfrac{f(x)}{f(y_f)}y_f\in\mathcal{N}(f)$. 而

$$x=(x-\frac{f(x)}{f(y_f)}y_f)+\frac{f(x)}{f(y_f)}y_f,$$

所以

$$\begin{aligned}f(x)&=f(x-\frac{f(x)}{f(y_f)}y_f)+f(\frac{f(x)}{f(y_f)}y_f)\\&=(x-\frac{f(x)}{f(y_f)}y_f,y_f)+(\frac{f(x)}{f(y_f)}y_f,y_f)\\&=(x,y_f).\end{aligned}$$

其次,由于

$$\|f\|=\sup_{\|x\|\leqslant1}|f(x)|=\sup_{\|x\|\leqslant1}|(x,y_f)|\leqslant\|y_f\|$$

及

$$\|f\|=\sup_{\|x\|\leqslant1}|f(x)|\geqslant|f(\frac{y_f}{\|y_f\|})|=(\frac{y_f}{\|y_f\|},y_f)=\|y_f\|.$$

所以 $\|f\|=\|y_f\|$.

最后,如果还有 $y'_f\in H$,使得对于每一个 $x\in H$, $f(x)=(x,y'_f)$. 则有

$$(x,y_f)=(x,y'_f)\qquad(x\in H),$$

所以 $y'_f=y_f$.

二、Hilbert 空间的共轭空间

设 H 是 Hilbert 空间,对任意 $y\in H$,不难看出 $f(x)=(x,y)(x\in H)$定义了 H 上的一个有界线性泛函并且 $\|f\|=\|y\|$. 这样,对于每一个 $y\in H$,我们用 $\Phi(y)$表示 y 决定的有界线性泛函,即

$$\Phi(y)(x)=(x,y),\qquad x\in H.\tag{4.3.1}$$

由 Riesz 表示定理,Φ 是 H 上到 H^* 上的等距映射, $\|\Phi(y)\|=\|y\|$,并且对任意 $\alpha,\beta\in\mathbb{K}$ 及 $x,y,z\in H$,

$$\begin{aligned}\Phi(\alpha y+\beta z)&=(x,\alpha y+\beta z)=\bar{\alpha}(x,y)+\bar{\beta}(x,z)\\&=\bar{\alpha}\Phi(y)+\bar{\beta}\Phi(z).\end{aligned}$$

如果 H 是实的,Φ 是一个同构映射;如果 H 是复的,Φ 不是同构映射,它是可加的,但不是齐次的而是共轭齐次的,即 $\Phi(\alpha y)=\bar{\alpha}\Phi(y)$,称这样的映射是共轭同构映射,对于 Hilbert 空间 H,今后在共轭同构 Φ 之下我们把它看成与 H^* 是等同的,因此可以说 Hilbert 空间是自共轭的.

下面我们在 Hilbert 空间上重新定义共轭算子.

设 H 是 Hilbert 空间，$A\in\mathscr{B}(H)$. 于是对任意 $y\in H$，易见 $(Ax,y)(x\in H)$ 是 H 上的一个有界线性泛函，因此由 Riesz 表示定理，存在惟一的 $z\in H$，使得

$$(Ax,y)=(x,z)\qquad(x\in H),\tag{4.3.2}$$

定义 $By=z$，我们证明 $B\in\mathscr{B}(H)$.

对于任意 $y_1,y_2\in H$ 及 $\alpha,\beta\in C$，

$$\begin{aligned}(Ax,\alpha y_1+\beta y_2)&=\bar{\alpha}(Ax,y_1)+\bar{\beta}(Ax,y_2)\\&=\bar{\alpha}(Ax,By_1)+\bar{\beta}(Ax,By_2)\\&=(Ax,\alpha By_1)+(Ax,\beta By_2),\end{aligned}$$

因此 $B(\alpha y_1+\beta y_2)=\alpha By_1+\beta By_2$，即 B 是线性算子，其次，容易验证 $\|By\|\leqslant\|A\|\|y\|$. 即等式(4.3.2)惟一决定了有界线性算子 B.

定义 4.3.1 设 H 是 Hilbert 空间，$A\in\mathscr{B}(H)$，我们把由式(4.3.2)确定的有界线性算子 B 称为 A 的共轭算子.

把 Hilbert 空间 H 作为赋范空间来考虑，在 §3.4 中，我们曾经定义了 H 上的有界线性算子 A 的共轭算子 A^*，现在我们讨论这两种定义之间的关系. 对任意 $y\in H$，式(4.3.1)中的 $\Phi(y)$ 是 H 上的有界线性泛函，因此 $A^*\Phi(y)$ 是 H 上的有界线性泛函，于是由 Riesz 表示定理，存在 $z\in H$，使得 $A^*\Phi(y)(x)=(x,z)(x\in H)$，即 $A^*\Phi(y)=\Phi(z)$. 所以 $\Phi(z)(x)=A^*\Phi(y)(x)=\Phi(y)(Ax)(x\in H)$，即

$$(Ax,y)=(x,z)=(x,\Phi^{-1}A^*\Phi y)\qquad(x\in H).$$

因此，对于 Hilbert 空间 H，式(4.3.2)定义的算子 A 的共轭算子 $B=\Phi^{-1}A^*\Phi$.

今后凡说到 Hilbert 空间 H 上有界线性算子 A 的共轭算子均指式(4.3.2)定义的算子 B 并且把它记为 A^*，即 A 的共轭算子 A^* 是由下式定义的算子，

$$(Ax,y)=(x,A^*y)\qquad(x,y\in H).$$

注意这两种方式定义的共轭算子的性质稍有不同，这里对于 $\alpha\in\mathbb{C}$，$(\alpha A)^*=\bar{\alpha}A^*$，而在一般赋范空间中，$(\alpha A)^*=\alpha A^*$.

由于在 Hilbert 空间上有界线性算子与它的共轭算子定义在同一空间上，这样就便于对 A 与 A^* 进行比较，例如，我们可以提出 A 与 A^* 是否相等？A 与 A^* 是否可交换等等.

定义 4.3.2 设 H 是 Hilbert 空间，A 是 H 上的有界线性算子，如果 $A^*=A$，即对任意 $x,y\in H$，

$$(Ax,y)=(x,Ay),$$

则称 A 是**自共轭算子**.

设 A 是 Hilbert 空间 H 上的有界自共轭算子,以下是算子 A 的一些简单性质.

1) 对任意 $x\in H$,(Ax,x)是实的.

这可由等式

$$(Ax,x)=(x,Ax)=\overline{(Ax,x)}$$

直接得到.

2) $\|A\|=\sup\limits_{\|x\|=1}|(Ax,x)|$.

记 $Q=\sup\limits_{\|x\|=1}|(Ax,x)|$,则当 $\|x\|=1$ 时,

$$|(Ax,x)|\leqslant\|Ax\|\|x\|\leqslant\|Ax\|\leqslant\|A\|,$$

因此 $Q\leqslant\|A\|$.

另一方面,由极化恒等式

$$\begin{aligned}(Ax,y)=&\frac{1}{4}((A(x+y),x+y)-(A(x-y),x-y)\\&+\mathrm{i}((A(x+\mathrm{i}y),x+\mathrm{i}y)-(A(x-\mathrm{i}y),x-\mathrm{i}y))),\end{aligned}$$

于是由结论 1)则有

$$\begin{aligned}\operatorname{Re}(Ax,y)&=\frac{1}{4}((A(x+y,x+y)-(A(x-y),x-y))\\&\leqslant\frac{1}{4}Q(\|x+y\|^2+\|x-y\|^2)\\&=\frac{1}{2}Q(\|x\|^2+\|y\|^2),\end{aligned}$$

现在取 $x\in H$,使得 $\|x\|=1$,及 $y=\dfrac{Ax}{\|Ax\|}$,得

$$\|Ax\|=\operatorname{Re}(Ax,y)\leqslant Q,$$

因此 $\|A\|\leqslant Q$,所以 $\|A\|=Q$.

3) 算子 A 的特征值是实的.

实际上,如果 λ 是 A 的特征值,x 是对应的特征向量,则

$$\lambda=\frac{(Ax,x)}{(x,x)},$$

由于 A 是自共轭的,分子是实的,所以 λ 是实的.

4) 对应于算子 A 的不同特征值 λ_1,λ_2 的特征向量 x_1,x_2 是正交的.

设 $Ax_1=\lambda_1x_1$,$Ax_2=\lambda_2x_2$,且设 $\lambda_1\neq0$,于是

$$(x_1,x_2)=\frac{1}{\lambda_1}(Ax_1,x_2)=\frac{1}{\lambda_1}(x_1,Ax_2)=\frac{\lambda_2}{\lambda_1}(x_1,x_2),$$

由此可知，$(x_1,x_2)=0$.

习 题 四

1. 设 $H_1,H_2,\cdots,H_n,\cdots$ 是一列内积空间，令

$$H=\left\{\{x_n\}:x_n\in H_n,\sum_{n=1}^{\infty}\|x_n\|^2<\infty\right\}.$$

对于 $\{x_n\},\{y_n\}\in H$，定义

$$\alpha\{x_n\}+\beta(y_n)=\{\alpha x_n+\beta y_n\}\quad(\alpha,\beta\in\mathbb{K}),$$

$$(\{x_n\},\{y_n\})=\sum_{n=1}^{\infty}(x_n,y_n).$$

证明 H 是内积空间，并且当每一个 H_n 都是 Hilbert 空间时，H 是 Hilbert 空间.

2. 设 H 为 Hilbert 空间，M 是 H 的闭子空间. 证明 M 为 H 上某个非零连续线性泛函的零空间，当且仅当 $M^{\perp}$ 是一维子空间.

3. 设 M 是 Hilbert 空间 H 的线性子空间，f 是 M 上的有界线性泛函. 证明 f 有且只有一个到 H 上的保范延拓，使得这个延拓在 $M^{\perp}$ 上为零.

4. 设 M 是 Hilbert 空间 H 中的非空子集，证明 $(M^{\perp})^{\perp}$ 是包含 M 的最小闭子空间.

5. 设 H 是内积空间，M 是 H 的线性子空间. 证明如果对于每一个 $x\in H$，它在 M 上的正交投影存在，则 M 必是闭子空间.

6. 证明在可分内积空间中，任一标准正交系最多为一可数集.

7. 设 $\{e_\alpha\}\alpha\in I$ 是内积空间 H 中的标准正交系. 证明对于每一个 $x\in H$，x 关于这个标准正交系的 Fourier 系数 $\{(x,e_\alpha):\alpha\in I\}$ 中最多有可数个不为零.

8. 设 H 为 Hilbert 空间，$x_0,x_n\in H\quad(n=1,2,\cdots)$ 当 $n\to\infty$ 时，$x_n\xrightarrow{W}x_0$，且 $\|x_n\|\to\|x_0\|$. 证明

$$x_n\to x_0\qquad(n\to\infty).$$

9. 设 M 是 Hilbert 空间 H 的线性子空间. T 是 M 上的有界线性算子，证明在 H 上存在一个有界线性算子 $\widetilde{T}$，使得在 M 上 $\widetilde{T}$ 与 T 相等并且 $\|\widetilde{T}\|\leqslant\|T\|_M$.

10. 求 $\min\limits_{\alpha,\beta,\gamma}\int_{-1}^{1}|t^3-\alpha-\beta t-\gamma t^2|^2\mathrm{d}t$.

11. 设 T 是 Hilbert 空间 H 上的线性算子且对所有 $x,y\in H$，

$$(Tx,y)=(x,Ty).$$

证明 T 是有界算子.

12. 设 $\{e_k\},\{e'_k\}$ 是 Hilbert 空间 H 中的两个标准正交系并且 $\sum\limits_{k=1}^{\infty}\|e_k-e'_k\|^2<1$. 证明：如果 $\{e_n\},\{e'_n\}$ 中之一是完备的，则另一个也是完备的.

13. 设 H 是 Hilbert 空间. $\varphi(x,y)$ 是定义在 $H\times H$ 上的泛函且关于 x 是线性的，关于 y 是共轭线性的并且存在常数 C，使得 $|\varphi(x,y)|\leqslant C\|x\|\|y\|\ (x,y\in H)$. 证明：

1) 存在惟一算子 $A\in\mathscr{B}(H)$，使得对所有 $x,y\in H$，

$$\varphi(x,y)=(Ax,y)\text{ 且 }\|A\|=\|\varphi\|.$$

其中，$\|\varphi\|=\sup\limits_{\substack{\|x\|=1\\ \|y\|=1}}|\varphi(x,y)|$.

2) 如果 $\varphi(y,x)=\overline{\varphi(x,y)}\,(x,y\in H)$，则由 1)决定的有界线性算子 A 是自共轭的.

14. 设$\{T_n\}$是 Hilbert 空间 H 上的有界自共轭算子列且 $\|T_n-T\|\to 0\quad(n\to\infty)$. 证明 T 也是自共轭的.

15. 设$\{e_k\}$，$\{e'_k\}$是 Hilbert 空间 H 中的两个标准正交系，并且$\sum\limits_{k=1}^{\infty}\|e_k-e'_k\|^2<\infty$. 证明如果$\{e_k\}$，$\{e'_k\}$中之一是完备的，则另一个也是完备的.

第五章　拓扑线性空间

在线性空间中引进一个范数使之成为赋范空间，这只是在线性空间中引进拓扑的方法之一，泛函分析的发展表明，在线性空间中引进一个拓扑使之成为拓扑线性空间是有意义的. 这是因为，一方面赋范空间中的一些结果在更一般的情形成立，同时赋范空间研究本身需要引进所谓弱拓扑，而这在无穷维空间的情形是不可赋范的；另一方面，其他一些数学分支，如广义函数论中出现的许多空间也是不能赋范的. 这一章中，我们将给出拓扑线性空间的基本知识，有关拓扑线性空间更为详细的研究请看书后所列文献[6]，[7].

§5.1　拓扑线性空间的基本性质

一、定义

设 X 是数域$\mathbb{K}$上的线性空间，τ 是 X 上的一个拓扑，满足：

1) X 中每一个单点集是闭集；

2) X 中的线性运算关于 τ 是连续的.

称(X,τ)是一个**拓扑线性空间**. 有时简单记为 X. 当数域$\mathbb{K}$分别取实数域或复数域时称 X 为实或复拓扑线性空间.

由定理 1.5.6，定义中的 1)等价于 τ 满足 T_1 分离公理，这一条件对于通常遇到的绝大多数空间是满足的并且许多重要的定理都需要这一假设.

定义加法运算的连续性是指映射

$$(x,y)\rightarrow x+y$$

是 $X\times X$ 上到 X 中的连续映射，即对任意 $x,y\in X$，及 $x+y$ 的任意邻域 V，存在 x 的邻域 V_1 及 y 的邻域 V_2，使得

$$V_1+V_2\subset V.$$

类似地，数乘运算是连续的表示映射

$$(\alpha,x)\rightarrow \alpha x$$

是$\mathbb{K}\times X$ 上到 X 中的连续映射，即对任意 $\alpha\in\mathbb{K}$，$x\in X$ 及 αx 的任意邻域 V，存在 $r>0$ 及 x 的邻域 W，使得当$|\beta-\alpha|<r$ 时，

$$\beta W\subset V.$$

由以上定义不难看到，任意赋范空间是拓扑线性空间. 对于非赋范空间拓扑线

性空间的例子我们将在以后给出.

设(X,τ)是拓扑线性空间，对于每一点 $a\in X$，及每一个数 $\lambda\in\mathbb{K}(\lambda\neq 0)$，我们分别称算子

$$T_a(x)=a+x;M_\lambda(x)=\lambda x$$

为**平移算子及数乘算子**. 根据拓扑线性空间的定义，我们得到一个简单而重要的结论：T_a 及 M_λ 是 X 上到 X 上的同胚映射.

事实上，T_a 及 M_λ 显然都是一对一的且映 X 到 X 上，它们的逆映射分别为 T_{-a}及 $M_{\frac{1}{\lambda}}$ 并且由拓扑线性空间中线性运算的连续性假设，T_a，T_{-a}，M_λ，$M_{\frac{1}{\lambda}}$ 4 个映射都是连续的.

由此得子集 $E\subset X$ 是开集，当且仅当对于每一个 $a\in X$，它的平移 $E+a$ 是开集. 这样，拓扑线性空间中的拓扑 τ 可由它的任一局部基来决定. 今后凡说到拓扑线性空间的局部基都是指 0 点的局部基，即 0 点的一个邻域族 $\mathscr{B}$，使得 0 点每一个邻域包含 $\mathscr{B}$ 中元，于是 X 中每一开集是 $\mathscr{B}$ 中元平移的并集.

二、分离性

以下讨论都是在拓扑线性空间(X,τ)中进行的，我们首先证明以下定理.

定理 5.1.1　设 W 是 0 的任一邻域，则存在 0 的对称邻域 U(即 $U=-U$)，使得 $U+U\subset W$.

证　由 $0+0=0$ 及加法的连续性，存在 0 的邻域 V_1，V_2，使得 $V_1+V_2\subset W$. 令

$$U=V_1\cap V_2\cap(-V_1)\cap(-V_2),$$

则 U 即为所求的邻域.

显然定理 5.1.1 的结论可以继续作下去，因此存在 0 的对称邻域 U，使得

$$U+U+\cdots+U\subset W,$$

这一结论后面要经常用到.

定理 5.1.2　设 K，C 是拓扑线性空间 X 的子集，其中 K 是紧的，C 是闭的且 $K\cap C=\varnothing$. 则存在 0 的邻域 V，使得

$$(K+V)\cap(C+V)=\varnothing.$$

证　如果 $K=\varnothing$，对于 0 的任意邻域 V，$K+V=\varnothing$，结论显然成立. 如果 $K\neq\varnothing$，任取 $x\in K$，则 $x\notin C$，由定理 5.1.1，存在 0 的对称邻域 V_x，使得

$$(x+V_x+V_x+V_x)\cap(C+V_x)=\varnothing.$$

因此由 V_x 的对称性得

$$(x+V_x+V_x)\cap(C+V_x)=\varnothing.\tag{5.1.1}$$

另一方面,由于 K 是紧集,存在有穷个点 $x_1,\cdots,x_n\in K$,使得

$$K\subset(x_1+V_{x_1})\cup\cdots\cup(x_n+V_{x_n}),$$

记 $V=V_{x_1}\cap V_{x_2}\cap\cdots\cap V_{x_n}$,则有

$$K+V\subset\bigcup_{i=1}^{n}(x_i+V_{x_i}+V)\subset\bigcup_{i=1}^{n}(x_i+V_{x_i}+V_{x_i}).$$

由式(5.1.1),上式右边的并式中,对于每一个 $x_i+V_{x_i}+V_{x_i}$ 与 $C+V_{x_i}$ 不相交. 所以$(K+V)\cap(C+V)=\varnothing$.

因为 $K+V=\bigcup\limits_{x\in K}(x+V)$,所以 $K+V$ 是开集,同理 $C+V$ 是开集,因此由定理 5.1.2,我们有以下推论.

推论 设 K 是紧集,C 是闭集且 $K\cap C=\varnothing$,则存在不相交的开集 G_1,G_2 分别包含 K 及 C.

特别地,对任意 $x,y\in X,x\neq y$. 取 $K=\{x\}$及 $C=\{y\}$,则有

定理 5.1.3 任意拓扑线性空间是 Hausdorff 空间.

此外,由于 $C+V$ 是开集,在定理 5.1.2 中实际上我们有$(C+V)\cap\overline{K+V}=\varnothing$. 由此得以下定理.

定理 5.1.4 设 $\mathscr{B}$ 是拓扑线性空间 X 的局部基,则 $\mathscr{B}$ 中每一元包含 $\mathscr{B}$ 中某一元的闭包.

证 任取 $U\in\mathscr{B}$,则 CU 是闭集且 $0\notin CU$,取 $K=\{0\}$,于是存在 $V\in\mathscr{B}$,使得$(CU+V)\cap\overline{\{0\}+V}=\varnothing$,所以 $CU\cap\overline{V}=\varnothing$,即 $\overline{V}\subset U$.

三、平衡集,有界集

设 X 是拓扑线性空间,我们讨论其中的平衡集与有界集的概念. 设 $B\subset X$,如果对任意 $\alpha\in\mathbb{K}$,当$|\alpha|\leqslant 1$ 时 $\alpha B\subset B$. 称 B 是一个**平衡子集**或说 ***B* 是平衡的**. 例如,任意赋范空间中的单位球是平衡的. 此外,不难验证,如果 B 是平衡的,则 $\overline{B}$ 也是平衡的;如果 B 是平衡的且 $0\in B^\circ$,则 B°也是平衡的(参见本章后面的习题).

定理 5.1.5 设 X 是拓扑线性空间,则:

1) 每一个 0 点的邻域包含 0 的一个平衡邻域;

2) 每一个 0 点的凸邻域包含 0 的一个平衡的凸邻域.

证 设 U 是 0 的任一邻域,由于$(\alpha,x)\to\alpha x$ 是连续的,存在 $\delta>0$ 及 0 的邻域 V,使得当$|\alpha|<\delta$ 时,$\alpha V\subset U$. 设 W 是所有这些 αV 的并集,则 W 是 0 的一个邻域,$W\subset U$ 且 W 是平衡的. 事实上,对任意 $x\in W$ 及$|\beta|\leqslant 1$,存在 α,$|\alpha|<\delta$,使得 $x\in\alpha V$. 于是$|\beta\alpha|\leqslant|\alpha|<\delta$ 且 $\beta x\in\beta\alpha V\subset W$,结论 1)得证.

设 U 是 0 的任意凸邻域,令 $A=\bigcap\limits_{\substack{|\alpha|=1\\ \alpha\in\mathbb{K}}}(\alpha U)$. 则 A 是凸子集且包含 0. 我们

证明 A°是所求的 0 的邻域.

由 1)存在 0 的平衡邻域 $W\subset U$. 于是对每一个 $\alpha\in\mathbb{K}$,当$|\alpha|=1$ 时$\alpha^{-1}W\subset W$,从而 $W\subset\alpha W\subset\alpha U$,因此 $W\subset A$. 由于 W 是开集,$W\subset A^\circ$,于是 A°是 0 的一个邻域且显然 $A^\circ\subset U$.

其次,对于每一个 $\alpha\in\mathbb{K}$,$|\alpha|=1$,αU 是凸集,从而 A 是凸集,因此当 $0<t<1$时,$tA^\circ+(1-t)A^\circ\subset A$,而 $tA^\circ+(1-t)A^\circ$是开集,所以 $tA^\circ+(1-t)A^\circ\subset A^\circ$,即 A°是凸集. 至此只需证明 A°是平衡的.

取 $0\leqslant r\leqslant 1$,$|\beta|=1$,$r\beta A=\bigcap\limits_{|\alpha|=1}r\beta\alpha U=\bigcap\limits_{|\alpha|=1}r\alpha U\subset\bigcap\limits_{|\alpha|=1}\alpha U=A$. 因为每一个$\theta\in\mathbb{K}$,$|\theta|\leqslant 1$ 总可写成 $r\beta$ 的形式,这说明 A 是平衡的,设 $0<|\alpha|\leqslant 1$,则 $\alpha A^\circ=(\alpha A)^\circ$,因此 $\alpha A^\circ\subset\alpha A\subset A$,而 αA°是开集,所以 $\alpha A^\circ\subset A^\circ$,由于 $0\in A^\circ$,因此对所有 $\alpha\in\mathbb{K}$,$|\alpha|\leqslant 1$,$\alpha A^\circ\subset A^\circ$,即 A°是平衡的.

设 $\mathscr{B}$ 是拓扑线性空间 X 的局部基,如果 $\mathscr{B}$ 中每一元是平衡的,则称 $\mathscr{B}$ 是平衡的;如果 $\mathscr{B}$ 中每一元是凸的,则称 $\mathscr{B}$ 是凸的.

如果拓扑线性空间 X 具有一个凸的局部基,则称 X 是**局部凸的**.

局部凸空间是最重要的一类拓扑线性空间,后面我们还要详细讨论.

由定理 5.1.5,我们有以下推论:

1) 每一个拓扑线性空间具有一个平衡的局部基;

2) 每一个局部凸空间具有一个平衡的凸的局部基.

设 E 是拓扑线性空间 X 的子集,如果对 0 的每一个邻域 V,存在 $s>0$,使得当 $t>s$ 时,$E\subset tV$,称 E 是**有界集**.

显然,当 X 赋范空间时,这里的有界集概念与通常有界集概念是一致的.

定理 5.1.6　设 E 是拓扑线性空间中的子集,则 E 是有界集,当且仅当对任意$\{x_n\}\subset E$ 及$\{\alpha_n\}\subset\mathbb{K}$,当 $\alpha_n\to 0(n\to\infty)$时,$\alpha_n x_n\to 0(n\to\infty)$.

证　设 E 有界及 V 是 0 的任一平衡邻域,则存在 $t>0$,使得 $E\subset tV$. 令如果$\{x_n\}\subset E$ 及$\{\alpha_n\}\subset\mathbb{K}$,$\alpha_n\to 0(n\to\infty)$,则存在 N,当 $n>N$ 时,$|\alpha_n|t<1$. 由于 V 是平衡的,当 $n>N$ 时,

$$\alpha_n x_n=\alpha_n t\cdot\frac{1}{t}x_n\in V.$$

即 $\alpha_n x_n\to 0\quad(n\to\infty)$.

反之,设 E 无界,则存在 0 的邻域 V 及实数列 $r_n\to\infty$,使得对于每一个 n,r_nV 都不包含 E. 选取 $x_n\in E\backslash r_nV(n=1,2,\cdots)$. 于是$\frac{1}{r_n}x_n\notin V$,所以$\{\frac{1}{r_n}x_n\}$不收敛于 0,而$\frac{1}{r_n}\to 0\ (n\to\infty)$.

定理 5.1.7　设 X 是拓扑线性空间,V 是 0 的任一邻域.

1) 如果 $0<r_1<r_2<\cdots<r_n\cdots$ 且 $r_n\to\infty(n\to\infty)$,则

$$X=\bigcup_{n=1}^{\infty} r_n V.$$

2) X 中每一个紧子集是有界集.

3) 如果 $\delta_1>\delta_2>\cdots\delta_n>\cdots,\delta_n\to 0\ (n\to\infty)$ 且 V 是有界的,则

$$\{\delta_n V:n=1,2,\cdots\}$$

是 X 的一个局部基.

证 1) 由假设条件$\frac{1}{r_n}\to 0(n\to\infty)$. 对于每一固定的 $x\in X$,由于 $\alpha\to\alpha x$ 是 $\mathbb{K}$上到 X 中的连续映射,因此集$\{\alpha\in\mathbb{K}:\alpha x\in V\}$是开集且包含数 0,于是对充分大的 n,$\frac{1}{r_n}x\in V$,即 $x\in r_n V$.

2) 设 K 是 X 中任意紧集,U 是 0 的任一邻域,由定理 5.1.5,存在 0 的平衡邻域 $W\subset U$,于是由 1),

$$K\subset X=\bigcup_{n=1}^{\infty} nW,$$

由于 K 是紧集,存在 $n_1<n_2<\cdots<n_s$,使得

$$K\subset\bigcup_{k=1}^{S} n_k W,$$

因为 W 是平衡的且 $0<\frac{n_k}{n_{k+1}}<1$,有

$$n_1 W\subset n_2 W\subset\cdots\subset n_s W.$$

所以 $K\subset n_s W$ 并且当 $t>n_s$ 时

$$K\subset n_s W\subset tW\subset tU.$$

即 K 是有界集.

3) 设 U 是 0 的任一邻域. 由于 V 有界,存在 $s>0$,使得当 $t>s$ 时,$V\subset tU$. 选取 n,使得$\frac{1}{\delta_n}>s$,则有 $V\subset\frac{1}{\delta_n}U$,即 $\delta_n V\subset U$.

四、距离化

设(X,τ)是拓扑空间,如果在 X 上存在一个距离 d,使得 τ 与 d 相容,即 τ 可由 d 产生,则称(X,τ)**可距离化**.

如果拓扑空间可距离化,那么对于每一点 $x\in X$,中心在 x,半径为$\frac{1}{n}$的开球的全体,构成 x 点的一个可数局部基. 如果(X,τ)是一个拓扑线性空间,我们证明,X 具有一个可数局部基也是 X 可距离化的充分条件,即我们有以下

定理.

定理 5.1.8 设(X,τ)是拓扑线性空间且具有可数局部基,则在 X 上存在距离 d,使得:

1) d 与 τ 相容;

2) 任意中心在 0 点的开球是平衡的;

3) d 是平移不变的,即对任意 $x,y,z\in X,d(x+z,y+z)=d(x,y)$.

此外,如果(X,τ)是局部凸的,则可选取 d,除满足 1),2),3)之外还满足

4) 所有开球是凸的.

证 设$\{V_n\}$是 X 的可数局部基,由定理 5.1.5,不妨设$\{V_n\}$是平衡的,且满足

$$V_{n+1}+V_{n+1}\subset V_n \qquad (n=1,2,\cdots),$$

并且当 X 局部凸时,每一个 V_n 是凸的.

设 D 表示形如

$$r=\sum_{n=1}^{\infty}\frac{C_n(r)}{2^n}$$

的所有有理数集,其中数 $C_n(r)$ 为 0 或 1 并且只有有穷多个是 1. 这样对于 $r\in D,0\leqslant r<1$. 对于每一个有理数 r,令

$$A(r)=\begin{cases}X, & \text{当 } r\geqslant 1 \text{ 时},\\ C_1(r)V_1+C_2(r)V_2+\cdots, & \text{当 } r\in D \text{ 时}.\end{cases}$$

注意上式右边实际上是一个有穷和. 其次,对于每一个 $x\in X$,定义

$$f(x)=\inf\{r: x\in A(r)\},$$

最后,对任意 $x,y\in X$,定义

$$d(x,y)=f(x-y).$$

我们证明 d 就是定理中所要求的距离.

设 P_N 表示命题:如果 $r+s<1$ 且对所有 $n>N,C_n(r)=C_n(s)=0$,则 $A(r)+A(s)\subset A(r+s)$.

不难验证 P_1 成立. 假设对于某个 $n>1,P_{N-1}$成立. 任取 $r,s\in D$,使得 $r+s<1$ 及对所有 $n>N,C_n(r)=C_n(s)=0$,选取 r',s', 使得

$$r=r'+\frac{C_N(r)}{2^N},s=s'+\frac{C_N(s)}{2^N},$$

则

$$A(r)=A(r')+C_N(r)V_N,A(s)=A(s')+C_N(s)V_N.$$

由归纳假设,P_{N-1}成立,$A(r')+A(s')\subset A(r'+s')$. 于是

$$A(r)+A(s)=A(r')+A(s')+C_N(r)V_N+C_N(s)V_N$$
$$\subset A(r'+s')+C_N(r)V_N+C_N(s)V_N.$$

如果 $C_N(r)=C_N(s)=0$，则 $r=r'$，$s=s'$，P_N 成立；如果 $C_N(r)=0$，$C_N(s)=1$，则

$$A(r)+A(s)\subset A(r'+s')+V_N$$
$$=A(r'+s'+\frac{1}{2^N})=A(r+s),$$

同理，对于 $C_N(r)=1$，$C_N(s)=0$ 的情形；如果 $C_N(r)=C_N(s)=1$，则

$$\begin{aligned}&A(r)+A(s)\\=&A(r')+A(s')+V_N+V_N\subset A(r'+s')+V_{N-1}\\=&A(r'+s')+A(\frac{1}{2^{N-1}})\subset A(r'+s'+\frac{1}{2^{N-1}})\\=&A(r+s).\end{aligned}$$

总之，命题 P_N 成立. 这样，对任意 $r,s\in D$，我们有

$$A(r)+A(s)\subset A(r+s).$$

由此，如果 $r<t$，则

$$A(r)\subset A(r)+A(t-r)=A(t),$$

即 $\{A(r)\}$ 按集的包含关系构成一个全序族.

现在我们证明 d 是要求的距离. 显然 $f(x)\geqslant 0$ 及 $f(0)=0$，并且如果 $x\neq 0$，则存在 n，使得 $x\notin V_n=A(\frac{1}{2^n})$，于是 $f(x)\geqslant\frac{1}{2^n}>0$. 即 $d(x,y)\geqslant 0$ 且 $d(x,y)=0$，当且仅当 $x=y$. 由于 $A(r)$ 是平衡的，$f(x)=f(-x)$，由此得，对任意 $x,y\in X$，$d(x,y)=d(y,x)$. 为证明 d 满足三角形不等式只需证明，对任意 $x,y\in X$，

$$f(x+y)\leqslant f(x)+f(y).$$

为此，不妨假设上式右边小于 1，对任意 $\varepsilon>0$，存在 $r,s\in D$，使得

$$f(x)\leqslant r,\quad f(y)\leqslant s,\quad r+s<f(x)+f(y)+\varepsilon,$$

于是 $x\in A(r)$，$y\in A(s)$，$x+y\in A(r)+A(s)\subset A(r+s)$，因此

$$f(x+y)\leqslant r+s<f(x)+f(y)+\varepsilon,$$

由 ε 是任意的，$f(x+y)\leqslant f(x)+f(y)$，从而 d 是一个距离，显然 d 是平移不变的.

由于中心在 0 的开球

$$B(0,\delta)=\{x\in X:f(x)<\delta\}=\bigcup_{r<\delta}A(r),$$

可见，$B(0,\delta)$是τ开集并且如果取$\delta<\frac{1}{2^n}$，则$B(0,\delta)\subset V_n$，因此$\{B(0,\delta)\}$是(X,τ)的一个局部基，这证明了定理的结论1)成立.

由于每一个$A(r)$的平衡的，所以每一个球$B(0,\delta)$也是平衡的. 最后，如果每一个V_n是凸的，由于$\{A(r)\}$是全序族，每一个$B(0,\delta)$是凸的，因此所有开球是凸的.

设(X,τ)是拓扑线性空间，如果τ是由一个完备的不变距离产生的，称(X,τ)是一个 ***F* 空间**.

定理 5.1.9　设Y是拓扑线性空间X的子空间且Y在X的诱导拓扑下是一个F空间，则Y是X的闭子空间.

证　设d是Y上与Y的拓扑相容的不变距离，令

$$B(0,\frac{1}{n})=\{y\in Y:d(0,y)<\frac{1}{n}\},$$

则存在X中0的邻域U_n，$Y\cap U_n=B(0,\frac{1}{n})$. 在$X$中选取0的对称邻域$V_n$，使得$V_n+V_n\subset U_n$.

设$x\in\overline{Y}$. 记

$$E_n=Y\cap(x+V_n)\qquad(n=1,2,\cdots).$$

任取$y_1,y_2\in E_n$，则$y_1-y_2\in Y$且$y_1-y_2\in V_n+V_n\subset U_n$，因此$y_1-y_2\in B(0,\frac{1}{n})$，可见$E_n$的直径趋于0，由于每一个$E_n\neq\varnothing$且$Y$是完备的，由此推出，这些集$E_n$的$Y$闭包恰有一个公共点$y_0$.

设W是X中0的任一邻域，记

$$F_n=Y\cap(x+W\cap V_n).$$

由前面的考虑，这些集F_n的Y闭包有一个公共点y_w，而对于每一个n，$F_n\subset E_n$，因此$y_w=y_0$. 由于$F_n\subset x+W$，由此推出，对于每一个W，y_0在$x+W$的X闭包中，因此$y_0=x$，$x\in Y$，这证明$\overline{Y}=Y$.

在距离空间(X,d)中的子集E，有熟知的有界性概念，即如果存在数M，使得对任意$x,y\in E$，$d(x,y)\leqslant M$，称E是有界集. 对于拓扑线性空间(X,τ)前面也定义了有界集的概念. 今如果(X,τ)是一个可距离化的拓扑线性空间且d是与τ相容的不变距离，X中的子集E将有两种有界性概念：E作为距离空间中的子集是有界的，我们称E是 ***d* 有界的**和E是有界的. 我们指出，有界集和d有界集是不同的. 例如定理5.1.8中的空间，它自身是一个d有界集. 因为对任意$x,y\in X$，$d(x,y)=f(x-y)\leqslant 1$. 但是X本身除非$X=\{0\}$不

是有界集. 实际上,对于 X 的任意子空间 E,只要 $E\neq\{0\}$,E 不可能是 X 中有界集. 因为任取 $x\in E,x\neq 0$,则$\{nx: n=1,2,\cdots\}\subset E$. 另一方面,存在 0 的邻域 V,使得 $x\notin V$,所以对于每一个 n,$nx\notin nV$,即不存在 n,使得 nV 包含 E.

定理 5.1.10 1) 设 d 是线性空间 X 上的平移不变距离,则对于每一个 $x\in X$,

$$d(nx,0)\leqslant nd(x,0)\quad (n=1,2,\cdots).$$

2) 设 X 是可距离化的拓扑线性空间,$\{x_n\}$是 X 中的点列且当 $n\to\infty$时 $x_n\to 0$,则存在正数列$\{r_n\}$,使得当 $n\to\infty$时 $r_n\to\infty$,并且 $r_nx_n\to 0$.

证 1)

$$\begin{aligned} d(nx,0)&\leqslant d((nx,(n-1)x)+d((n-1)x,0)\\ &\leqslant\cdots\cdots\\ &\leqslant\sum_{k=1}^{n}d(kx,(k-1)x)\\ &=\sum_{k=1}^{n}d(x,0)=nd(x,0). \end{aligned}$$

2) 由于 X 可距离化,设 d 是与 X 上拓扑相容的不变距离,如果 $d(x_n,0)\to 0$ $(n\to\infty)$,则存在自然数列的子列$\{n_k\}$,使得当 $n>n_k$ 时

$$d(x_n,0)<\frac{1}{k^2}.$$

令

$$r_n=\begin{cases}1, & n<n_1,\\ k, & n_k\leqslant n<n_{k+1},\end{cases}$$

则 $r_n\to\infty(n\to\infty)$,并且由 1),对于充分大的 n

$$d(r_nx_n,0)=d(kx_n,0)\leqslant kd(x_n,0)<\frac{1}{k},$$

所以当 $n\to\infty$时 $r_nx_n\to 0$.

五、有界线性算子

设 X,Y 是拓扑线性空间,$T: X\to Y$ 是线性算子,如果 T 把 X 中任意有界集映为 Y 中有界集,称 T 是**有界线性算子**. 当 X,Y 是赋范空间时,这里有界线性算子概念与第三章中定义的有界线性算子是一致的.

定理 5.1.11 设 X,Y 是拓扑线性空间,$T: X\to Y$ 是线性算子,则对以下 5 个命题:

1) T 在 0 点连续;

2) T 是连续的；

3) T 是有界的；

4) 如果 $x_n\to 0(n\to\infty)$，则 $\{Tx_n: n=1,2,\cdots\}$ 是有界的；

5) 如果 $x_n\to 0(n\to\infty)$，则 $Tx_n\to 0(n\to\infty)$.

我们有以下蕴涵关系：

$$1)\Leftrightarrow 2)\Rightarrow 3)\Rightarrow 4),$$

并且当 X 可距离化时还有

$$4)\Rightarrow 5)\Rightarrow 1).$$

证　1)⇒2)　设 W 是 Y 中 0 的任意邻域，由于 T 在 0 点连续，存在 X 中 0 的邻域 V，使得 $TV\subset W$. 任取 $x\in X$，如果 $y-x\in V$，则 $Ty-Tx=T(y-x)\in W$. 这样，T 把 x 的邻域 $x+V$ 映为 Tx 的邻域 $Tx+W$，即 T 在 x 点连续. 2)⇒1) 显然.

假设 1) 成立且 E 是 X 中任意有界集. 设 W 是 Y 中 0 的任一邻域，由 T 连续及 $T0=0$，存在 X 中 0 的邻域 V，使得 $T(V)\subset W$. 由于 E 有界，存在 $s>0$，使得当 $t>s$ 时 $E\subset tV$. 于是当 $t>s$ 时

$$T(E)\subset T(tV)=tT(V)\subset tW,$$

因此 $T(E)$ 是 Y 中有界集，即 3) 成立.

假设命题 3) 成立及 $x_n\to 0(n\to\infty)$，由于收敛点列是有界的，因此命题 4) 成立.

如果 X 是可距离化的. 假设命题 4) 成立及 $x_n\to 0(n\to\infty)$，由定理 5.1.10，存在数列 $\{r_n\}$；$r_n\to\infty$ 使得 $r_nx_n\to 0(n\to\infty)$，于是 $\{T(r_nx_n)\}$ 是 Y 中有界集，根据定理 5.1.6.

$$Tx_n=\frac{1}{r_n}T(r_nx_n)\to 0\qquad(n\to\infty).$$

最后，假设命题 5) 成立并且 1) 不成立. 于是存在 Y 中 0 的邻域 W，使得 $T^{-1}(W)$ 不包含 X 中 0 的邻域. 由于 X 可距离化，X 中存在可数局部基 $\{V_n\}$ 且不妨设 $V_{n+1}\subset V_n(n=1,2,\cdots)$. 因此对于每一个 n，$T^{-1}(W)$ 不包含 V_n，选取 $x_n\in V_n\backslash T^{-1}(W)(n=1,2,\cdots)$. 则 $x_n\to 0(n\to\infty)$，但是 $Tx_n\notin W(n=1,2,\cdots)$，这与命题 5) 的结论相矛盾.

注意当 X 可距离化时，定理 5.1.11 中的 5 个命题等价.

定理 5.1.12　设 f 是拓扑线性空间 X 上的线性泛函且 $f\neq 0$，则以下 4 个命题等价：

1) f 是连续的；

2) f 的零空间 $\mathcal{N}(f)=\{x\in X: f(x)=0\}$ 是闭子空间；

3) $\overline{\mathcal{N}(f)}\neq X$；

4) f 在 0 的某个邻域中有界.

证 设 f 连续，则 $\mathcal{N}(f)=f^{-1}(\{0\})$ 是 X 中的闭集. 如果 $\mathcal{N}(f)$ 是闭集，由于 $f\neq 0$，$\overline{\mathcal{N}(f)}=\mathcal{N}(f)\neq X$. 设 3) 成立，则存在 $x\notin\overline{\mathcal{N}(f)}$，于是存在 0 的邻域 V，使得

$$(x+V)\cap\mathcal{N}(f)=\varnothing.$$

我们可假设 V 是平衡的，对于 $\alpha\in\mathbb{K}$，$|\alpha|\leqslant 1$，由于 $\alpha f(V)=f(\alpha V)\subset f(V)$，$f(V)$ 是 $\mathbb{K}$ 中平衡子集，我们证明此时 $f(V)$ 有界，即 4) 成立. 因为如果 $f(V)$ 无界，则对任意 $\alpha\in\mathbb{K}$，存在 $y\in V$，使得 $|f(y)|\geqslant|\alpha|$. 设 $f(y)=|f(y)|e^{i\theta}$，则 $f\left(\dfrac{\alpha e^{-i\theta}y}{|f(y)|}\right)=\alpha$，而 $\left|\dfrac{\alpha e^{-i\theta}}{f(y)}\right|\leqslant 1$，因此 $\dfrac{\alpha e^{-i\theta}}{|f(y)|}y\in V$. 即 $f(V)=\mathbb{K}$. 所以存在 $y_0\in V$，使得 $f(y_0)=-f(x)$，于是 $x+y_0\in\mathcal{N}(f)$，但这与(1)式矛盾.

最后，如果 4) 成立，即存在 0 的邻域 V 及常数 M，使得 $|f(x)|\leqslant M\ (x\in V)$，对任意 $\varepsilon>0$，取 $W=\dfrac{\varepsilon}{M}V$，则对每一个 $y\in W$，$|f(y)|=\left|f\left(\dfrac{\varepsilon}{M}x\right)\right|=\dfrac{\varepsilon}{M}|f(x)|<\varepsilon$，所以 f 在 0 点连续.

§ 5.2 半范数、局部凸空间

这一节中，我们较详细地讨论局部凸空间的结构. 我们曾经提到，局部凸空间是一类应用最广泛的拓扑线性空间. 我们将证明局部凸拓扑可由一族函数(半范数)完全决定，一个半范数与范数的性质是很接近的，从这个意义上说，局部凸空间是接近赋范空间的一类拓扑线性空间.

一、半范数

设 X 是域 $\mathbb{K}$ 上的线性空间，p 是 X 上的一个实值函数，满足：

1) $p(x+y)\leqslant p(x)+p(y)\quad(x,y\in X)$；

2) $p(\alpha x)=|\alpha|p(x)\quad(x\in X,\alpha\in\mathbb{K})$，

称 p 是 X 上的一个**半范数**.

X 上的一个范数显然是半范数，一个半范数未必是一个范数. 下面我们将看到，如果一个半范数 p 满足条件：当 $x\neq 0$ 时 $p(x)\neq 0$，则 p 是一个范数.

设 $\mathcal{P}$ 是 X 上的一族半范数，如果对于每一个 $x\neq 0$，存在 $p\in\mathcal{P}$，使得 $p(x)\neq 0$，则称 $\mathcal{P}$ 在 X 上是**分离的**.

我们将看到，X 上的一个分离的半范数族将完全决定 X 上的一个局部凸拓扑.

设 A 是 X 的子集,如果对于每一个 $x\in X$,存在 $t=t(x)>0$,使得 $\frac{1}{t}x\in A$,则称集 A 是**吸收的**.

在拓扑线性空间中,0 的任意邻域 V 是吸收的,因为由定理 5.1.7,$X=\bigcup_{n=1}^{\infty}nV$,此外如果集 A 是吸收的,则 $0\in A$.

设 X 是线性空间,A 是 X 的吸收子集,称

$$\mu_A(x)=\inf\{t>0:\frac{1}{t}x\in A\}\qquad(x\in X)$$

为由 A 决定的 **Minkowski 泛函**.

由于集 A 是吸收的,对于每一个 $x\in X$,$\mu_A(x)$有定义,并且 $0\leqslant\mu_A(x)<\infty$.

我们首先研究半范数与 Minkowski 泛函的性质.

定理 5.2.1　设 X 是线性空间,p 是 X 上的半范数,则:

1) $p(0)=0$;

2) $|p(x)-p(y)|\leqslant p(x-y)(x,y\in X)$;

3) $p(x)\geqslant 0$;

4) $\{x\in X:p(x)=0\}$是 X 的子空间;

5) $B=\{x\in X:p(x)<1\}$是一个凸的,平衡的吸收集并且 $p=\mu_B$.

证　取 $\alpha=0$,则由 $p(\alpha x)=|\alpha|p(x)$,得 $p(0)=0$,其次由

$$p(x)=p(x-y+y)\leqslant p(x-y)+p(y),$$

得 $p(x)-p(y)\leqslant p(x-y)$,交换 x,y 的地位并注意 $p(y-x)=p(x-y)$,得 2)成立. 在 2)中命 $y=0$,得 $p(x)\geqslant|p(x)|\geqslant 0$,3)成立.

设 $p(x)=p(y)=0$,则对任意 $\alpha,\beta\in\mathbb{K}$,

$$0\leqslant p(\alpha x+\beta y)\leqslant|\alpha|p(x)+|\beta|p(y)=0,$$

由此得 4)成立.

最后设 $x,y\in B$ 且 $0<t<1$,则

$$p(tx+(1-t)y)\leqslant tp(x)+(1-t)p(y)<t+(1-t)=1,$$

即 B 是凸集,如果 $\alpha\in\mathbb{K}$,$|\alpha|\leqslant 1$,则对 $x\in B$,$p(\alpha x)=|\alpha|p(x)<1$,即$\alpha B\subset B$,$B$ 是平衡的. 设 $x\in X$,选取 $s<p(x)$,则 $p(\frac{1}{s}x)=\frac{1}{s}p(x)<1$,即$\frac{1}{s}x\in B$. 由此得 B 是吸收的并且 $\mu_B(x)\leqslant s$,所以 $\mu_B\leqslant p$. 反之,如果 $0<t<p(x)$,则 $p(\frac{1}{t}x)>1$,于是$\frac{1}{t}x\notin B$,由此得 $p\leqslant\mu_B$. 所以 $p=\mu_B$.

定理 5.2.2　设 X 是线性空间,$A\subset X$ 是凸的吸收集,则:

1) $\mu_A(x+y)\leqslant\mu_A(x)+\mu_B(y)\quad(x,y\in X)$；

2) $\mu_A(tx)=t\mu_A(x)\quad(t\geqslant 0,x\in X)$；

3) 如果 A 是平衡的，那么 μ_A 是一个半范数；

4) 如果 $B=\{x\in X:\mu_A(x)<1\}$，$C=\{x\in X:\mu_A(x)\leqslant 1\}$. 那么 $B\subset A\subset C$ 且 $\mu_A=\mu_B=\mu_C$.

证 对于 $x\in X$，令

$$H_A(x)=\{t>0:\frac{1}{t}x\in A\},$$

如果 $t\in H_A(x)$ 及 $s>t$，由于 A 是吸收的，$0\in A$ 及 A 是凸的，于是 $\frac{1}{s}x=\frac{t}{s}\cdot\frac{1}{t}x=\frac{t}{s}\cdot\frac{1}{t}x+(1-\frac{t}{s})0\in A$，即 $s\in H_A(x)$. 这样 $H_A(x)$ 是左端点为 $\mu_A(x)$ 的半直线.

设 $\mu_A(x)<s$，$\mu_A(y)<t$，$u=s+t$，则由 $\frac{1}{s}x\in A$，$\frac{1}{t}y\in A$ 及 A 是凸集，有

$$\frac{1}{u}(x+y)=\frac{1}{u}x+\frac{1}{u}y=\frac{s}{u}\frac{1}{s}x+\frac{t}{u}\frac{1}{t}y\in A.$$

由此 $\mu_A(x+y)\leqslant u$，所以 $\mu_A(x+y)\leqslant\mu_A(x)+\mu_A(y)$.

2)及 3)由 $\mu_A(x)$ 的定义显然. 最后，如果 $\mu_A(x)<1$，则 $1\in H_A(x)$，因此 $x\in A$. 如果 $x\in A$ 则 $\mu_A(x)\leqslant 1$，这样 $B\subset A\subset C$. 由此对于每一个 $x\in X$，$H_B(x)\subset H_A(x)\subset H_C(X)$，所以

$$\mu_C(x)\leqslant\mu_A(x)\leqslant\mu_B(x).$$

为证明等式成立，假设 $\mu_B(x)>\mu_C(x)$，选取 s,t 使得 $\mu_B(x)>t>s>\mu_C(x)$，于是 $\frac{1}{s}x\in C$，$\mu_A(\frac{1}{s}x)\leqslant 1$，因此

$$\mu_A(\frac{1}{t}x)=\mu_A(\frac{s}{t}\frac{1}{s}x)\leqslant\frac{s}{t}<1.$$

这样将有 $\frac{1}{t}x\in B$，$\mu_B(\frac{1}{t}x)\leqslant 1$，$\mu_B(x)\leqslant t$，矛盾. 所以 $\mu_B=\mu_C=\mu_A$.

二、局部凸空间

定理 5.2.3 设 $\mathscr{B}$ 是拓扑线性空间 X 的一个凸的，平衡的局部基，则 $\{\mu_V:V\in\mathscr{B}\}$ 是 X 上的一个分离的连续半范数族.

证 对于每一个 $V\in\mathscr{B}$，V 是凸的吸收集，由定理 5.2.2，μ_V 是一个半范数. 其次，设 $x\in X$，$x\neq 0$，则存在 $V\in\mathscr{B}$，使得 $x\notin V$，因此 $\mu_V(x)\geqslant 1$，所以 $\{\mu_V:V\in\mathscr{B}\}$ 是一个分离的半范数族.

如果 $x\in V$,则由数乘的连续性,存在 $t>1$,使得 $tx\in V$,于是 $\mu_V(x)<1$,因此对任意 $\varepsilon>0$,当 $x-y\in\varepsilon V$ 时,

$$|\mu_V(x)-\mu_V(y)|\leqslant\mu_V(x-y)=\varepsilon\mu_V(\frac{1}{\varepsilon}(x-y))<\varepsilon.$$

所以每一个 μ_V 是连续的.

这样,每一个局部凸空间,它的局部凸结构决定了 X 上的一个分离的连续半范数族. 反之,我们有以下定理:

定理 5. 2. 4　设 X 是线性空间,$\mathscr{P}$是 X 上的分离的半范数族,对于每一个 $p\in\mathscr{P}$及自然数 n,记

$$V(p,n)=\{x\in X: p(x)<\frac{1}{n}\},$$

并且用 $\mathscr{B}$ 表示形如 $V(p,n)$集的所有有穷交构成的集族,则在 X 上存在一个拓扑 τ,使得(X,τ)是一个局部凸拓扑线性空间,$\mathscr{B}$ 是 X 的一个凸的平衡的局部基并且:

1) 每一个 $p\in\mathscr{P}$是连续的;

2) 集 $E\subset X$ 是有界集,当且仅当对于每一个 $p\in\mathscr{P}$,p 在 E 上是有界的.

证　首先我们定义集 $A\subset X$ 属于 τ,当且仅当 A 是 $\mathscr{B}$ 中元平移的并集. 不难证实,τ 是 X 上的一个平移不变的拓扑,$\mathscr{B}$ 中元是凸的,平衡的并且 $\mathscr{B}$ 是 τ 的一个局部基.

其次,任取 $x\in X$,$x\neq0$,由于$\mathscr{P}$的分离性,存在 $p\in\mathscr{P}$,使得 $p(x)>0$,选取自然数 n,使得 $np(x)>1$,则 $x\notin V(p,n)$,于是 $0\notin x-V(p,n)$,从而$x\notin\overline{\{0\}}$,即$\{0\}$是闭集,由于 τ 是平移不变的,所以 X 中每一单点集是闭集.

为证明线性运算的连续性,设 U 是 X 中 0 的任意邻域,则存在 $p_1,\cdots,p_m\in\mathscr{P}$及自然数 $n_1,\cdots,n_m$,使得

$$V(p_1,n_1)\cap\cdots\cap V(p_m,n_m)\subset U,$$

记

$$V=V(p_1,2n_1)\cap\cdots\cap V(p_m,2n_m),$$

由 p_i 的次可加性,则有 $V+V\subset U$,这证明加法运算是连续的.

设 $x\in X$,$\alpha\in\mathbb{K}$,U,V 如上,则存在 $s>0$,使得 $x\in sV$,令 $t=\frac{s}{1+|\alpha|s}$,则当 $y\in x-tV$ 有 $|\beta-\alpha|<\frac{1}{s}$时,由于$|\beta|=|\beta-\alpha+\alpha|\leqslant|\beta-\alpha|+|\alpha|<|\alpha|+\frac{1}{s}=\frac{1+|\alpha|s}{s}$,$|\beta|t\leqslant1$,并且 V 是平衡的,则有

$$\beta y-\alpha x=\beta(y-x)+(\beta-\alpha)x$$

$$\in |\beta| tV + |\beta-\alpha| sV \subset V+V \subset U.$$

这样，(X,τ)是一个局部凸拓扑线性空间.

此外，由 $V(p,n)$的定义，每一个 $p\in\mathscr{P}$在 0 点连续，对于每一点 $x\in X$，由于$|p(y)-p(x)|\leqslant p(x-y)$，于是当 $x-y\in V(p,n)$时，$|p(y)-p(x)|<\frac{1}{n}$，即 p 在 x 点连续.

最后，设 $E\subset X$ 是有界集. 任取 $p\in\mathscr{P}$，由于 $V(p,1)$是 0 的邻域，存在数 k，使得 $E\subset kV(p,1)$，因此对于每一 $x\in E$，$p(x)<k$，即 p 在 E 上是有界的.

反之，设 U 是 0 的任一邻域，则存在 $p_1,\cdots,p_m\in\mathscr{P}$ 及 $n_1,\cdots,n_m$，使得 $V(p_1,n_1)\cap\cdots\cap V(p_m,n_m)\subset U$，并且存在数 $M_i(i=1,\cdots,m)$，使得当$x\in E$ 时，对于每个 i，$p_i(x)\leqslant M_i$，取 $n>\max\limits_{1\leqslant i\leqslant m}\{M_in_i\}$，则 $p_i(x)<M_i<\frac{n}{n_i}(i=1,\cdots,m)$，即 $E\subset nU$.

注 1)设(X,τ)，是一个局部凸空间，$\mathscr{B}$ 是 X 的凸的平衡的局部基，由定理 5.2.3，$\mathscr{B}$ 在 X 上生成一个分离的连续半范数族 $\mathscr{P}$，而由定理 5.2.4，$\mathscr{P}$在 X 上又导出一个局部凸拓扑 τ_1，现在的问题是 τ_1 与 τ 是否相等？回答是肯定的. 事实上，由于每一个 $p\in\mathscr{P}$ 是 τ 连续的，$V(p,n)\in\tau$，因此 $\tau_1\subset\tau$. 反之，如果 $W\in\mathscr{B}$，$p=\mu_W$，则

$$W=\{x\in X: \mu_W(x)<1\}=V(p,1),$$

因此 $W\in\tau_1$，$\tau\subset\tau_1$，所以 $\tau_1=\tau$.

2)设 $\mathscr{P}=\{p_k: k=1,2,\cdots\}$是线性空间 X 上由可数个半范数构成的分离的半范数族，由定理 5.2.4，$\mathscr{P}$在 X 上导出的拓扑 τ 具有可数局部基，因此由定理 5.1.8，(X,τ)可距离化，我们证明一个与拓扑 τ 相容的平移不变距离可直接由$\{p_k\}$给出，定义

$$d(x,y)=\sum_{k=1}^{\infty}\frac{1}{2^k}\frac{p_k(x-y)}{1+p_k(x-y)} \qquad (x,y\in X). \tag{5.2.1}$$

不难验证，d 是 X 上的一个平移不变距离. 我们证明 d 与 τ 相容，令

$$B(0,r)=\{x\in X: d(x,0)<r\}(r>0).$$

我们证明$\{B(0,r)\}$构成 τ 的一个局部基. 由定理 5.2.4，每一个 p_k 是 τ 连续的，在式(5.2.1)中级数关于 x,y 一致收敛，因此 $B(0,r)$是开集.

设 W 是 0 的任一邻域，则存在 $p_1,\cdots,p_m$ 及 $n_1,n_2,\cdots,n_m$，使得

$$V(p_1,n_1)\cap\cdots\cap V(p_m,n_m)\subset W.$$

其中 $V(p_k,n_k)=\{x\in X: p_k(x)<\frac{1}{k}\}\quad(k=1,2,\cdots,m)$. 如果 $x\in B(0,r)$，则

$$\frac{1}{2^k}\frac{p_k(x)}{1+p_k(x)}<r \qquad (k=1,2,\cdots).$$

由此可知，只要 r 取的足够小就可使 $x\in V(p_k,n_k)(k=1,2,\cdots,m)$. 所以 $B(0,r)\subset W$. 这证明 d 与 τ 相容.

设$(X,\|\cdot\|)$是一个赋范空间，显然$(X,\|\cdot\|)$是一个局部凸空间. 反之，何时一个局部凸空间是一个赋范空间？确切地说，对于拓扑线性空间(X,τ)，如果在 X 上存在一个范数 $\|\cdot\|$，使得由 $\|\cdot\|$ 在 X 上产生的距离与 τ 相容，则称(X,τ)是可赋范的. 何时一个拓扑线性空间是可赋范的？

定理 5.2.5　拓扑线性空间是可赋范的，当且仅当 0 点有一个凸的有界邻域.

证　设 X 可赋范且 $\|\cdot\|$ 是与拓扑相容的范数，则$\{x\in X: \|x\|<1\}$是 0 点的一个凸的有界邻域.

反之，设 V 是 0 点的一个凸的有界邻域，由定理 5.1.5，存在 0 点的凸的平衡邻域 $U\subset V$，因此 U 也是有界的. 定义

$$\|x\|=\mu_U(x) \qquad (x\in X),$$

其中 μ_U 是 U 的 Minkowski 泛函，则 $\|x\|$ 是一个半范数. 为证 $\|x\|$ 是范数，只需证明当 $x\neq 0$ 时 $\|x\|\neq 0$. 由于 U 是有界，由定理 5.1.7，$\{rU: r>0\}$构成 X 的拓扑的局部基，因此如果 $x\in X, x\neq 0$，则存在 $r>0$，使得 $x\notin rU$，于是 $\|x\|=\mu_U(x)\geqslant r$. 所以 $\|\cdot\|$ 是一个范数，此外由 Minkowski 泛函的性质，对于每一个 $r>0$，

$$\{x\in X: \|x\|<r\}=\{x\in X: \mu_U(x)<r\}=rU.$$

这说明范数拓扑与原来的拓扑一致.

例 5.2.1　设 Ω 是某个欧氏空间中的非空开集，对于每一个自然数 n，令

$$K_n=\{t\in\Omega: d(t,\partial\Omega)\geqslant\frac{1}{n}\text{ 且 } d(t,0)\leqslant n\},$$

则每一个 K_n 是紧集，$K_n\subset K^\circ_{n+1}(n=1,2,\cdots)$且 $\Omega=\bigcup\limits_{n=1}^{\infty}K_n$. 设 $C(\Omega)$是 Ω 上所有复值连函数全体按通常方式定义线性运算的构成的线性空间. 对于 $x\in C(\Omega)$及自然数 n，令

$$p_n(x)=\sup_{t\in K_n}|x(t)|.$$

则$\{p_n\}$是 $C(\Omega)$上的分离的半范数族，由定理 5.2.4，$\{p_n\}$在 $C(\Omega)$上决定了一个局部凸拓扑并且由 $K_n\subset K^\circ_{n+1}\subset K_{n+1}$，$p_1\leqslant p_2\leqslant\cdots$，

$$V_n=\{x\in C(\Omega): p_n(x)<\frac{1}{n}\}(n=1,2,\cdots)$$

构成 $C(\Omega)$的一个可数局部基，因此 $C(\Omega)$是可距离化的局部凸空间并且由定

理 5.2.4 后面的注 2)，

$$d(x,y)=\sum_{n=1}^{\infty}\frac{1}{2^n}\frac{p_n(x-y)}{1+p_n(x-y)}\qquad (x,y\in C(\Omega))$$

是一个与 $C(\Omega)$ 上的拓扑相容的不变距离.

设 $\{x_k\}$ 是关于 d 的任意 Cauchy 列，则对每一个 n，$p_n(x_i,x_j)\to 0\quad(i,j\to\infty)$，因此存在 $x\in C(\Omega)$，使得在每一个紧集 K_n 上，当 $k\to\infty$ 时 $\{x_k\}$ 一致收敛于 x. 由此不难证实，当 $k\to\infty$ 时 $d(x_k,x)\to 0$，即 $C(\Omega)$ 关于距离 d 是完备的.

由定理 5.2.4，集 $E\subset C(\Omega)$ 是有界的，当且仅当对于每一个 n，p_n 在 E 上有界，即对每一个 n，存在 M_n，使得

$$|x(t)|\leqslant M_n\qquad (t\in K_n,x\in E).$$

但是，对于 V_n，包含一元 x，使得 $p_{n+1}(x)$ 可任意大，即 V_n 不是有界的，空间 $C(\Omega)$ 不是局部有界的，因此是不可赋范的.

例 5.2.2　空间 $L^p[0,1](0<p<1)$.

设 $L^p[0,1](0<p<1)$ 是区间 $[0,1]$ 上所有使得

$$\Delta(x)=\int_0^1|x(t)|^p\mathrm{d}t<\infty$$

的 Lebesgue 可测函数的全体，其中两个几乎处处相等的函数看成是同一元.

由于 $0<p<1$，对任意数 $a,b\geqslant 0$，

$$\begin{aligned}(a+b)^p&=(a+b)(a+b)^{p-1}\\&=a(a+b)^{p-1}+b(a+b)^{p-1}\leqslant a^p+b^p.\end{aligned}$$

由此，在 $L^p[0,1](0<p<1)$ 中按通常方式定义线性运算，$L^p[0,1](0<p<1)$ 是一个线性空间，并且令

$$d(x,y)=\Delta(x-y)\qquad (x,y\in L^p[0,1]),$$

则 d 是一个平移不变距离. 与 $p\geqslant 1$ 的情形类似，可以证明 d 是完备的.

设 $B(0,r)=\{x\in L^p:\Delta(x)<r\}(r>0)$，则 $\{B(0,r)\}$ 构成 $L^p[0,1]$ 拓扑的一个局部基. 由于对每一个 $r>0$ 及每一个 $x\in B(0,r)$，$\Delta(r^{-\frac{1}{p}}x)=r^{-1}\Delta(x)<1$ 即 $B(0,1)=r^{\frac{1}{p}}B(0,r)$，因此 $B(0,1)$ 是有界的. 所以 $L^p[0,1](0<p<1)$ 是局部有界的.

我们证明 $L^p[0,1](0<p<1)$ 不包含除 $\varnothing$ 及 L^p 之外的任何开凸集.

设 $V\neq\varnothing$ 是 $L^p[0,1]$ 中的开凸集，不妨设 $0\in V$，于是存在 $r>0$，使得 $B(0,r)\subset V$. 任取 $x\in L^p[0,1]$，由于 $0<p<1$，存在自然数 n，使得 $n^{p-1}\Delta(x)<r$. 因为函数 $F(t)=\int_0^t|x(\tau)|^p\mathrm{d}\tau$ 在 $[0,1]$ 上连续，由介值定理存在 $[0,1]$ 的分割：

$$0 = t_0 < t_1 < \cdots < t_n = 1$$

使得

$$\int_{t_{k-1}}^{t_k} |x(t)|^p \mathrm{d}t = \frac{1}{n}\Delta(x) \qquad (k = 1,\cdots,n),$$

令

$$y_k(t) = \begin{cases} nx(t), & t \in (t_{k-1}t_k], \\ 0, & t \in [0,1]\setminus(t_{k-1},t_k]. \end{cases} (k = 1,\cdots,n),$$

则 $\Delta(y_k)=n^p\int_{t_{k-1}}^{t_k}|x(t)|^p\mathrm{d}t=n^p\dfrac{1}{n}\Delta(x)=n^{p-1}\Delta(x)<r$，即 $y_k\in B(0,r)\subset V(k=1,2,\cdots,n)$，由于 V 是凸的

$$x = \frac{1}{n}(y_1 + y_2 + \cdots + y_n) \in V,$$

所以 $V=L^p[0,1](0<p<1)$.

§5.3　弱　拓　扑

设(X,τ)是拓扑线性空间，我们用 X^* 表示 X 上所有连续线性泛函全体构成的线性空间，称 X^* 是 X 的**共轭空间**. 如果 X^* 在 X 上分离点（我们将看到，局部凸空间就是这样的空间），我们可以通过 X^* 在 X 上定义一个弱拓扑，类似地通过 X 在 X^* 上定义一个弱 $*$ 拓扑.

一、分离定理

我们首先证明在拓扑线性空间中 Hahn-Banach 定理的一种几何形式——分离定理.

引理 5.3.1　设 f 是拓扑线性空间 X 上的一个线性泛函且 $f\neq 0$，则 f 是一个开映射.

证　设 $G\subset X$ 是任一开集，则对每一个 $x\in G$，$G-x$ 是 0 的一个邻域. 因为 $f\neq 0$ 存在 $x_0\in X$，$f(x_0)=1$. 于是存在 $r>0$，使得当 $\alpha\in\mathbb{K}$ 且 $|\alpha|<r$ 时 $\alpha x_0\in G-x$，因此当 $|\alpha|<r$ 时 $f(x)+\alpha\in f(G)$，即 $f(G)$ 是开集.

定理 5.3.2（分离定理）　设 X 是拓扑线性空间，A，B 是 X 中不相交的非空凸集.

1) 如果 A 是开集，则存在 $f\in X^*$ 及 $r\in\mathbb{R}$，使得

$$\mathrm{Re}f(x) < r \leqslant \mathrm{Re}f(y) \qquad (x \in A, y \in B);$$

2) 如果 A 是紧集，B 是闭集并且 X 是局部凸的，则存在 $f\in X^*$ 及 r_1，

$r_2\in\mathbb{R}$,使得

$$\mathrm{Re}f(x)<r_1<r_2<\mathrm{Re}f(y)\qquad(x\in A,y\in B).$$

证 如果 X 是复线性空间并且在空间是实的情形定理已经证明,则存在 X 上的实连续线性泛函 f_1 满足定理中的要求,此时如命 f 是惟一的以 f_1 为实部的复线性泛函,则 $f\in X^*$,(参看§3.4),并且 f 满足定理中的要求,所以只需证明实的情形.

1)任取 $a_0\in A,b_0\in B$,记 $x_0=b_0-a_0$ 及 $C=A-B+x_0$,则 C 是 X 中 0 的一个凸邻域,设 p 是 C 的 Minkowski 泛函,由定理 5.2.2,p 是次可加与正齐次的,且由于 $A\cap B=\varnothing$ 及 $x_0\notin C$,$p(x_0)\geqslant 1$.

设 M 是由 $\{x_0\}$ 生成的子空间且在 M 上定义 $f_1(tx_0)=t$,则 f_1 是 M 上的线性泛函并且如果 $t\geqslant 0$,则 $f_1(tx_0)=t\leqslant tp(x_0)=p(tx_0)$;如果 $t<0$,则 $f_1(tx)=t<0\leqslant p(tx_0)$,总之,

$$f_1(x)\leqslant p(x)\qquad(x\in M).$$

由实空间的 Hahn-Banach 定理(定理 3.4.2),存在 X 上的线性泛函 f,使得 $f(x)=f_1(x)\quad(x\in M)$,并且

$$f(x)\leqslant p(x)\qquad(x\in X).$$

特别地,在 C 上 $f\leqslant 1$,在 $(-C)$ 上 $f\geqslant -1$,因此

$$|f(x)|\leqslant 1\qquad(x\in G\cap(-C)).$$

$C\cap(-C)$ 是 X 中 0 的一个邻域,由定理 5.1.12,$f\in X^*$.

对任意 $a\in A,b\in B$,由于 $f(x_0)=1$,$a-b+x_0\in C$,并且 C 是开集,我们有

$$f(a)-f(b)+1=f(a-b+x_0)\leqslant p(a-b+x_0)<1.$$

于是 $f(a)<f(b)$. 因此 $f(A)$,$f(B)$ 是 $\mathbb{R}$ 中不相交的凸子集且 $f(A)$ 在 $f(B)$ 的左边. 由于 A 是开集. 由引理 5.3.1,$f(A)$ 是开集,设 $r=\sup\limits_{x\in A}f(x)$,则

$$f(x)<r\leqslant f(y)\qquad(x\in A,y\in B).$$

2)由于 A 是紧集,B 是闭集且 X 是局部凸的,由定理 5.1.2,在 X 中存在 0 的凸邻域 V,使得

$$(A+V)\cap B=\varnothing.$$

由于 $A+V$ 是凸开集,由上面结论 1),存在 $f\in X^*$,$f(A+V)$ 与 $f(B)$ 是 $\mathbb{R}$ 中不相交的凸子集,$f(A+V)$ 是开集且在 $f(B)$ 的左边. 由于 $f(A)$ 是 $f(A+V)$ 的紧子集,所以存在 $r_1,r_2\in\mathbb{R}$,使得

$$f(x)<r_1<r_2<f(y)\qquad(x\in A,y\in B).$$

推论 设 X 是局部凸空间,则 X^* 在 X 上分离点.

证　所谓 X^* 在 X 上分离点是指对任意 $x_1,x_2\in X,x_1\neq x_2$，存在 $f\in X^*$，使得 $f(x_1)\neq f(x_2)$. 事实上，令 $A=\{x_1\},B=\{x_2\}$，根据定理 5.3.2，立刻得存在 $f\in X^*$，使得 $f(x_1)\neq f(x_2)$.

由此，对于每一个局部凸空间 $X(\neq\{0\})$，X 上存在足够多的非零连续线性泛函.

注意，对于非局部凸空间 X，X 上可能只有零连续线性泛函.

考虑例 5.2.2 中空间 $L^p[0,1](0<p<1)$，我们曾证明，它是局部有界的，且仅有的凸开集是 $\varnothing$ 及 L^p. 设 Y 是任意局部凸空间，$T:L^p\to Y$ 是连续线性算子，$\mathscr{B}$ 是 Y 的凸局部基，则对任意 $W\in\mathscr{B}$，$T^{-1}W$ 是 L^p 中的非空凸开集，于是 $T^{-1}W=L^p$，即对每一个 $W\in\mathscr{B}$，$T(L^p)\subset W$. 所以 $Tx=0(x\in L^P)$，即 T 是零算子. 特别地，取 $Y=\mathbb{K}$，则空间 $L^p[0,1](0<p<1)$ 上仅有零连续线性泛函.

二、拓扑线性空间上的弱拓扑

我们首先证明一个引理.

引理 5.3.3　设 $f,f_1,\cdots,f_n$ 是线性空间 X 上的线性泛函，记

$$N=\{x\in X:f_1(x)=f_2(x)=\cdots=f_n(x)=0\}.$$

如果对于每一个 $x\in N$，$f(x)=0$，则存在 $\alpha_1,\cdots,\alpha_n\in\mathbb{K}$，使得

$$f=\alpha_1f_1+\cdots+\alpha_nf_n.$$

证　设 $\pi:X\to\mathbb{K}^n$，使得

$$\pi(x)=(f_1(x),\cdots,f_n(x))\qquad(x\in X),$$

则 π 是线性的且 $\pi(X)$ 是 $\mathbb{K}^n$ 的一个子空间. 令 $F:\pi(X)\to\mathbb{K}$，使得

$$F(\pi(x))=f(x)\qquad(x\in X),$$

则对任意 $x,x'\in X$，当 $\pi(x')=\pi(x)$ 时，$f(x)=f(x')$，因此 F 是一意的. 显然 F 是 $\mathbb{K}^n$ 的子空间 $\pi(X)$ 上的线性泛函，所以存在 $\alpha_1,\cdots,\alpha_n\in\mathbb{K}$，使得 $F(u_1,\cdots,u_2)=\alpha_1u_1+\cdots+\alpha_nu_n$. 于是对每一个 $x\in X$，

$$f(x)=F(\pi(x))=F(f_1(x),\cdots,f_n(x))=\sum_{k=1}^{n}\alpha_kf_k(x),$$

即 $f=\alpha_1f_1+\cdots+\alpha_nf_n$.

定理 5.3.4　设 X 是线性空间，X' 是 X 上的线性泛函构成的线性空间且在 X 上是分离的，则 X 上的 X' 拓扑 τ'，使得 X 为局部凸空间并且其共轭空间为 X'，即 $(X,\tau')^*=X'$.

证　因为数域 $\mathbb{K}$ 是 Hausdorff 空间，τ' 是一个 Hausdorff 拓扑，由于 X' 中元是 X 上的线性泛函，τ' 是平移不变的. 根据 X' 拓扑的定义，如果 $f_1,\cdots,f_n$

$\in X'$及$r_k>0(k=1,\cdots,n)$,

$$V=\{x\in X:|f_k(x)|<r_k,1\leqslant k\leqslant n\},\tag{5.3.1}$$

则$0\in V$,V是凸的平衡的且$V\in\tau'$.

由V的凸性,$\frac{1}{2}V+\frac{1}{2}V\subset V$,这证明加法运算是连续的.其次,设$x\in X$,$\alpha\in\mathbb{K}$,则存在$s>0$,使得$x\in sV$.选取$r$,使得$r(s+r)+|\alpha|r<1$,则当$|\beta-\alpha|<r$及$y-x\in rV$时,

$$\beta y-\alpha x=(\beta-\alpha)y+\alpha(y-x),\qquad y\in x+rV\subset(s+r)V,$$

$$\begin{aligned}|f_k(\beta y-\alpha x)|&\leqslant|(\beta-\alpha)f_k(y)|+|\alpha f_k(y-x)|\\&\leqslant r(s+r)r_k+|\alpha|rr_k<r_k\qquad(k=1,2,\cdots,n).\end{aligned}$$

即$\beta y-\alpha x\in V$.所以数乘运算是连续的.

这样,我们证明了(X,τ')是一个局部凸空间并且由τ'的定义,每一个$f\in X'$是连续的.

设f是任意τ'连续线性泛函,则$\{x\in X:|f(x)|<1\}\in\tau'$.因此存在形如(5.3.1)式的开集$V$,使得

$$V\subset\{x\in X:|f(x)|<1\}.$$

今如果$x_0\in N$(见引理5.3.3),则$|f(x_0)|<1$,由于N是X的线性子空间,对于每一个自然数m,$mx_0\in N$,从而

$$m|f(x_0)|=|f(mx_0)|<1,$$

因此得$f(x_0)=0$.于是由引理5.3.3,存在$\alpha_1,\cdots,\alpha_n\in\mathbb{K}$,使得

$$f=\alpha_1f_1+\cdots+\alpha_nf_n\in X'.$$

这证明了$(X,\tau')^*=X'$.

现在设(X,τ)是拓扑线性空间,其共轭空间X^*在X上分离点(例如X是局部凸空间),则X上的X^*拓扑称为X上的**弱拓扑**,记为τ_W或$\sigma(X,X^*)$.

由定理5.3.4,(X,τ_W)是一个局部凸空间并且它的共轭空间是X^*.由于每一个$f\in X^*$是τ连续的,而由弱拓扑的定义,τ_W是使得每一个$f\in X^*$连续的X上的最弱的拓扑,所以$\tau_W\subset\tau$.这样X有两个拓扑,为了区别它们,称τ为X的原拓扑.对于X上的不同的拓扑,就有原邻域、原闭包、原有界、…、弱邻域、弱闭包、弱有界、…

设$\{x_n\}\subset X$,如果对任意0的原邻域U,存在N,当$n>N$时$x_n\in U$,称$x_n\to0$(原).类似地,$x_n\to0$(弱)是指对任意的弱邻域W,存在N,当$n>N$时,$x_n\in W$.

由于形如式(5.3.1)的集V(其中每一个$f_k\in X^*$)的全体构成τ_W的局部基,每一个0的弱邻域包含一个形如V的邻域,由此得

$$x_n \to 0 \quad (弱),$$

当且仅当对于每一个 $f \in X^*$，$f(x_n) \to 0$. 特别地，如果 $x_n \to 0$(原)，则 $x_n \to 0$ (弱).

其次，集 $E \subset X$ 是弱有界的，当且仅当对于每一个形如式(5.3.1)的邻域 V，存在 $t=t(V)>0$ 使得 $tE \subset V$，而这又当且仅当，对于每一个 $f \in X^*$，存在 $r(V)>0$，使得 $|f(x)| \leqslant r(V) \quad (x \in E)$. 换句话说，$E \subset X$ 是弱有界的，当且仅当对于每一个 $f \in X^*$，f 是 E 上的有界函数.

设 V 由式(5.3.1)给出，其中 $f_k \in X^*$ $(k=1,\cdots,n)$. 令 $N=\{x \in X: f_1(x)=\cdots=f_n(x)=0\}$，$\sigma: X \to \mathbb{C}^n$，$\sigma x=(f_1(x),\cdots,f_n(x))(x \in X)$，则映射 σ 的零空间为 N 且 $\dim X \leqslant n+\dim N$，而由于 $N \subset V$，于是，如果 X 是无穷维的，则 0 的每一个弱邻域包含一个无穷维子空间，因此(X,τ_W)不是局部有界的. 所以当 X 是无穷维空间时，(X,τ_W)是不可赋范的.

定理 5.3.5　设 E 是局部凸空间 X 中的凸子集，则 E 的弱闭包 $\overline{E}^W$ 与原闭包 $\overline{E}$ 相等.

证　设 $x \in \overline{E}$，则对 x 的任意弱邻域 U，U 是 x 的原邻域，因此 $E \cap U \neq \varnothing$，所以 $x \in \overline{E}^W$，$\overline{E} \subset \overline{E}^W$.

反之，任取 $x_0 \notin \overline{E}$，由定理 5.3.2，存在 $f \in X^*$，$r \in \mathbb{R}$，使得

$$\mathrm{Re} f(x_0) < r < \mathrm{Re} f(x) \qquad (x \in \overline{E}).$$

因此集$\{x \in X: \mathrm{Re} f(x)<r\}$是 x_0 的一个弱邻域且与 $\overline{E}$ 不相交，于是 $x_0 \notin \overline{E}^W$，所以 $\overline{E}^W \subset \overline{E}$，$\overline{E}^W=\overline{E}$.

由定理 5.3.5，得

推论　设 X 是局部凸空间，则：

1) X 的子空间 E 是原闭的，当且仅当 E 是弱闭的；

2) X 中的凸子集 F 是原稠密的，当且仅当 F 是弱稠密的.

定理 5.3.6　设 X 是可距离化的局部凸空间，如果 X 中的序列$\{x_n\}$弱收敛于 $x \in X$，则存在有穷多个$\{x_n\}$中点的凸组合序列$\{y_k\}$，使得

$$y_k \to x \quad (原).$$

证　定理中所说有穷多个$\{x_n\}$中点的凸组合序列是指，存在 $\alpha_{k_n} \geqslant 0$，$\sum\limits_{n=1}^{\infty} \alpha_{k_n}=1$，$y_k=\sum\limits_{n=1}^{\infty} \alpha_{k_n} x_n$，其中对于每一个 k，只有有穷多个 $\alpha_{k_n} \neq 0$.

设 H 是$\{x_n\}$是凸包，如果 $x_n \to x$(弱)，则 $x \in \overline{H}^W$，由定理 5.3.5，$x \in \overline{H}$，由于 X 是可距离化的，存在 $y_k \in H \quad (k=1,2,\cdots)$使得 $y_k \to x$(原).

以下是分离定理的一种形式，后面我们将要用到它.

定理 5.3.7　设 X 是拓扑线性空间，X^* 在 X 上分离点，A,B 是 X 中不

相交的非空紧凸集,则存在 $f\in X^*$,使得

$$\sup_{x\in A}\mathrm{Re}f(x) < \inf_{y\in B}\mathrm{Re}f(y).$$

证 由于 A,B 是紧集,因此 A,B 是弱紧集,由 X 上弱拓扑的定义,(X,τ_W)是局部凸且是 Hausdorff 的,因此 B 是弱闭的. 于是由定理 5.3.2,存在 $f\in(X,\tau_W)^*$,及 $r_1,r_2\in\mathbb{R}$,使得

$$\mathrm{Re}f(x) < r_1 < r_2 < \mathrm{Re}f(y) \qquad (x\in A, y\in B),$$

由于$(X,\tau_W)^*=X^*$,所以存在 $f\in X^*$,使得

$$\sup_{x\in A}\mathrm{Re}f(x) < \inf_{y\in B}\mathrm{Re}f(y).$$

三、共轭空间上的弱 * 拓扑

设 X 是拓扑线性空间,X^* 是 X 的共轭空间. 在典型映射下,每一个$x\in X$是 X^* 上的一个线性泛函,即对每一个 $x\in X$,

$$F_x(f) = f(x) \qquad (f\in X^*),$$

这时由定理 5.3.4(以 X 代替 X'),称 X^* 上的 X 拓扑为 X^* 上的**弱 * 拓扑**. 记它为 $\sigma(X^*,X)$. 由定理 5.3.4,$(X^*,\sigma(X^*X))$是一个局部凸空间且对每一个 $x\in X$,F_x 是$\sigma(X^*,X)$连续的,X^* 上每一个 $\sigma(X^*,X)$连续线性泛函具有 F_x 的形式. 对于弱 * 拓扑我们有以下重要定理.

定理 5.3.8(Banach-Alaoglu) 设 V 是拓扑线性空间 X 中 0 的邻域,

$$K = \{f\in X^* : |f(x)|\leqslant 1, x\in V\}.$$

则 K 是弱 * 紧集.

称 K 为 V 的**极集**. 显然 K 是凸的,平衡的.

证 由于 0 的邻域是吸收的,对于每一 $x\in X$,存在 $r=r(x)>0$,使得 $x\in rV$. 因此

$$|f(x)|\leqslant r(x) \qquad (x\in X, f\in K). \tag{5.3.2}$$

设 $D_x=\{\alpha\in\mathbb{K} : |\alpha|\leqslant r(x)\}(x\in X)$. 则每一个 D_x 是紧集. 设 $P=\prod_{x\in X}D_x$,τ 是P 上的乘积拓扑,由 Tychonoff 定理,(P,τ)是紧空间,每一个 $f\in P$ 是 X 上的一个函数满足

$$|f(x)|\leqslant r(x) \qquad (x\in X). \tag{5.3.3}$$

因此由式(5.3.2),$K\subset P\cap X^*$. 这样 K 作为 P 与 X^* 的子集继承了两个拓扑,一个是 X^* 上的弱 * 拓扑,另一个是 P 上的乘积拓扑τ,我们证明,在 K 上两个拓扑一致并且 K 是 τ 闭集,从而 K 是弱 * 紧集.

首先,任取固定 $f_0\in K$,选取 $x_k\in X$ $(1\leqslant k\leqslant n)$及 $\delta>0$,记

$$W_1 = \{f \in X^* : | f(x_k) - f_0(x_k) | < \delta, 1 \leqslant k \leqslant n\},$$

$$W_2 = \{f \in P : | f(x_k) - f_0(x_k) | < \delta, 1 \leqslant k \leqslant n\}.$$

这些集 W_1 构成弱 * 拓扑在 f_0 的局部基，而这些集 W_2 构成乘积拓扑 τ 在 f_0 的局部基. 由于 $K \subset P \cap X^*$，则有 $W_1 \cap K = W_2 \cap K$. 这证明了在 K 上两个拓扑一致.

其次，设 $f_0 \in \overline{K}^\tau$，任取 $x, y \in X, \alpha, \beta \in \mathbb{K}$ 及 $\varepsilon > 0$，则集

$$U = \{f \in P : | f(x) - f_0(x) | < \varepsilon, | f(y) - f_0(y) | < \varepsilon,$$
$$| f(\alpha x + \beta y) - f_0(xx + \beta y) | < \varepsilon\}$$

是 f_0 的一个 τ 邻域，因此存在 $f \in K \cap U$，而 $K \subset X^*$，f 是线性的，于是

$$\begin{aligned} & | f_0(\alpha x + \beta y) - \alpha f_0(x) - \beta f_0(y) | \\ = & | (f_0 - f)(\alpha x + \beta y) + \alpha(f - f_0)(x) \\ & + \beta(f - f_0)(y) | < \varepsilon + | \alpha | \varepsilon + | \beta | \varepsilon \\ = & (1 + | \alpha | + | \beta |)\varepsilon. \end{aligned}$$

由于 ε 是任意的，f_0 是线性的. 此外，如果 $x \in V$ 及 $\varepsilon > 0$ 是任意的，与上面同理，存在 $f \in K$，使得 $| f(x) - f_0(x) | < \varepsilon$. 由于 $| f(x) | \leqslant 1$，而 ε 是任意的，则有 $| f_0(x) | \leqslant 1 (x \in V)$. 所以 $f_0 \in X^*$ 且因此 $f_0 \in K$，K 是 τ 闭的，从而 K 是弱 * 紧集.

作为 Banach-Alaoglu 定理的一个应用，我们给出自反 Banach 空间的一个特征性质.

定理 5.3.9　设 X 是 Banach 空间，则 X 是自反的，当且仅当 X 中的闭单位球是弱紧的.

证　由 Banach-Alaoglu 定理，X^{**} 中的闭单位球 B^{**} 是 $\sigma(X^{**}, X^*)$ 紧的. 如果 X 是自反的，$X = X^{**}$，因此 X 中的闭单位球 B 是 $\sigma(X, X^*)$ 紧的，即是弱紧的.

反之，设 X 中的闭单位球 B 是弱紧的. 记 $\tau = \sigma(X^{**}, X^*)$，我们首先证明 $\psi(B)$ 在 B^{**} 中关于拓扑 τ 是稠密的. 其中 ψ 是 X 上到 X^{**} 中的典型映射. 由于 B^{**} 是 τ 紧的，从而 B^{**} 是 τ 闭的，因此 $\overline{\psi(B)^\tau} \subset B^{**}$. 假设存在 $x_0^{**} \in B^{**} \setminus \overline{\psi(B)^\tau}$，则由分离定理（定理 5.3.2），存在 X^{**} 上的 τ 连续线性泛函 f 及 $r_1, r_2 \in \mathbb{R}$，使得

$$\mathrm{Re} f(p) < r_1 < r_2 < \mathrm{Re} f(x_0^{**}) \qquad (p \in \overline{\psi(B)^\tau}), \tag{5.3.4}$$

由定理 5.3.4，X^{**} 上 τ 连续线性泛函的全体即是 X^*，因此存在 $x^* \in X^*$，使得

$$f(x^{**}) = x^{**}(x^*) \qquad (x^{**} \in X^{**}).$$

因此由式(5.3.4),

$$\mathrm{Re}x^*(s) < r_1 \qquad (s \in B).$$

由于如果 $s \in B$ 且 $|\alpha|=1$,则 $\alpha s \in B$. 因此有

$$|x^*(s)| < r_1 \qquad (s \in B),$$

所以 $\|x^*\| \leqslant r_1$, $|x_0^{**}(x^*)| \leqslant r_1 \|x_0^{**}\| \leqslant r_1$. 但是,另一方面由式(5.3.4)应有 $\mathrm{Re}f(x_0^{**}) = \mathrm{Re}x_0^{**}(x^*) > r_1$,矛盾. 所以

$$\overline{\psi(B)}^{\tau} = B^{**}. \tag{5.3.5}$$

如果 X 中的闭单位球 B 是弱紧的,则由 Banach-Alaoglu 定理,$\psi(B)$ 是 τ 紧的,从而 $\psi(B)$ 是 τ 闭的. 于是由式(5.3.5),有 $\psi(B)=B^{**}$. 所以 $\psi(X)=X^{**}$ 即 X 是自反的.

根据定理 5.3.9 不难证明,自反 Banach 空间的任一闭子空间是自反的;Banach 空间 X 是自反的,当且仅当 X^* 是自反的.

四、凸集的端点

设 K 是线性空间 X 中的凸集,$x_0 \in K$,如果 $x, y \in K$ 及 $0<t<1$,使得 $x_0 = tx+(1-t)y$,则有 $x_0=x=y$,称 x_0 是 K 的一个**端点**(extreme point). 设 K 是非空凸集,$S \subset K$,$S \neq \varnothing$,如果 $x, y \in K$,$0<t<1$ 且 $tx+(1-t)y \in S$,则有 $x, y \in S$,称 S 是 K 的一个**端子集**. 显然,如果 K 的一个端子集仅包含一个点,则这个点就是 K 的一个端点. 我们用 $\mathrm{ext}K$ 表示凸集 K 的端点的全体. 在平面上,三角形的三个顶点是三角形的端点,任意圆盘圆周上的每一点是它的端点.

例 5.3.1 在空间 $L^1[0,1]$ 中,设 $K=\{x \in L^1[0,1]: \|x\| \leqslant 1\}$,则 $\mathrm{ext}K=\varnothing$.

事实上,显然 $\mathrm{ext}K \subset \{x \in L^1[0,1]: \|x\|=1\}$. 任取 $x \in L^1[0,1]$,$\|x\|=1$,选取 $t \in [0,1]$,使得 $\int_0^t |x(\tau)|\mathrm{d}\tau = \frac{1}{2}$. 令

$$y(\tau)=\begin{cases} 2x(\tau), & 0 \leqslant \tau \leqslant t, \\ 0, & t < \tau \leqslant 1. \end{cases}$$

$$z(\tau)=\begin{cases} 2x(\tau), & t \leqslant \tau \leqslant 1, \\ 0, & 0 \leqslant \tau < t. \end{cases}$$

则 $\|y\|=\|z\|=1$,并且 $x=\frac{1}{2}(y+z)$,即 x 不是 K 的端点,所以 $\mathrm{ext}K=\varnothing$.

端点的概念在最优化理论,C^* 代数,遍历论等许多分支中有重要应用. 何

时一个给定的凸集有"足够多"的端点？下面定理回答了这个问题.

定理 5.3.10(Krein-Milman) 设 X 是拓扑线性空间，其共轭空间 X^* 在 X 上分离点，K 是 X 中的非空紧凸集，则 K 是它的端点集的闭凸包，即

$$K=\overline{\mathrm{co}}(\mathrm{ext}K).$$

证 用 $\mathscr{F}$ 表示 K 的所有紧端子集的全体. 显然 $K\in\mathscr{F}$，因此 $\mathscr{F}\neq\varnothing$，此外任意多个 $\mathscr{F}$ 中集的交集如果不空仍是 $\mathscr{F}$ 中集.

对于 $S\in\mathscr{F}$，$f\in X^*$ 及 $\mu=\inf\limits_{y\in S}\mathrm{Re}f(y)$，设

$$S_f=\{x\in S:\mathrm{Re}f(x)=\mu\},$$

我们证明 $S_f\in\mathscr{F}$.

因为 S 是紧的，S_f 是非空紧集. 如果 $0<t<1$ 及 $z\in S_f$，其中 $z=tx+(1-t)y$，$x,y\in K$，由于 $S_f\subset S$，$z\in S$ 而 $S\in\mathscr{F}$，所以 $x,y\in S$ 且 $\mathrm{Re}f(x)\geqslant\mu$，$\mathrm{Re}f(y)\geqslant\mu$，及 $\mu=\mathrm{Re}f(z)=t\mathrm{Re}f(x)+(1-t)\mathrm{Re}f(y)$，由此必有 $\mathrm{Re}f(x)=\mathrm{Re}f(y)=\mu$，即 $x,y\in S_f$，这证明 $S_f\in\mathscr{F}$.

任取 $S\in\mathscr{F}$，用 $\mathscr{F}_1$ 表示所有 $\mathscr{F}$ 中为 S 的子集的元的全体. 由于 $S\in\mathscr{F}_1$，$\mathscr{F}_1\neq\varnothing$，在 $\mathscr{F}_1$ 中以集的包含关系为序，则 $\mathscr{F}_1$ 是一个半序集，设 $\mathscr{F}$ 是 $\mathscr{F}_1$ 的任意全序子集，由于 $\mathscr{F}$ 是紧集族，具有有穷交性质，因此集 $\bigcap\limits_{M\in\mathscr{F}}M\neq\varnothing$ 并且是 $\mathscr{F}$ 的一个下界. 于是由 Zorn 引理，$\mathscr{F}_1$ 中包含一个极小元 $\widetilde{M}$，我们证明 $\widetilde{M}$ 中仅包含一点. 假设 $x_0,y_0\in\widetilde{M}$，$x_0\neq y_0$，由于 X^* 在 X 上分离点，存在 $f\in X^*$，使得 $f(x_0)\neq f(y_0)$，我们可以假设 $\mathrm{Re}f(x_0)\neq\mathrm{Re}f(y_0)$. 这时 $\widetilde{M}_f\in\mathscr{F}_1$ 并且 $\widetilde{M}_f$ 是 $\widetilde{M}$ 的真子集，这与 $\widetilde{M}$ 的极小性矛盾. 所以 $\widetilde{M}$ 仅包含一点，这一点是 K 的端点.

以上我们证明了，对任意 $S\in\mathscr{F}$，$S\cap(\mathrm{ext}K)\neq\varnothing$.

由于 K 是紧凸集，$\overline{\mathrm{co}}(\mathrm{ext}K)\subset K$. 假设存在 $x_0\in K\setminus\overline{\mathrm{co}}(\mathrm{ext}K)$，由定理 5.3.7，存在 $f\in X^*$，使得

$$\mathrm{Re}f(x_0)<\mathrm{Re}f(x)\qquad(x\in\overline{\mathrm{co}}(\mathrm{ext}K)).$$

因此 $K_f\cap\overline{\mathrm{co}}(\mathrm{ext}K)=\varnothing$，$K_f\in\mathscr{F}$，矛盾，所以 $K=\overline{\mathrm{co}}(\mathrm{ext}K)$.

由 Krein-Milman 定理，一个紧凸集 K，如果 $K\neq\varnothing$，则 $\mathrm{ext}K\neq\varnothing$，即 K 有"足够多"的端点并且 K 中点可用 K 的端点的凸组合来"逼近".

前面我们曾提到 Krein-Milman 定理有许多重要的应用. 有兴趣的读者可参看有关文献，以下例子可看作这个定理一个简单的应用.

例 5.3.2 $L^1[0,1]$ 不是任何 Banach 空间的共轭空间，即不存在 Banach 空间 X，使得 $L^1[0,1]$ 与 X^* 等距同构.

事实上，假设 $L^1[0,1]$ 与 Banach 空间 X 的共轭空间等距同构. 由 Banach-Alaoglu 定理，$L^1[0,1]$ 的闭单位球是弱 * 紧集，于是由 Krein-Milman 定理，它至少有一个端点，但这与例 5.3.1 中的结论矛盾. 在那里我们证明了

$L^1[0,1]$中闭单位球上没有端点.

习 题 五

1. 设 X 是拓扑线性空间. A,B,C,E 是 X 的子集. 证明:

1) $\overline{A}=\bigcap(A+V)$,其中 V 取遍所有 0 的邻域.

2) $\overline{A}+\overline{B}\subset\overline{A+B}$.

3) 如果 Y 是 X 的子空间,则 $\overline{Y}$ 也是 X 的子空间.

4) 如果 C 是凸子集,则 $\overline{C}$ 及 C^0 也是 X 的凸子集.

5) 如果 B 是平衡子集,则 $\overline{B}$ 也是 X 的平衡子集.

6) 如果 B 是平衡子集且 $0\in B^0$,则 B^0 也是 X 的平衡子集,并且举例说明,如果不假设 $0\in B^0$,上述结论不成立.

7) 如果 E 是有界子集,则 $\overline{E}$ 也是 X 的有界子集.

2. 设 X 是拓扑线性空间,A,B 是 X 的子集,证明:

1) 如果 A,B 中之一是开集,则 $A+B$ 是开集.

2) 如果 A,B 是有界集,则 $A+B$ 也是有界集.

3) 如果 A,B 是紧集,则 $A+B$ 是紧集.

4) 如果 A 是紧集,B 是闭集,则 $A+B$ 是闭集. 举例说明,如果 A,B 是闭集,$A+B$ 不必是 X 中的闭集.

3. 设(X,τ)是拓扑线性空间,M 是 X 的闭子空间,$\pi: X\to X\backslash M$ 是商映射,$\pi(x)=x+M(x\in X)$,

$$\tau_M=\{E\in X\backslash M:\pi^{-1}(E)\in\tau\},$$

证明:

1) $(X\backslash M,\tau_M)$是拓扑线性空间(称 τ_M 为 $X\backslash M$ 上的商拓扑).

2) 商映射 π 是线性的,开映射.

3) 如果 $\mathscr{B}$ 是 τ 的一个局部基,则

$$\{\pi(V)\in X\backslash M:V\in\mathscr{B}\}$$

是 τ_M 的局部基.

4) 如果(X,τ)是:局部凸的;局部有界的;可距离化的;可赋范的,则$(X\backslash M,\tau_M)$对应的分别是:局部凸的;局部有界的;可距离化的;可赋范的.

5) 如果 d 是 X 中与 τ 相容的不变距离,则

$$\rho(\pi(x),\pi(y))=\inf_{z\in M}d(x-y,z)\qquad(x,y\in X)$$

是 $X\backslash M$ 中与 τ_M 相容的平移不变距离.

4. 设 X 是复拓扑线性空间 $\dim X=n$,证明:X 到$\mathbb{C}^n$ 上的同构射是同胚映射.

5. 设 X,Y 是拓扑线性空间,其中 $\dim X<\infty$,证明:对任何线性算子 $T:X\to Y$,T 是连续的.

6. 设 $x_n(t)\quad(n=1,2,\cdots)$,$x(t)$是$[0,1]$上的连续函数,$x_n(t)\to x(t)(n\to\infty)(t\in[0,1])$,并且$|x_n(t)|\leqslant1(n=1,2,\cdots;t\in[0,1])$. 证明存在$\{x_n\}$的凸组合序列$\{y_k\}$,使得$\{y_k\}$在$[0,1]$上一致收敛于 $x(t)$.

7. 设 X 是[0,1]区间上所有复值函数全体按通常方式定义线性运算所构成的线性空间,在 X 上定义

$$p_t(x)=|x(t)| \qquad (t\in[0,1],x\in X),$$

证明:$\{p_t\}$是 X 上的分离的半范数族,并且由$\{p_t\}$所定义的 X 上的局部凸拓扑是不可赋范的.

8. 设$\mathbb{R}^\infty$是所有实数列全体按坐标相加,数乘构成的线性空间,在$\mathbb{R}^\infty$上定义

$$d(\{x_n\},\{y_n\})=\sum_{n=1}^{\infty}\frac{|x_n-y_n|}{2^n(1+|x_n-y_n|)},$$

证明:1) $\mathbb{R}^\infty$是局部凸的.

2) $\mathbb{R}^\infty$是不可赋范的.

9. 设 X 是[0,1]上所有复值连续函数全体按通常意义规定线性运算构成的线性空间,在 X 上定义

$$d(x,y)=\int_0^1\frac{|x(t)-y(t)|}{1+|x(t)-y(t)|}\mathrm{d}t \qquad (x,y\in X).$$

设 σ 是距离 d 在 X 上诱导的拓扑,在 X 上定义

$$p_t(x)=|x(t)| \qquad (t\in[0,1],x\in X).$$

设 τ 是由半范数族$\{p_t\}$在 X 上诱导的拓扑. 证明:

1) X 中每一个 τ 有界集是 σ 有界集,即恒等算子 $I:(X,\tau)\to(X,\sigma)$把有界集映为有界集.

2) 恒等算子 $I:(X,\tau)\to(X,\sigma)$是序列连续的(参看定理 5.1.11),但不是连续的.

3) (X,τ)中没有可数局部基(因而不可距离化).

10. 设 X 是 Banach 空间,利用定理 5.3.9,证明 X 是自反的,当且仅当 X^* 是自反的.

11. 证明 c_0 不是任何 Banach 空间的共轭空间.

12. 设$(X,\|\cdot\|)$是 Banach 空间,令

$$K=\{T\in\mathscr{B}(X):\|T\|\leqslant 1\},$$

证明:I(X 上的恒等算子)是 K 的端点.

第六章　Banach 代数

从第二章到第四章我们研究了线性空间，特别地，讨论了一类重要的线性空间即 Banach 空间. 有许多问题的研究还需要在线性空间中定义乘法运算，这样就导致 Banach 代数的概念. 在 Banach 代数中，由于代数运算与范数（拓扑）相互影响，使得它具有许多良好的性质且有广泛的应用. 本章中我们介绍 Banach 代数的基本理论，特别地，交换 Banach 代数的 Gelfand 理论，对 Banach 代数更深入的研究及其应用. 有兴趣的读者可参考有关文献.

§6.1　定义与例

一、定义

设 X 是复数域$\mathbb{C}$上的线性空间（这一章中所讨论的线性空间都是复数域上的），如果在 X 上定义了乘法运算且对任意 $x,y,z\in X,\alpha\in\mathbb{C}$满足：

1) $(xy)z=x(yz)$；

2) $x(y+z)=xy+xz,(y+z)x=yx+zx$；

3) $\alpha(xy)=(\alpha x)y=x(\alpha y)$.

称 X 是一个**代数**.

设 X 是一个赋范空间，如果 X 是一个代数并且对任意 $x,y\in X$ 满足

4) $\|xy\|\leqslant\|x\|\|y\|$，

称 X 是一个**赋范代数**，如果 X 是完备的称它为 **Banach 代数**.

设 X 是一个赋范代数，如果存在元 $e\in X$，使得 $ex=xe=x(x\in X)$　且 $\|e\|=1$，称元 e 是赋范代数 X 的**单位元**.

不难验证，如果代数 X 具有单位元，则它是惟一的.

此外，如果乘法运算是交换的，即对任意 $x,y\in X$，

$$xy=yx,$$

称代数 X 是**交换的**.

由以上定义 4) 可知，在赋范代数中乘法运算是连续的.

二、我们列举几个常见的 Banach 代数的例

例 6.1.1　Banach 代数 $C[a,b]$.

在 Banach 空间 $C[a,b]$上按通常方式定义两个函数相乘，$C[a,b]$是一个

具有单位元(常数函数 1 是单位元)的交换 Banach 代数.

类似地,设 K 是任一紧 Hausdorff 空间,$C(K)$表示 K 上所有复值连续函数的全体,按通常方式定义代数运算且定义

$$\| x \| = \max_{t\in K} | x(t) | \quad (x \in C(K)),$$

$C(K)$是一个具有单位元的交换 Banach 代数.

以后我们将看到,$C(K)$是一个典型的具有单位元的交换 Banach 代数.

例 6.1.2 Banach 代数 $\mathscr{B}(X)$.

设 X 是 Banach 空间,$\mathscr{B}(X)$是 X 上到 X 中的所有有界线性算子全体构成的 Banach 空间(参看 § 3.2),乘法定义为两个算子相乘,则 $\mathscr{B}(X)$是一个具有单位元的,非交换的 Banach 代数,其中单位元为恒等算子.

代数 $\mathscr{B}(X)$是最重要的非交换 Banach 代数.

例 6.1.3 Banach 代数 W.

设 W 是所有在$(0,2\pi]$上可展为绝对收敛的三角级数的复值函数全体,即函数 $x(t)=\sum\limits_{-\infty}^{\infty}\xi_k e^{ikt}$, 其中 $\sum\limits_{k=-\infty}^{\infty}|\xi_k|<\infty$的全体. 定义线性运算及范数如 l^1,乘法为卷积"$*$":$x(t)=\sum\limits_{k=-\infty}^{\infty}\xi_k e^{ikt}$,$y(t)=\sum\limits_{k=-\infty}^{\infty}\eta_k e^{ikt}$,其中,$\sum\limits_{k=-\infty}^{\infty}|\xi_k|<\infty$,$\sum\limits_{k=-\infty}^{\infty}|\eta_k|<\infty$. 定义 $z=x*y$,

$$z(t) = \sum_{n=-\infty}^{\infty}\sum_{k=-\infty}^{\infty}\xi_{n-k}\eta_k e^{int}.$$

则

$$\begin{aligned}\| z \| &= \sum_{n=-\infty}^{\infty} \left| \sum_{k=-\infty}^{\infty}\xi_{n-k}\eta_k \right| \\ &\leqslant \sum_{n=-\infty}^{\infty}\sum_{k=-\infty}^{\infty} | \xi_{n-k} | | \eta_k | \\ &= \sum_{k=-\infty}^{\infty}\left(\sum_{n=-\infty}^{\infty} | \xi_{n-k} |\right) | \eta_k | = \| x \| \| y \|.\end{aligned}$$

不难验证 Banach 代数的其他公理成立,W 是一个具有单位元的交换 Banach 代数,单位元为 $e(t)\equiv 1$.

例 6.1.4 Banach 代数 $\mathscr{A}$.

考虑在单位圆 $K=\{z\in\mathbb{C}:|z|\leqslant 1\}$上定义且连续,在 K 内解析的复变量函数 $x(z)$的全体构成的线性空间 $\mathscr{A}$,乘法定义为通常函数相乘,范数定义为

$$\| x \| = \max_{|z|\leqslant 1} | x(z) | \quad (x \in \mathscr{A}).$$

容易验证，$\mathscr{A}$是一个具有单位元的交换 Banach 代数.

§6.2 正则点与谱

这节中所讨论的 Banach 代数 X 都具有单位元，但不一定是交换的.

一、定义

设 $x\in X$，如果存在 $x^{-1}\in X$，使得

$$xx^{-1}=x^{-1}x=e,$$

称元 x 是**可逆的**.

对于 $x\in X$，使得 $\lambda e-x$ 不可逆的复数 λ 的集称为元 x 的**谱**，记为 $\sigma(x)$. 如果 $\lambda\notin\sigma(x)$，称 λ 为 x 的**正则点(值)**，对于 x 的正则点 λ，称

$$R_\lambda x=(\lambda e-x)^{-1}$$

为 x 的**预解式**.

二、谱的性质

如果我们考虑例 6.1.2 中的 Banach 代数 $\mathscr{B}(X)$，则可逆元就是可逆算子并且谱、预解式与§3.3 中引进的算子的谱、预解式一致，涉及这些概念的许多结果也是一致的.

定理 6.2.1 设 X 是 Banach 代数，$x\in X$ 且 $\|x\|<1$. 则 $e-x$ 是可逆的，且 $(e-x)^{-1}=e+x+\cdots+x^n+\cdots$.

证 记 $s_n=e+x+\cdots+x^n$. 则对任意自然数 p，

$$\begin{aligned}\|s_{n+p}-s_n\|&=\|x^{n+1}+\cdots+x^{n+p}\|\\&\leqslant\sum_{k=1}^{p}\|x\|^{n+k}=\frac{\|x\|^{n+1}-\|x\|^{n+p+1}}{1-\|x\|}\\&\leqslant\frac{\|x\|^{n+1}}{1-\|x\|}.\end{aligned}$$

由此式可知，$\{s_n\}$是 Cauchy 列，由于 X 完备，存在 $s\in X$，使得 $\lim\limits_{n\to\infty}s_n=s$，且

$$s(e-x)=\lim_{n\to\infty}s_n(e-x)=\lim_{n\to\infty}(e-x^{n+1})=e,$$

类似地，$(e-x)s=e$.

推论 1 对任意 $x\in X$，当 $t\to0$ 时，$(e-tx)^{-1}\to e$.

事实上，由定理的证明可知 $(e-tx)^{-1}=\lim\limits_{n\to\infty}(e+tx+\cdots+(tx)^n)=e+0(t)$.

推论 2 设 x_0 是可逆元且 $\|\triangle x\|<\|x_0{}^{-1}\|^{-1}$，则 $x_1=x_0+\triangle x$ 也是

可逆的且

$$x_1^{-1} = (e + x_0^{-1}\triangle x)^{-1} x_0^{-1}.$$

事实上，由于 $x_1 = x_0 + \triangle x = x_0(e + x_0^{-1}\triangle x)$ 及 $\| -x_0^{-1}\triangle x \| < 1$，应用定理 6.2.1 即得推论 2.

由推论 2 可得以下推论.

推论 3　Banach 代数中可逆元全体是开集，不可逆元集是闭集.

推论 4　对于 $x \in X$，予解式 $R_\lambda x$ 是 $\mathbb{C}\backslash\sigma(x)$ 上的关于 λ 的连续函数.

事实上，对任意 $\lambda_0 \in \mathbb{C}\backslash\sigma(x)$，由推论 2 及推论 1，

$$\begin{aligned} R_{\lambda_0+\triangle\lambda}x &= (\lambda_0 e - x - \triangle\lambda e)^{-1} \\ &= (e + \triangle\lambda R_{\lambda_0} x)^{-1} R_{\lambda_0} x \to R_{\lambda_0} \quad (\triangle\lambda \to 0). \end{aligned}$$

定理 6.2.2　对任意 $x \in X, \lambda, \mu \in \mathbb{C}\backslash\sigma(x)$ 有：

1) $R_\lambda x \cdot R_\mu x = R_\mu x \cdot R_\lambda x$；

2) $R_\lambda x - R_\mu x = (\mu - \lambda) R_\lambda x \cdot R_\mu x$.

证

$$\begin{aligned} R_\lambda x \cdot R_\mu x &= (\lambda e - x)^{-1}(\mu e - x)^{-1} \\ &= ((\mu e - x)(\lambda e - x))^{-1} \\ &= ((\lambda e - x)(\mu e - x))^{-1} = R_\mu x \cdot R_\lambda x. \end{aligned}$$

即等式 1)成立.

根据 1)及 $R_\lambda x, R_\mu x$ 的定义，

$$R_\lambda x = (\mu e - x) R_\lambda x \cdot R_\mu x; \qquad R_\mu x = (\lambda e - x) R_\lambda x \cdot R_\mu x,$$

由此得

$$R_\lambda x - R_\mu x = (\mu e - \lambda e) R_\lambda x \cdot R_\mu x = (\mu - \lambda) R_\lambda x \cdot R_\mu x,$$

推论 5　对任意 $x \in X$ 及 $\lambda_0 \in \mathbb{C}\backslash\sigma(x)$，有

$$\frac{\mathrm{d}}{\mathrm{d}\lambda}(R_\lambda x)\Big|_{\lambda=\lambda_0} = -(R_{\lambda_0} x)^2.$$

由定理 6.2.1 的推论 4 及定理 6.2.2 的 2)，有

$$\begin{aligned} \frac{\mathrm{d}}{\mathrm{d}\lambda}(R_\lambda x)\Big|_{\lambda=\lambda_0} &= \lim_{\lambda\to\lambda_0} \frac{R_\lambda x - R_{\lambda_0} x}{\lambda - \lambda_0} \\ &= -\lim_{\lambda\to\lambda_0} R_\lambda x \cdot R_{\lambda_0} x = -(R_{\lambda_0} x)^2. \end{aligned}$$

对于 $x \in X$，称数

$$r(x) = \sup_{\lambda \in \sigma(x)} |\lambda|$$

为元 x 的**谱半径**.

定理 6.2.3　设 X 是 Banach 代数，则：

1) 对任意 $f\in X^*$，函数 $F(\lambda)=f(R_\lambda x)$ 在 $\mathbb{C}\backslash\sigma(x)$ 上解析，并且当 $|\lambda|\to\infty$ 时 $F(\lambda)\to 0$.

2) 对任意 $x\in X$，$\sigma(x)$ 是 $\mathbb{C}$ 中的非空紧集，并且

$$r(x)\leqslant \|x\|.$$

证　1) 由定理 6.2.2 的推论，对于 $\lambda_0\notin\sigma(x)$，

$$F'(\lambda_0)=\lim_{\lambda\to 0}\frac{F(\lambda)-F(\lambda_0)}{\lambda-\lambda_0}=\lim_{\lambda\to\lambda_0}f\left(\frac{R_\lambda x-R_{\lambda_0}x}{\lambda-\lambda_0}\right)$$

$$=f\left(\lim_{\lambda\to\lambda_0}\frac{R_\lambda x-R_{\lambda_0}x}{\lambda-\lambda_0}\right)=-f((R_{\lambda_0}x)^2).$$

这证明 $F(\lambda)$ 在 $\mathbb{C}\backslash\sigma(x)$ 上是解析的.

其次，当 $|\lambda|>\|x\|$ 时，由定理 6.2.1，

$$|F(\lambda)|=|f(R_\lambda x)|\leqslant\|f\|\,\|(\lambda e-x)^{-1}\|$$

$$=\frac{\|f\|}{|\lambda|}\|(e-\frac{x}{\lambda})^{-1}\|\to 0\qquad(\lambda\to\infty).$$

2) 我们证明 $\sigma(x)\neq\varnothing$. 假设 $\sigma(x)=\varnothing$，由结论 1)，对任意 $f\in X^*$，$F(\lambda)$ 是整函数且当 $|\lambda|\to\infty$ 时，$F(\lambda)\to 0$. 根据 Liuville 定理，$F(\lambda)\equiv 0$，即对任意 $f\in X^*$ 都有 $f((\lambda e-x)^{-1})=0$，于是由 Hahn-Banach 定理，$(\lambda e-x)^{-1}=0$，这是不可能的.

最后，证明 $\sigma(x)$ 的紧性. 如果 $|\lambda|>\|x\|$，由定理 6.2.1，$(\lambda e-x)=\lambda(e-\frac{1}{\lambda}x)$ 是可逆的. 因此 $\sigma(x)$ 是有界的并且 $r(x)\leqslant\|x\|$. 此外，如果 λ_0 是 x 的正则点，由于 $(\lambda_0+\triangle\lambda)e-x=\lambda_0 e-x+\triangle\lambda e$，根据定理 6.2.1 的推论 2，当 $|\lambda|<\|R_{\lambda_0}x\|^{-1}$ 时 $\lambda_0+\triangle\lambda$ 是 x 的正则点. 因此 $\sigma(x)$ 是闭集，从而 $\sigma(x)$ 是紧集.

把定理 6.2.3 应用于 Banach 代数 $\mathscr{B}(X)$，立刻得到：Banach 空间 X 上任意有界线性算子 $T(\neq 0)$ 的谱 $\sigma(T)$ 不空.

推论 6　如果 Banach 代数 X 是一个域，则它与复数域 $\mathbb{C}$ 等距同构.

事实上，任取 $x\in X$，由于 $\sigma(x)\neq\varnothing$，存在 $\lambda\in\mathbb{C}$，使得 $\lambda e-x$ 不可逆，而由于 X 是域，必有 $\lambda e-x=0$，即 $x=\lambda e$，注意 $\|e\|=1$，$|\lambda|=\|x\|$. 于是，易见 $x\to\lambda$ 是 X 上到 $\mathbb{C}$ 上的等距同构映射.

定理 6.2.4（谱半径公式）　设 X 是 Banach 代数，则对任意 $x\in X$

$$r(x)=\lim_{n\to\infty}\sqrt[n]{\|x^n\|}.$$

证　由定理 6.2.3，对任意 $f\in X^*$，$F(\lambda)=f((\lambda e-x)^{-1})$ 在 $\mathbb{C}\backslash\sigma(x)$ 中解析，特别地，在区域 $|\lambda|>\|x\|$ 中解析，于是根据定理 6.2.1，在这个区域中

$$R_\lambda x = (\lambda e - x)^{-1} = \frac{1}{\lambda}(e - \frac{x}{\lambda})^{-1} = \sum_{n=0}^{\infty} \frac{x^n}{\lambda^{n+1}},$$

由此

$$F(\lambda) = f(R_\lambda x) = \sum_{n=0}^{\infty} \frac{f(x^n)}{\lambda^{n+1}}.$$

由定理 6.2.3，$F(\lambda)$在$\sigma(x)$之外是解析的，因此在集$\{\lambda \in \mathbb{C}: |\lambda| > r(x)\}$中上面的展开式也成立，于是

$$\sup_n \left| \frac{f(x^n)}{\lambda^{n+1}} \right| < \infty.$$

由 Banach-Steinhaus 定理，对于每一个使得$|\lambda| > r(x)$的λ，$\left\{\frac{x^n}{\lambda^{n+1}}\right\}$是有界的，即存在常数$C(\lambda)$，使得$\left\| \frac{x^n}{\lambda^{n+1}} \right\| \leqslant C(\lambda) \quad (n = 1, 2, \cdots)$，由此对于$|\lambda| > r(x)$，

$$\overline{\lim_{n\to\infty}} \sqrt[n]{\| x^n \|} \leqslant |\lambda|,$$

即

$$\overline{\lim_{n\to\infty}} \sqrt[n]{\| x^n \|} \leqslant r(x).$$

另一方面，如果$\lambda \in \sigma(x)$，由于$\lambda^n e - x^n$可被$\lambda e - x$整除，则有$\lambda^n \in \sigma(x^n)$. 于是$|\lambda^n| \leqslant \| x^n \|$，因此$|\lambda| \leqslant \sqrt[n]{\| x^n \|}$，所以$\underline{\lim_{n\to\infty}} \sqrt[n]{\| x^n \|} \geqslant r(x)$. 故$\lim_{n\to\infty} \sqrt[n]{\| x^n \|} = r(x)$.

§ 6.3　极大理想与商代数

这一节中我们所讨论的 Banach 代数都是具有单位元的、交换的.

一、极大理想

设 X 是一个 Banach 代数，I 是 X 的一个子空间，如果对任意 $x \in X$ 及 $y \in I$，$xy \in I$，称 I 是 X 的一个**理想**.

显然，$I_1 = \{0\}$及 $I_2 = X$ 都是 X 的理想，任何一个代数总包含这两个理想，称它们是 X 的**平凡理想**，以后我们研究的理想都是非平凡理想. 不包含在任何非平凡理想中的理想称为**极大理想**.

极大理想在交换 Banach 代数理论中起关键性的作用.

我们首先讨论以下的例.

例 6.3.1　Banach 代数 $C(K)$（参看例 6.1.1）的极大理想是由所有$C(K)$

中在某一点 $\tau_0\in K$ 取值为零的函数组成的集.

事实上,任取 $\tau_0\in K$,记

$$M_{\tau_0}=\{x\in C(K):x(\tau_0)=0\},$$

则显然 M_{τ_0} 是 $C(K)$ 的一个理想,我们证明它是极大的. 设 $x_0\in C(K)$, $x_0\notin M_{\tau_0}$, 于是 $x_0(\tau_0)\neq 0$,对任意 $y\in C(K)$,设 $z(t)=y(t)-\dfrac{y(\tau_0)x_0(t)}{x_0(\tau_0)}\quad(t\in K)$,则 $z(\tau_0)=0$,即 $z\in M_{\tau_0}$. 这样,包含 x_0 与 M_{τ_0} 的任何理想是平凡理想,因此 M_{τ_0} 是极大的.

反之,设 M 是 $C(K)$ 中任一极大理想. 我们证明必存在 $\tau\in K$,使得 M 中的函数在 $t=\tau$ 的值为零. 假如不然,对任一点 $\tau\in K$,存在 $x_\tau\in M$,使得 $x_\tau(\tau)\neq 0$. 由于 $x_\tau(t)$ 关于 t 是连续的,存在 τ 的邻域 U_τ,使得 $x_\tau(t)$ 在 U_τ 中不为零, $\{U_\tau\}_{(\tau\in K)}$ 构成 K 的一个开覆盖. 由于 K 是紧集,存在 $\tau_1,\tau_2,\cdots,\tau_n\in K$,使得 $K\subset\bigcup\limits_{k=1}^{n}U_{\tau_k}$. 于是

$$\begin{aligned}x_0(t)&=\overline{x_{\tau_1}(t)}x_{\tau_1}(t)+\cdots+\overline{x_{\tau_n}(t)}x_{\tau_n}(t)\\&=\sum_{k=1}^{n}|x_{\tau_k}(t)|^2\in M.\end{aligned}$$

由于 $x_0(t)>0$,函数 $\dfrac{1}{x_0(t)}\in C(K)$,因此 $1=x_0(t)\cdot\dfrac{1}{x_0(t)}\in M$,于是 $M=C(K)$,这与 M 是极大理想矛盾.

这样一来,Banach 代数 $C(K)$ 的极大理想集与 K 一一对应. 因此我们可以把 $C(K)$ 中元看成是 $C(K)$ 的极大理想集上的函数. 这一点很重要,它是§6.4 中我们将要证明的交换 Banach 代数的基本定理的主要想法.

定理 6.3.1 设 X 是 Banach 代数,则 X 的每一个真理想包含在 X 的某个极大理想中,X 的任意极大理想是闭理想.

证 设 I 是 X 的真理想,用 $\mathscr{F}$ 表示 X 中包含 I 的一切真理想的集合,在 $\mathscr{F}$ 中以集的包含关系为序,则 $\mathscr{F}$ 是一个半序集. 设 $\mathscr{F}$ 是 $\mathscr{F}$ 中任一全序子集,令 $M=\bigcup\limits_{J\in\mathscr{F}}J$,则 M 是一个包含 I 的真理想,显然 M 是 $\mathscr{F}$ 的一个上界. 于是,由 Zorn 引理,在 $\mathscr{F}$ 中存在一个极大元 $\widetilde{M}$,则 $\widetilde{M}$ 是一个包含 I 的极大理想.

其次,设 M 是 X 的任意极大理想,则 M 中不包含可逆元,由定理 6.2.1 的推论 3,$\overline{M}$ 中也不可能包含可逆元,因此 $\overline{M}$ 是 X 的一个真理想,于是由 M 的极大性,应有 $\overline{M}=M$,即 M 是闭理想.

推论 设 X 是 Banach 代数,则 $x\in X$ 是可逆的,当且仅当 x 不属于 X 的任何极大理想.

设 $x\in X$ 是可逆的,则显然 x 不属于任何极大理想. 反之,如果 x 不可逆,

则
$$I = \{yx : y \in X\}$$
是 X 的一个真理想,因此它包含在 X 的某个极大理想中,特别地,x 属于某个极大理想.

二、商代数

设 X 是 Banach 代数,I 是 X 的闭理想,在 § 2.3 中,我们定义了商空间 $X\backslash I$,并证明 $X\backslash I$ 是一个 Banach 空间,现在我们在 $X\backslash I$ 中定义乘法:
$$\tilde{x}\tilde{y} = \widetilde{xy} \quad (\tilde{x}, \tilde{y} \in X\backslash I).$$
如果 $x_1 - x \in I$ 及 $y_1 - y \in I$,由于 I 是 X 的理想,则有
$$x_1 y_1 - xy = (x_1 - x)y_1 + x(y_1 - y) \in I,$$
即 $\tilde{x}_1\tilde{y}_1 = \tilde{x}\tilde{y}$. 因此,上述乘法的定义是合理的. 其次,
$$\tilde{x}\tilde{e} = \tilde{e}\tilde{x} = \tilde{x} \quad (\tilde{x} \in X\backslash I),$$
$$\tilde{x}\tilde{y} = \widetilde{xy} = \widetilde{yx} = \tilde{y}\tilde{x} \quad (\tilde{x}, \tilde{y} \in X\backslash I).$$
由此易证,$X\backslash I$ 是一个具有单位元的交换代数.

定理 6.3.2 设 X 是 Banach 代数,I 是 X 的真闭理想,则商代数 $X\backslash I$ 是一个具有单位元的 Banach 代数.

证 我们只需证明,对任意 $\tilde{x}, \tilde{y} \in X\backslash I$,
$$\| \tilde{x}\tilde{y} \| \leqslant \| \tilde{x} \| \, \| \tilde{y} \| \text{ 及 } \| \tilde{e} \| = 1.$$
由商范数的定义
$$\| \tilde{x}\tilde{y} \| = \inf_{Z \in I} \| xy + z \| \leqslant \inf_{u, z \in I} \| (x+u)(y+v) \|$$
$$\leqslant \inf_{u \in I} \| x + u \| \cdot \inf_{u \in I} \| y + u \| = \| \tilde{x} \| \, \| \tilde{y} \|.$$
其次,由于 $e \in \tilde{e}$,因此 $\| \tilde{e} \| \leqslant \| e \| = 1$. 另一方面,对任意 $y \in \tilde{e}$,则 $x = y - e \in I$,假设 $\| y \| = \| e + x \| < 1$,则由定理 6.2.1,$x$ 是可逆的,这与 I 是真理想矛盾,由此 $\| \tilde{e} \| \geqslant 1$. 所以 $\| \tilde{e} \| = 1$.

§ 6.4 交换 Banach 代数的基本定理

在这一节中,Banach 代数 X 是具有单位元的交换 Banach 代数.

一、连续线性可乘泛函

设 f 是 Banach 代数 X 上的有界线性泛函,如果对任意 $x, y \in X$,有
$$f(xy) = f(x)f(y).$$

称 f 是**可乘的**. 我们用 $\mathscr{M}$ 表示 X 的所有非零连续线性可乘泛函的全体.

连续线性可乘泛函是 X 到复数域 $\mathbb{C}$ 中的连续同态. 如果 $f\in\mathscr{M}$,则有 $\|f\|=1$. 事实上,假设 $\|f\|=\sup\limits_{\|x\|=1}|f(x)|>1$,则存在 $x_0\in X$, $\|x_0\|=1$, 使得 $|f(x_0)|=\lambda>1$. 于是对任意自然数 n, $|f(x_0^n)|=\lambda^n\to\infty(n\to\infty)$,这与 f 是有界的矛盾. 因此 $\|f\|\leqslant 1$. 另一方面,由于 $f(e)=f(e^2)=(f(e))^2$, $f(e)=1$. 所以 $\|f\|=1$.

由此可知,$\mathscr{M}$ 是 X 的共轭空间 X^* 中单位球的子集.

下面我们研究连续线性可乘泛函与极大理想的关系.

引理 6.4.1 设 $f\in\mathscr{M}$,则零空间 $\mathscr{N}(f)$ 是 X 的一个极大理想.

证 任取 $y\in\mathscr{N}(f)$ 及 $x\in X$,则 $f(xy)=f(x)f(y)=0$,即 $xy\in\mathscr{N}(f)$, $\mathscr{N}(f)$ 是 X 的一个理想,我们证明 $\mathscr{N}(f)$ 是极大的. 假设不然,则存在真理想 I, $I\supset\mathscr{N}(f)$ 及 $x_0\in I\backslash\mathscr{N}(f)$ 且不妨设 $f(x_0)=1$. 于是对于任意 $x\in X$, $f(x-f(x)x_0)=f(x)-f(x)f(x_0)=0$,即 $y=x-f(x)x_0\in\mathscr{N}(f)$, $x=f(x)x_0+y$. 特别地, $e=f(e)x_0+y$,因此 $e\in I$,这与 I 是真理想矛盾. 所以 $\mathscr{N}(f)$ 是极大理想.

引理 6.4.2 对于每一个极大理想 M,存在惟一的非零连续线性可乘泛函 f,使得 $M=\mathscr{N}(f)$.

证 首先由定理 6.3.1,M 是一个真闭理想,于是由定理 6.3.2,$X\backslash M$ 是一个 Banach 代数. 其次,对于 $x_0\in X$, $x_0\notin M$,令

$$I=\{xx_0+y: x\in X, y\in M\},$$

则 I 是 X 的一个理想且由于 $x_0\in I$, I 真包含 M,由于 M 是极大的, $I=X$. 因此存在 $x_1\in X$, $y_1\in M$,使得 $x_1x_0+y_1=e$. 这说明对于每一 $\tilde{x}_0\in X\backslash M$, $\tilde{x}_0\neq 0$, $\tilde{x}_0$ 是可逆的,于是 $X\backslash M$ 是一个域. 由定理 6.2.3 的推论,$X\backslash M$ 等距同构于复数域 $\mathbb{C}$,由此,对于每一个 $x\in X$,存在惟一的数 $f(x)\in\mathbb{C}$,使得

$$x=f(x)e+u \qquad (u\in M).$$

我们证明 f 是一个同态. 设

$$x=f(x)e+u \qquad (u\in M),$$

$$y=f(y)e+v \qquad (v\in M),$$

则有

$$xy=f(x)f(y)e+w \qquad (w\in M).$$

这证明 $f(xy)=f(x)f(y)$. 类似地可以证明,对于 $x,y\in X$, $\alpha\in\mathbb{C}$,

$$f(x+y)=f(x)+f(y); \qquad f(\alpha x)=\alpha f(x).$$

此外, $f(e)=1$,及 $x\in M$,当且仅当 $f(x)=0$,即 $M=\mathscr{N}(f)$.

我们用 $\mathfrak{M}$ 表示 Banach 代数 X 的所有极大理想集合,由以上引理 6.4.1

与引理 6.4.2，$\mathfrak{M}$ 与 $\mathscr{M}$ 之间存在一一对应关系. 对于每一个 $M\in\mathfrak{M}$，用 f_M 表示对应的 $\mathscr{M}$ 中元，对于任意 $x\in X$，定义

$$x(M)=f_M(x)\qquad(M\in\mathfrak{M}).$$

这样，对于每一个 $x\in X$，我们可以把它看作 X 的极大理想集 $\mathfrak{M}$ 上的一个函数.

定理 6.4.3　设 X 是一个具有单位元的交换的 Banach 代数，$\mathfrak{M}$ 是 X 的所有极大理想集，则在 $\mathfrak{M}$ 上可以定义一个拓扑，使得 $\mathfrak{M}$ 成为紧 Hausdorff 空间. 对于每一个 $x\in X$，$x(M)(M\in\mathfrak{M})$ 是 $\mathfrak{M}$ 上的连续函数. $x\to x(M)(M\in\mathfrak{M})$ 是 Banach 代数 X 到 Banach 代数 $C(\mathfrak{M})$ 中的同态且

$$\|x(M)\|=\sup_{M\in\mathfrak{M}}|x(M)|\leqslant\|x\|\qquad(x\in X).$$

证　由 Banach-Alaoglu 定理，X 的共轭空间 X^* 中的单位球在弱 $*$ 拓扑下是紧集. 现在我们把 $\mathfrak{M}$ 看成是 X 上连续线性可乘泛函的全体 $\mathscr{M}$，则 $\mathfrak{M}$ 是 X^* 中单位球的一个子集. 我们定义 $\mathfrak{M}$ 上的拓扑为 X^* 上的弱 $*$ 拓扑在 $\mathfrak{M}$ 上的限制. 为了证明 $\mathfrak{M}$ 是紧的，只需证明 $\mathfrak{M}$ 是 X^* 中单位球的弱 $*$ 闭子集.

设 $f_0\in\overline{\mathfrak{M}}^{\sigma(X^*,X)}$，则 f_0 的任意 $\sigma(X^*,X)$ 邻域中包含 $\mathfrak{M}$ 中元，即 X 上的非零连续线性可乘泛函. 我们回忆 X^* 上弱 $*$ 拓扑 $\sigma(X^*,X)$ 的定义，形如

$$\begin{aligned}&U_{x_1,\cdots,x_m;\delta}(f_0)\\&=\{f\in X^*:|f(x_k)-f_0(x_k)|<\delta,k=1,2,\cdots,m\}\end{aligned}$$

的集构成 f_0 的邻域基. 对于任意给定的 $x,y\in X$ 及 $\delta>0$，则存在 $f\in\mathfrak{M}$，$f\in U_{x,y,x+y;\delta}(f_0)$. 即

$$\begin{aligned}|f(x)-f_0(x)|&<\delta,\\|f(y)-f_0(y)|&<\delta,\\|f(x+y)-f_0(x+y)|&<\delta.\end{aligned}$$

由于 $f\in\mathfrak{M}$，$f(x+y)=f(x)+f(y)$. 于是

$$\begin{aligned}&|f_0(x+y)-f_0(x)-f_0(y)|\\\leqslant&|f_0(x+y)-f(x+y)|+|f(x)-f_0(x)|\\&+|f(y)-f_0(y)|\\<&\delta+\delta+\delta=3\delta.\end{aligned}$$

由于 δ 是任意的，则有

$$f_0(x+y)=f_0(x)+f_0(y).$$

类似地，分别取邻域 $U_{x,\alpha x;\delta}(f_0)$，$U_{x,y,xy;\delta}(f_0)$ 及 $U_{e;\delta}(f_0)$，同理可得

$$f_0(\alpha x)=\alpha f_0(x),f_0(xy)=f_0(x)f_0(y),\qquad f_0(e)=1.$$

于是，$f_0 \in \mathfrak{M}$，即 $\mathfrak{M}$ 是 $\sigma(X^*, X)$ 闭集，所以 $\mathfrak{M}$ 是一个紧 Hausdorff 空间.

其次，对于每一个 $x \in X$，我们证明 $x(M)(M \in \mathfrak{M})$ 在 $\mathfrak{M}$ 上连续. 设 $M_0 \in \mathfrak{M}$，对任意 $\varepsilon > 0$，取邻域 $U_{x;\varepsilon}(M_0)$，则当 $M \in U_{x;\varepsilon}(M_0)$ 时，

$$|x(M) - x(M_0)| < \varepsilon.$$

即 $x(M)(M \in \mathfrak{M})$ 在 M_0 点连续.

最后，$C(\mathfrak{M})$ 是一个具有单位元的交换 Banach 代数(见例 6.1.1)，其中 $\| x(M) \| = \sup\limits_{M \in \mathfrak{M}} |x(M)|$. 由于 $x(M) = f_M(x)$，对任意 $x, y \in X$ 及 $\alpha \in \mathbb{C}$，

$(x+y)(M) = x(M) + y(M)$；$(\alpha x)(M) = \alpha x(M)$；$(xy)(M) = x(M)y(M)$，即 $x \to x(M)(M \in \mathfrak{M})$，是 Banach 代数 X 到 Banach 代数 $C(\mathfrak{M})$ 中的同态. 此外由于对于 $M \in \mathfrak{M}$，$x \in X$

$$(x - x(M)e)(M) = x(M) - x(M)e(M) = 0,$$

则 $x - x(M)e \in M$，因此 $x - x(M)e$ 不可逆，于是 $x(M) \in \sigma(x)$. 反之，如果 $\lambda_0 \in \sigma(x)$，则 $x - \lambda_0 e$ 不可逆，于是 $\{y(x - \lambda_0 e) : y \in X\}$ 是 X 的一个真理想，因此它包含在某个极大理想 M 中，特别地 $x - \lambda_{0e} \in M$，从而 $(x - \lambda_0 e)(M) = 0$，即 $\lambda_0 = x(M)$. 这样对于每一个 $x \in X$，$\{x(M) : M \in \mathfrak{M}\} = \sigma(x)$. 所以，

$$\| x(M) \| = \sup_{M \in \mathfrak{M}} |x(M)| \leqslant \| x \|.$$

定理 6.4.3 通常称为 Gelfand 表示定理.

下面我们对 Banach 代数 X 给予种种限制从而把定理 6.4.3 精确化. 为此我们先引进一个重要结果及几个概念.

定义 6.4.1 1) 称

$$R = \bigcap_{M \in \mathfrak{M}} M$$

为代数 X 的**根基**，显然 $0 \in R$，如果 $R = \{0\}$，称 X 是**无根基的**.

2) 如果对于每一个 $x \in X$，$\| x^2 \| = \| x \|^2$，称 Banach 代数 X 是**正则的**.

3) 如果对于每一个 $x \in X$，存在 $y \in X$，使得

$$y(M) = \overline{x(M)} \qquad (M \in \mathfrak{M}).$$

称 Banach 代数 X 是**对称的**.

引理 6.4.4 设 A 是定义在集 E 上的函数的代数，A 在 E 上分离点，A 不在 E 上消失，则对 E 上的任意不同两点 t_1, t_2 及两个常数 c_1, c_2 存在一个函数 $x \in A$，使得

$$x(t_1) = c_1, \qquad x(t_2) = c_2$$

证 由假设存在 $y, h, k \in A$，使得

$$y(t_1) \neq y(t_2), \qquad h(t_1) \neq 0, \qquad k(t_2) \neq 0.$$

记

$$u = yk - y(t_1)k, \qquad v = yh - y(t_2)h,$$

则 $u, v \in A, u(t_1) = v(t_2) = 0, u(t_2) \neq 0, v(t_1) \neq 0$. 令

$$x = \frac{c_1 v}{v(t_1)} + \frac{c_2 u}{u(t_2)}.$$

则 x 即为所要求的函数.

定理 6. 4. 5（Stone-Weierstrass）　设 K 是紧集，A 是 Banach 代数 $C(K)$ 的子代数，A 是对称的，A 在 K 上分离点且 A 不在 K 上消失，则 $\overline{A} = C(K)$.

证　首先假设 $C(K)$ 是实连续函数的代数. 设 x 是给定的 K 上的一个实连续函数，$a = \sup\limits_{t \in K} |x(t)|$. 对于任意给定的 $\varepsilon > 0$，由 Weierstrass 定理，存在常数 $c_1, \cdots, c_n$，使得

$$\left| \sum_{k=1}^{n} c_k s^k - |s| \right| < \varepsilon \qquad (-a \leqslant s \leqslant a).$$

由于 $\overline{A}$ 是代数，$y = \sum\limits_{k=1}^{n} c_k x^k \in \overline{A}$，于是由上式

$$|y(t) - |x(t)|| < \varepsilon \qquad (t \in K).$$

这说明 $|x| \in \overline{A}$. 如果 $x, y \in \overline{A}$，则由于

$$\max(x, y) = \frac{x + y}{2} + \frac{|x - y|}{2},$$

$$\min(x, y) = \frac{x + y}{2} - \frac{|x - y|}{2},$$

可见 $\max(x, y) \in \overline{A}, \min(x, y) \in \overline{A}$.

归纳地作下去，如果 $x_1, \cdots, x_n \in \overline{A}$，则

$$\max(x_1, \cdots, x_n) \in \overline{A}, \qquad \min(x_1, \cdots, x_n) \in \overline{A}. \tag{6.4.1}$$

对于一点 $t \in K$，由引理 6. 4. 4，对于每一个 $s \in K$，存在 $h_s \in \overline{A}$，使得

$$h_s(t) = x(t), \qquad h_s(s) = x(s).$$

由 h_s 的连续性，存在包含 s 的开集 J_s，使得

$$h_s(r) > x(r) - \varepsilon \qquad (r \in J_s)$$

由于 K 是紧集，存在有穷个点 $s_1, \cdots, s_n \in K$，使得

$$K \subset J_{s_1} \cup \cdots \cup J_{s_n}.$$

记

$$y_t = \max(h_{s_1}, \cdots, h_{s_n}),$$

由式(6. 4. 1)，$y_t \in \overline{A}, y_t(t) = x(t)$ 且

$$y_t(r) > x(r) - \varepsilon \qquad (t \in K). \tag{6.4.2}$$

由于 y_t 的连续性,存在包含 t 的开集 V_t,使得

$$y_t(r) < x(r) + \varepsilon \qquad (r \in V_t). \tag{6.4.3}$$

因为 K 是紧的,存在有穷个点 $t_1,\cdots,t_m$,使得

$$K \subset V_{t_1} \cup \cdots \cup V_{t_m}.$$

令

$$h = \min(y_{t_1},\cdots,y_{t_m}),$$

由式(6.4.1),$h\in\overline{A}$. 由式(6.4.2),

$$h(r) > x(r) - \varepsilon \qquad (r \in K),$$

由式(6.4.3),

$$h(r) < x(r) + \varepsilon \qquad (r \in K),$$

所以

$$| h(t) - x(t) | < \varepsilon \qquad (t \in K).$$

因此定理对于实连续函数的代数成立.

现在设 $C(K)$是紧集 K 上的复连续函数的代数,A_R 是 K 上属于 A 的所有实连续函数的代数. 如果 $x\in A$,$x=u+\mathrm{i}v$(u,v 是实的),则 $2u=x+\bar{x}$. 由于 A 是对称的,$u\in A_R$. 如果 $t_1\neq t_2$,则存在 $x\in A$,使得 $x(t_1)=1$,$x(t_2)=0$,因此 $0=u(t_2)\neq u(t_1)=1$,这表明 A_R 在 K 上分离点. 如果 $t\in K$ 则存在 $y\in A$,使得 $y(t)\neq 0$ 且存在一个复数 λ,使得 $\lambda y(t)>0$. 如果令 $z=\lambda y$,$z=u+\mathrm{i}v$,则 $u(t)>0$,即 A_R 不在 K 上消失. 因此由证明的前半部分,K 上的每一个实连续函数在 $\overline{A}_R$ 中. 如果 x 是 K 上的复连续函数,$x=u+\mathrm{i}v$,则 $u\in\overline{A}_R$,$v\in\overline{A}_R$,因此 $x\in\overline{A}$,从而 $\overline{A}=C(K)$.

定理 6.4.6 设 X 是具有单位元的交换 Banach 代数.

1) 如果 X 是无根基的,则映射 $x\to x(M)$($M\in\mathfrak{M}$)是 X 上到 $C(\mathfrak{M})$中的一一映射.

2) 如果 X 是正则的,则 X 与其在 $C(\mathfrak{M})$中的像等距同构. 特别地,X 无根基.

3) 如果 X 是对称的,则 X 在映射 $x\to x(M)$下的像在 $C(\mathfrak{M})$中处处稠密.

4) 如果 X 是正则的并且是对称的,则 X 与 $C(\mathfrak{M})$等距同构.

证 1) 只需证明,如果 $x_0\in X$,$x_0\neq 0$,则 $x_0(M)\neq 0$. 假设对所有$M\in\mathfrak{M}$,$x_0(M)=0$,则对所有 $M\in\mathfrak{M}$ $x_0\in M$,因此 $x_0\in R$,由于 X 无根基,必有 $x_0=0$,矛盾. 所以 $x\to x(M)$是一一的.

2) 由于 X 的正则性，对于每一个 $x\in X$，$\|x^2\|=\|x\|^2$，于是，

$$\|x^{2^n}\| = \|x\|^{2^n} \quad (n=1,2,\cdots),$$

应用谱半径公式.

$$r(x) = \lim_{n\to\infty}\sqrt[2^n]{\|x\|^{2^n}} = \|x\|, \tag{6.4.4}$$

这时 X 必是无根基的. 因为如果存在 $x_0\in R$，$x_0\neq 0$，则对所有 $M\in\mathfrak{M}$，$x_0(M)=0$，因此 $\sigma(x_0)=\{0\}$，这与 $r(x_0)=\|x_0\|\neq 0$ 矛盾.

其次，应用式(6.4.4)

$$\|x(M)\| = \sup_{M\in\mathfrak{M}}|x(M)| = r(x) = \|x\|.$$

所以在映射 $x\to x(M)$ 下，X 与 $C(\mathfrak{M})$ 中对应的子代数等距同构.

3) 设 A 是在映射 $x\to x(M)$ 下，X 在 $C(\mathfrak{M})$ 中的像，则 $e(M)\equiv 1$，并且如果 $M_1,M_2\in\mathfrak{M}$，$M_1\neq M_2$，不妨设存在 $x_0\in M_1\backslash M_2$，因此 $x_0(M_1)=0$，$x_0(M_2)\neq 0$. 即 A 在 $\mathfrak{M}$ 上分离点.

其次，由于假设 X 是对称的，如果 $x(M)\in A$ 则 $\overline{x(M)}\in A$，于是应用 Stone-Weierstrass 定理，A 在 $C(\mathfrak{M})$ 中稠密.

最后，由结论 2)及 3)立刻得结论 4)成立.

二、对合

设 X 是一个 Banach 代数(不必交换)，如果存在映射 $*:X\to X$，使得对任意 $x,y\in X$ 及 $\alpha\in\mathbb{C}$，

$$(x+y)^* = x^* + y^*,$$
$$(\alpha x)^* = \bar{\alpha}x^*,$$
$$(xy)^* = y^*x^*,$$
$$x^{**} = x.$$

称 $*$ 是 X 上的一个**对合**. 如果 Banach 代数 X 具有一个对合，称 X 为**具有对合的 Banach 代数**. 设 X 是一个具有对合的 Banach 代数，且对任意 $x\in X$，

$$\|xx^*\| = \|x\|^2,$$

称 X 是一个 **C^* 代数**.

应用定理 6.4.6，对于交换的 C^* 代数有以下基本定理.

定理 6.4.7(Gelfand-Naimark) 设 X 是一个具有单位元的交换的 C^* 代数，$\mathfrak{M}$ 是它的极大理想空间，则 X 与 $C(\mathfrak{M})$ 等距同构且在这个同构下，

$$\overline{y(M)} = y^*(M) \qquad (M\in\mathfrak{M}).$$

证 首先，对任意 $x\in X$，由于 $\|x\|^2=\|xx^*\|\leqslant\|x\|\,\|x^*\|$，则有

$\|x\| \leqslant \|x^*\|$，并且因此 $\|x^*\| \leqslant \|x\|$，所以

$$\|x\| = \|x^*\|, \tag{6.4.5}$$

$$\|xx^*\| = \|x\|^2 = \|x\|\,\|x^*\|. \tag{6.4.6}$$

由(6.4.5)及式(6.4.6)，得

$$\begin{aligned}\|x^{*2}\|\,\|x^2\| &= \|x^{*2}x^2\| = \|(x^*x)^*(x^*x)\| \\ &= \|(x^*x)^*\|\,\|x^*x\| = \|x^*x\|^2 \\ &= \|x^*\|^2\|x\|^2.\end{aligned} \tag{6.4.7}$$

另一方面，

$$\|x^{*2}\| \leqslant \|x^*\|^2, \qquad \|x^2\| \leqslant \|x\|^2.$$

因此由式(6.4.7)，有

$$\|x^{*2}\| = \|x^*\|^2, \qquad \|x^2\| = \|x\|^2.$$

从而 X 是正则的.

其次我们证明，如果 $x\in X, x=x^*$，则对每一个 $M\in\mathfrak{M}$，$x(M)$ 是实的. 为此，令 $z=x+\mathrm{i}te$，其中 t 是实数，如果 $x(M)=\alpha+\mathrm{i}\beta$，$\alpha,\beta$ 是实数，则

$$z(M) = \alpha+\mathrm{i}\beta+\mathrm{i}t = \alpha+\mathrm{i}(\beta+t), zz^* = x^2+t^2e.$$

于是，

$$\alpha^2+(\beta+t)^2 = |z(M)|^2 \leqslant \|z\|^2 = \|zz^*\| \leqslant \|x^2\|+t^2$$

或者

$$\alpha^2+\beta^2+2\beta t \leqslant \|x\|^2(-\infty<t<\infty), \tag{6.4.8}$$

由式(6.4.8)，$\beta=0$，即 $x(M)$ 是实的.

对任意 $y\in X$，记

$$u=\frac{y+y^*}{2}, \qquad v=\frac{y-y^*}{2\mathrm{i}}.$$

则

$$y=u+\mathrm{i}v, \qquad u=u^*, \qquad v=v^*.$$

于是，$y^*=u-\mathrm{i}v$. $u(M)$，$v(M)$ 是实的，并且 $y^*(M)=u(M)-\mathrm{i}v(M)=\overline{y(M)}$ $(M\in\mathfrak{M})$，因此 X 是对称的. 根据定理 6.4.6，X 与 $C(\mathfrak{M})$ 等距同构.

定理 6.4.7 有着广泛的应用，它使我们能够用统一的观点来处理许多问题，例如可以应用它证明有界自共轭算子的谱分解定理，可参看[6].

作为 Banach 代数理论的一个应用的例子，我们证明以下 Wiener 定理：设 $x(t)$ 在 $(0,2\pi]$ 上可展为绝对收敛的三角级数且在 $(0,2\pi]$ 上 $x(t)\neq 0$，则 $\dfrac{1}{x(t)}$ 在 $(0,2\pi]$ 上可展为绝对收敛的三角级数.

考虑例 6.1.3 中的 Banach 代数 W. 设 $x(t)=\sum\limits_{k=-\infty}^{\infty}\alpha_k \mathrm{e}^{ikt}$, $t\in(0,2\pi]$,其中 $\sum\limits_{k=-\infty}^{\infty}|\alpha_k|<\infty$. 对 W 的每一个极大理想 M,决定 W 的一个连续线性可乘泛函 $f=f_M$,设 $f(\mathrm{e}^{it})=a$,则 $f(\mathrm{e}^{-it})=a^{-1}$, $|a|=|f(\mathrm{e}^{it})|\leqslant\|f\|\,\|\mathrm{e}^{it}\|=1$,且 $\|a^{-1}\|=f(\mathrm{e}^{-it})|\leqslant\|f\|\,\|\mathrm{e}^{-it}\|=1$,所以存在 $t_0\in(0,2\pi]$,使得 $a=\mathrm{e}^{it_0}$, $f(\mathrm{e}^{it})=\mathrm{e}^{it_0}$. 因为 f 是连续的,因此有

$$f\left(\sum_{k=-\infty}^{\infty}\alpha_k \mathrm{e}^{ikt}\right)=\sum_{k=-\infty}^{\infty}\alpha_k \mathrm{e}^{ikt_0}.$$

由引理 6.4.2, M 是由所有使得在 $t=t_0$ 为零的 W 中元组成的. 由于 $x(t)\neq 0$ $(0<t\leqslant 2\pi)$, x 不属于任何极大理想,所以 x 是可逆的,即 $\dfrac{1}{x(t)}$ 在 $(0,2\pi]$ 上可展为绝对收敛的三角级数.

习　题　六

1. 在 Banach 空间 $L^1(-\infty,\infty)$ 中,定义乘法为“卷积”:

$$(x*y)(t)=\int_{-\infty}^{\infty}x(t-\tau)y(\tau)\mathrm{d}\tau\ (-\infty<t<\infty).$$

证明:1) 对任意 $x,y\in L^1(-\infty,\infty)$, $x*y\in L^1(-\infty,\infty)$.

2) 在 $L^1(-\infty,\infty)$ 中定义乘法为卷积, $L^1(-\infty,\infty)$ 是一个交换的 Banach 代数.

3) Banach 代数 $L^1(-\infty,\infty)$ 中不含单位元.

2. 假设 Banach 代数 X 不含单位元. 设 X_1 是所有序对 (x,α) 的全体,其中 $x\in X$, $\alpha\in\mathbb{C}$,在 X_1 中按坐标定义线性运算,定义乘法与范数分别为

$$(x,\alpha)(y,\beta)=(xy+\alpha y+\beta x,\alpha\beta),$$
$$\|(x,\alpha)\|=\|x\|+|\alpha|.$$

证明:1) X_1 是具有单位元 $(0,1)$ 的 Banach 代数.

2) X 与 X_1 的一个子代数等距同构.

3. 设 X 是具有单位元的交换 Banach 代数,证明(谱映射定理): $\sigma(x^n)=(\sigma(x))^n$ $(x\in X)$.

4. 设 X 是具有单位元的 Banach 代数, $x\in X$,如果存在 $\{x_n\}\subset X$, $\|x_n\|=1$,使得 $xx_n\to 0$ 或者 $x_nx\to 0$,则称 x 是 X 的一个拓扑零因子,证明:

1) 如果 x 是拓扑零因子,则 x 不可逆.

2) 如果 0 是 X 中惟一的拓扑零因子,则 X 与复数域 $\mathbb{C}$ 等距同构.

5. 设 H 是 Hilbert 空间,证明 $\mathscr{B}(H)$ 是一个 C^* 代数.

参考文献

[1] 夏道行,等. 实变函数与泛函分析(下册). 北京:人民教育出版社,1978

[2] 郑维行,王声望. 实变函数与泛函分析概要(第二册). 北京:人民教育出版社,1980

[3] 定光桂. 巴拿赫空间引论. 北京:科学出版社,1984

[4] Л. А. Люстерник и В. И. Соболев. Элементы функционального анализа, Наука, 1965. 中译本:泛函分析概要(第二版). 杨从仁译. 北京:科学出版社,1985

[5] А. Н. Колмогоров и С. В. Фомин Зленметы теории функции и функцонального анализа, Наука, 1976. 中译本:函数论与泛函分析初步. 郑洪深等译. 北京:高等教育出版社,1992

[6] W. Rudin. Functional Analysis. McGraw-Hill, 1973

[7] J. B. Conway. A Course in Functional Analysis. New York: Springer-Verlag, 1985

[8] D. R. Smart. Fixed Point Theorems. Cambridge: Cambridge University Press, 1974

[9] John C. Oxtoby, Measure and Category. New York: Springer-Verlag, 1980

部分习题解答

习 题 一

1. **证** 1) 显然.

2) D 中点列按距离收敛等价于函数列及其导函数列在$[0,1]$上一致收敛.

3) 易见,D 是$C[0,1]$的子空间,设 $x_n(t)$及其导函数列在$[0,1]$上一致收敛于 $x(t)$,其中,$x_n\in D(n=1,2\cdots)$,$x\in C[0,1]$. 则由数学分析知,$x(t)$在$[0,1]$上具有连续导数,即 $x\in D$,因此 D 是$C[0,1]$的闭子空间,从而是完备的.

2. **证** $d(x,y)\geqslant 0$ 且 $d(x,y)=0$,当且仅当 $x=y$. $d(x,y)=d(y,x)$显然. 其次,由于$\dfrac{d}{1+d}$关于 d 是递增的(参见例 1.1.3)

$$\begin{aligned}d_1(x,y)&=\frac{d(x,y)}{1+d(x,y)}\leqslant\frac{d(x,z)+d(z,y)}{1+d(x,z)+d(z,y)}\\&\leqslant\frac{d(x,z)}{1+d(x,z)+d(z,y)}+\frac{d(z,y)}{1+d(x,z)+d(z,y)}\\&\leqslant\frac{d(x,z)}{1+d(x,z)}+\frac{d(z,y)}{1+d(z,y)}=d_1(x,z)+d_1(z,y).\end{aligned}$$

3. **证** 1) 由于

$$\begin{aligned}d_i(x,y)&\leqslant d_i(x,z)+d_i(z,y)\\&\leqslant\sup_{1\leqslant i\leqslant m}d_i(x,z)+\sup_{1\leqslant i\leqslant m}d_i(z,y)\quad(1\leqslant i\leqslant m),\end{aligned}$$

所以

$$\begin{aligned}d(x,y)&=\sup_{1\leqslant i\leqslant m}d_i(x,z)+\sup_{1\leqslant i\leqslant m}d_i(z,y)\\&=d(x,z)+d(y,z).\end{aligned}$$

距离的其他公理成立,显然.

2) 由于

$$\begin{aligned}d(x,y)&=\sqrt{d_1^2(x,y)+\cdots+d_m^2(x,y)}\\&\leqslant\sqrt{[d_1(x,z)+d_1(z,y)]^2+\cdots+[d_m(x,z)+d_m(z,y)]^2}\\&\leqslant\sqrt{d_1^2(x,z)+d_1^2(z,y)+\cdots+d_m^2(x,z)+d_m^2(y,z)}\\&\leqslant\sqrt{d_1^2(x,z)+\cdots+d_m^2(x,z)}+\sqrt{d_1^2(z,y)+\cdots+d_m^2(z,y)}\\&=d(x,z)+d(z,y).\end{aligned}$$

距离的其他公理成立,显然.

3) 由第 2 题的结果,对于每一个 k,

$$\frac{d_k d(x,y)}{1+d_k(x,y)} \leqslant \frac{d_k(x,z)}{1+d_k(x,z)} + \frac{d_k(z,y)}{1+d_k(z,y)},$$

所以

$$\begin{aligned} d(x,y) &= \sum_{k=1}^{\infty} \frac{1}{2^k} \frac{d_k(x,y)}{1+d_k(x,y)} \\ &\leqslant \sum_{k=1}^{\infty} \frac{1}{2^k} \frac{d_k(x,z)}{1+d_k(x,z)} + \sum_{k=1}^{\infty} \frac{1}{2^k} \frac{d_k(z,y)}{1+d_k(z,y)} \\ &= d(x,z) + d(z,y). \end{aligned}$$

4. **证** 参看例 1.1.2.

5. **解** 能.例:设 $X=\{1,3.5,6\}$作为$\mathbb{R}$ 的子集,按$\mathbb{R}$ 中的距离是一个距离空间. $B(1,4)=\{1,3.5,\}$; $B(3.5,3)=\{1,3.5,6\}$; $B(1,4)\subset B(3.5,3)$但 $B(1,4)\neq B(3.5,3)$.

6. **证** 设 $B(x_1,7)\subset B(x_2,3)$,则 $d(x_1,x_2)<3$. $\forall y\in B(x_2,3)$,则 $d(x_2,y)<3$,于是

$$d(x_1,y)\leqslant d(x_1,x_2)+d(x_2,y)<3+3=6<7,$$

所以 $B(x_2,3)\subset B(x_1,7)$,故两球重合.

7. **证** 设 $x_n\to x\ (n\to\infty)$, $x_n=\{\xi_i^{(n)}\}$, $x=\{\xi_i\}$. 则 $\forall \varepsilon>0$,存在 $N(\varepsilon)$,当 $n\geqslant N(\varepsilon)$时,

$$\sum_{i=1}^{\infty} \frac{1}{2^i} \cdot \frac{|\xi_i^{(n)}-\xi_i|}{1+|\xi_i^{(n)}-\xi_i|} < \varepsilon,$$

于是,对于每个固定的 i,有

$$\frac{1}{2^i} \cdot \frac{|\xi_i^{(n)}-\xi_i|}{1+|\xi_i^{(n)}-\xi_i|} < \varepsilon,$$

所以

$$|\xi_i^{(n)}-\xi_i|\to 0 \quad (n\to\infty).$$

反之,设$\forall i$

$$|\xi_i^{(n)}-\xi_i|\to 0 \quad (n\to\infty),$$

对$\forall \varepsilon>0$,选取 m,使

$$\sum_{i=m+1}^{\infty} \frac{1}{2^i} < \frac{\varepsilon}{2},$$

于是,

$$d(x_n,x) = \sum_{i=1}^{\infty} \frac{1}{2^i} \cdot \frac{|\xi_i^{(n)}-\xi_i|}{1+|\xi_i^{(n)}-\xi_i|}$$

$$= \sum_{i=1}^{m} \frac{1}{2^i} \cdot \frac{|\xi_i^{(n)} - \xi_i|}{1+|\xi_i^{(n)} - \xi_i|} + \sum_{i=m+1}^{\infty} \frac{1}{2^i} \cdot \frac{|\xi_i^{(n)} - \xi_i|}{1+|\xi_i^{(n)} - \xi_i|}$$

$$< \sum_{i=1}^{m} \frac{1}{2^i} \cdot \frac{|\xi_i^{(n)} - \xi_i|}{1+|\xi_i^{(n)} - \xi_i|} + \frac{\varepsilon}{2}.$$

选取 $N_1(\varepsilon)$使得当 $n>N_1(\varepsilon)$时

$$\sum_{i=1}^{m} \frac{1}{2^i} \cdot \frac{|\xi_i^{(n)} - \xi_i|}{1+|\xi_i^{(n)} - \xi_i|} < \frac{\varepsilon}{2},$$

于是,当 $n>N_1(\varepsilon)$时

$$d(x_n, x) < \varepsilon.$$

即

$$x_n \to x \quad (n \to \infty).$$

12. **证**　设 $x_1, x_2 \in X$,则 $\forall\, y \in A$.

$$d(x_1, y) \leqslant d(x_1, x_2) + d(x_2, y),$$

因此,

$$\inf_{y\in A} d(x_1, y) \leqslant d(x_1, x_2) + \inf_{y\in A} d(x_2, y).$$

类似地有

$$\inf_{y\in A} d(x_2, y) \leqslant d(x_1, x_2) + \inf_{y\in A} d(x_1, y).$$

所以

$$\left|\inf_{y\in A} d(x_1, y) - \inf_{y\in A} d(x_2, y)\right| \leqslant d(x_1, x_2).$$

由此可知,

$$f(x) = \inf_{y\in A} d(x, y) \text{是 } X \text{ 上的连续函数}.$$

13. **证**　记 $d(x, F_1) = \inf_{y\in F_1} d(x, y)$, $d(x, F_2) = \inf_{y\in F_2} d(x, y)$,则

$$d(x, F_1) + d(x, F_2) \neq 0,$$

因为不然必有 $d(x, F_1) = d(x, F_2) = 0$,由于 F_1, F_2 是闭集,将有 $F_1 \cap F_2 \neq \varnothing$,这与题设矛盾. 命

$$f(x) = \frac{d(x, F_1)}{d(x, F_1) + d(x, F_2)} \quad (x \in X),$$

则由习题 12 的结果可知,$f(x)$即为所要求的连续函数.

14. **证**　设$\{x_n\}$是距离空间 X 中的任一 Cauchy 列,取 n_k,使

$$d(x_{n_k+p}, x_{n_k}) < \frac{1}{2^k},$$

对任意 $p>0$. 设 $\bar{S}_k$ 是以 x_{n_k} 为中心 $\frac{1}{2^{k-1}}$ 为半径的闭球. 则有 $\bar{S}_{k+1} \subset S_k$,实际上,如果 $x \in \bar{S}_{k+1}$,则

$$
\begin{aligned}
d(x,x_{n_k}) &\leqslant d(x,x_{n_{k+1}})+d(x_{n_{k+1}},x_{n_k}) \\
&\leqslant \frac{1}{2^k}+\frac{1}{2^k}=\frac{1}{2^{k-1}},
\end{aligned}
$$

即 $x\in\overline{S}_k$.

球 $\overline{S}_k$ 的半径趋于零,所以依假设存在一点 $x_0\in\overline{S}_k(k=1,2,\cdots)$. 由于 $x_{n_k},x_0\in\overline{S}_k$,因此,

$$d(x_{n_k},x_o)\leqslant\frac{1}{2^{k-1}}\to 0\quad(k\to\infty),$$

即$\{x_n\}$有子列$\{x_{n_k}\}$收敛于 x_0,但$\{x_n\}$是 Cauchy 列,必有 $x_n\to x_0(n\to\infty)$.

15. **证法 1** 用反证法. 假设对任意开集 U 及常数 M 存在 $x\in U,F\in\mathcal{F}$ 使得$|F(x)|>M$,则对于开球 $B(x_0,1)$,存在 $x_1\in B(x_0,1)$及 $F_1\in\mathcal{F}$,使得 $|F_1(x_1)|>1$,由 F_1 的连续性,存在闭球 $\overline{B}_1(x_1,r_1)\subset B(x_0,1)$,使得

$$|F_1(x)|>1,\quad \forall x\in\overline{B}_1(x_1,r_1),$$

对于 $B_1(x_1,r_1)$,存在 $x_2\in B_1(x_1,r_1)$,$F_2\in\mathcal{F}$,使得

$$|F_2|>2.$$

由 F_2 的连续性,存在 $\overline{B}_2\subset B_1(x_1,r_1)$,使得

$$|F_2(x)|>2,\quad \forall x\in\overline{B}_2(x_2,r_2),$$

一般地,存在 $\overline{B}_n(x_n,r_n)\subset B_{n-1}(x_{n-1},r_{n-1})$,及 $F_n\in\mathcal{F}$,使得

$$|F_n(x)|>n,\quad \forall x\in\overline{B}_n(x_n,r_n).$$

不失一般性,可以假设 $r_n\to 0(n\to\infty)$,于是由闭球套定理,存在 $\bar{x}\in\overline{B}_n$ 且

$$|F_n(\bar{x})|>n,\quad \forall n.$$

这与题设矛盾.

证法 2 应用 Baire 纲定理,命

$$T(n,F)=\{x\in X:|F(x)|\leqslant n\}.$$

由于 F 连续,对于每一个 n,及每一个 $F\in\mathcal{F}$,$T(n,F)$是闭集,于是

$$T(n)=\bigcap_{F\in\mathcal{F}}=\{x\in X:|F(x)|\leqslant n,\forall F\in\mathcal{F}\},$$

对于每一个 n 也是闭集. 由于对$\forall x\in X$,存在 n,使得

$$n>M_x,|F(x)|\leqslant M_x<n,\quad \forall F\in\mathcal{F},$$

所以

$$X=\bigcup_{n=1}^{\infty}T(n).$$

由于(X,d)完备,由 Baire 纲定理,存在 n_0,使得 $T(n_0)$不是疏集,而$\overline{T(n_0)}=T(n_0)$,故存在开集 $U\in T(n_0)$,使得

$$|F(x)|\leqslant n_0,\quad \forall x\in U,\forall F\in\mathcal{F}.$$

16. **解** 1)设 $X=(0,1)$,按$\mathbb{R}$ 中的距离是一个不完备的距离空间,命

$$f(x)=\frac{1}{2}x,\quad x\in(0,1).$$

则$|f(x_1)-f(x_2)|=\frac{1}{2}|x_1-x_2|$，但 $f(x)$在(0,1)中没有不动点 .

2)设 $X=[1,\infty)$，按$\mathbb{R}$ 中的距离是一个完备的距离空间. 命

$$f(x)=x+\frac{1}{x},\quad x\in[1,\infty),$$

则

$$|f(x_1)-f(x_2)|=\left|x_1-x_2+\frac{1}{x_1}-\frac{1}{x_2}\right|,$$

如果 $x_2<x_1$，则$\frac{1}{x_1}<\frac{1}{x_2}$，于是 $x_1-x_2>0$，$\frac{1}{x_1}-\frac{1}{x_2}<0$，从而

$$|f(x_1)-f(x_2)|=\left|x_1-x_2+\frac{1}{x_1}-\frac{1}{x_2}\right|<|x_1-x_2|.$$

类似地，当 $x_1<x_2$ 时也有

$$|f(x_1)-f(x_2)|<|x_1-x_2|.$$

显然 $f(x)$在 X 上没有不动点 .

17. **证**　考虑空间 $C[0,1]$，命

$$Tx(t)=\frac{1}{2}\sin x(t)-a(t).$$

显然，$T:C[0,1]\to C[0,1]$，并且

$$\begin{aligned}d(Tx_1,Tx_2)&=\max_{0\leqslant t\leqslant 1}\left|\frac{1}{2}\sin x_1(t)-\frac{1}{2}\sin x_2(t)\right|\\&=\frac{1}{2}\max_{0\leqslant t\leqslant 1}\left|2\cos\frac{x_1(t)+x_2(t)}{2}\sin\frac{x_1(t)-x_2(t)}{2}\right|\\&\leqslant\max_{0\leqslant t\leqslant 1}\left|\sin\frac{x_1(t)-x_2(t)}{2}\right|\\&\leqslant\frac{1}{2}\max_{0\leqslant t\leqslant 1}|x_1(t)-x_2(t)|=\frac{1}{2}d(x_1,x_2).\end{aligned}$$

于是，由压缩映射原理，存在 $x\in C[0,1]$使得

$$x(t)=\frac{1}{2}\sin x(t)-a(t).$$

18. **证**　命 $x_{n+1}=Tx_n$，$n=0,1,2\cdots$只需证明，$x_n\in\overline{B}$. 因为 $\overline{B}$ 是闭集，则 $x_n\to\overline{x}\in\overline{B}$，$\overline{x}$ 是 T 的不动点 .

事实上，由压缩映射原理的证明过程可知，

$$d(x_0,x_n)\leqslant\frac{1}{1-\theta}d(x_0,Tx_0)<\frac{1}{1-\theta}(1-\theta)r=r,\quad \forall n.$$

即 $x_n\in\overline{B}$.

19. **证** 由于 $f_s'(t_0,s_0)=0$，$f_s'(t,s)$在 N 中连续，必存在 $a,b>0$ 使得当 $|t-t_0|\leqslant a$，$|s-s_0|\leqslant b$时有 $|f_s'(t,s)|\leqslant\frac{1}{2}$，又由于 $f(t,s)$在 N 中连续及$s_0=f(t_0,s_0)$，必存在$\delta>0(\delta\leqslant a)$，使得 $|t-t_0|\leqslant\delta$ 时有 $|f(t,s_0)-f(t_0,s_0)|=|f(t,s_0)-s_0|\leqslant\frac{b}{2}$. 命

$$V_b(s_0)=\{x\in C[t_0-\delta,t_0+\delta]:\max_{|t-t_0|<\delta}|x(t)-s_0|\leqslant b\}.$$

则 $V_b(s_0)$是 $C[t_0-\delta,t_0+\delta]$的闭子空间，从而是完备的距离空间. 命

$$Tx(t)=f(t,x(t)),\quad x\in V_b(s_0).$$

由于 $t\in[t_0-\delta,t_0+\delta]$，有

$$\begin{aligned}|Tx(t)-s_0|&=|f(t,x(t))-f(t,s_0)+f(t,s_0)-s_0|\\&\leqslant|f(t,x(t))-f(t,s_0)|+|f(t,s_0)-s_0|\\&\leqslant|f_s'(t,s)||x(t)-s_0|+\frac{b}{2}\leqslant b.\end{aligned}$$

所以 $Tx\in V_b(s_0)$. 又对所有 $x_1,x_2\in V_b(s_0)$及 $t\in[t_0-\delta,t_0+\delta]$

$$\begin{aligned}|Tx_1(t)-Tx_2(t)|&=|f(t,x_1(t))-f(t,x_2(t))|\\&\leqslant\frac{1}{2}|x_1(t)-x_2(t)|\\&\leqslant\frac{1}{2}\max_{|t-t_0|<\delta}|x_1(t)-x_2(t)|.\end{aligned}$$

即 $d(Tx_1,Tx_2)\leqslant\frac{1}{2}d(x_1,x_2)$. 因此 $T:V_b(s_0)\to V_b(s_0)$是压缩映射，所以存在惟一的$x(t)\in V_b(s_0)\subset C[t_0-\delta,t_0+\delta]$，使得 $x(t)=f(t,x(t))$，$t\in[t_0-\delta,t_0+\delta]$.

由于 $s_0=f(t_0,s_0)$，所以由 $x(t_0)=f(t_0,x(t_0))$及

$$|x(t_0)-s_0|=|f(t_0,x(t_0))-f(t_0,s_0)|\leqslant\frac{1}{2}|x(t_0)-s_0|,$$

知 $s_0=x(t_0)$.

20. **证** 由给定条件，显然 T 是 X 上的连续映射，因此 $d(Tx,x)$，$x\in X$ 是 x 的连续函数. 由于 X 是紧的，$d(Tx,x)$必在 X 上的某一点 $\bar{x}$ 取最小值，我们证明 $T\bar{x}=\bar{x}$. 因为如不然 $T\bar{x}\neq\bar{x}$，则由给定条件

$$d(T^2\bar{x},T\bar{x})<d(T\bar{x},\bar{x}),$$

这与 $d(Tx,x)$ 在 $\bar{x}$ 点取最小值矛盾. 惟一性显然.

21. **证**　1) 易验证.

2) 由于 $\{a\}=C\{b\}$,所以 $\{a\}$ 是闭集.

3) a 点仅有的邻域为 X 且显然包含点 b,因此 $a\in\overline{\{b\}}$ 故,$\overline{\{b\}}=X$.

22. **证**　如果 $\tau_1\subset\tau_2$,则对于每一个 $G_1\in\mathscr{B}_1$,$G_1\in\mathscr{B}_2$,显然命题中的条件成立.

反之,对于每一个 $G\in\tau_1$,则 $G=\bigcup\limits_{\alpha}G_\alpha$,其中每一个 $G_\alpha\in\mathscr{B}_1$,由条件,对于每一个 $x\in G_\alpha$,存在 $G_\beta\in\mathscr{B}_2$,使得 $x\in G_\beta\subset G_\alpha$. 于是,$G\subset\bigcup\limits_{\beta}G_\beta\subset\bigcup\limits_{\alpha}G_\alpha=G$,于是,$G=\bigcup\limits_{\beta}G_\beta$,$G\in\mathscr{B}_2$. 故 $\tau_1\subset\tau_2$.

23. **解**　在 $[0,1]$ 区间中,除点 0 以外的其他点都用通常方式定义它的邻域,把其中去掉形如 $\frac{1}{n}(n=1,2,\cdots)$ 的这样的点的所有可能的半开区间 $[0,\alpha)$ 作为 0 的邻域,显然这是一个 T_2 空间,但是其中的点 0 与不包含它的闭集 $\left\{\frac{1}{n}\right\}$ 不能用不相交的邻域来分离,所以它不是 T_3 的.

24. **证**　如果 x 的任意邻域中包含 E 中无穷多点,则显然点 x 是集 E 的极限点.

反之,如果点 x 是集 E 的极限点,设 G 是点 x 的任一邻域,则 G 中存在不同于 x 的点 x_1,由于 X 是 T_1 的,单点集是闭集,因此 G/X 是开集且是 x_1 的邻域,因此,其中存在不同于 x_1 的点 x_2(显然也不同于 x). 如此继续下去,假设已得 $x,x_1,\cdots,x_n$ 是集中不同的点,则由于 $\{x,x_1,\cdots,x_n\}$ 是闭集,从而 $G/\{x,x_1,\cdots,x_n\}$ 是开集. 于是 G 中存在不同于 $x,x_1,\cdots,x_n$ 的 E 中点 x_{n+1}. 如此继续下去,可知 G 中包含无穷多个 E 中点.

如不假设 X 是 T_1 的,取例 1.5.5. 设 $E=\{b\}$,则点 a 的仅有邻域 X 中包含有 $\{b\}$ 中不同于点 a 的点 b. 因此 a 点是集 $E=\{b\}$ 的极限点. 但是,X 中只有一个点 b 不同于 a. 故题中结论不成立.

25. **证**　设 X 具有可数基,$\{G_\alpha\}$ 是 X 的任一开覆盖,$\{F_n\}$ 是 X 的可数基,对于任一点 $x\in X$,存在可数基中的元 $F_n(x)$,使得 $x\in F_n(x)\subset G_n$,这样选取的集 $G_n(x)$ 的全体最多为可数的,X 的覆盖. 对于每一个 $G_n(x)$,选取包含它的集 G_α 中的一个,这样我们就得到一个最多为可数个集构成的子覆盖.

习　题　二

1. **证**　为证明 d_1 是 X 上的距离只需证明三角形不等式成立. 如果 $x=y$

则显然

$$d_1(x,y)=0\leqslant d_1(x,z)+d_1(z,y),\quad \forall z.$$

如果 $x\neq y$,则当 $x\neq z,y\neq z$ 时

$$d_1(x,y)=\|x-y\|+1\leqslant d_1(x,z)+d_1(z,y)=\|x-z\|+1+\|y-z\|+1.$$

如果 $x=z,z\neq y$ 时

$$d_1(x,y)=\|x-y\|+1\leqslant d_1(x,z)+d_1(z,y)=\|z-y\|+1=\|x-y\|+1.$$

如果 $x\neq z,z=y$ 时与前一情况类似. 总之,d_1 是 X 上的距离. 但是

$$d_1(x,0)=\begin{cases}\|x\|+1, & x\neq 0,\\ 0, & x=0.\end{cases}$$

显然不满足 $d_1(\alpha x,0)=|\alpha|d_1(x,0)$. 因此 d_1 不是由范数诱导的距离.

2. **证** 1) $\|x\|\geqslant 0$,且 $\|x\|=\sup\limits_n|\xi_n|=0\Leftrightarrow\forall n,\xi_n=0$ 即 $x=0$;

2) $\|\alpha x\|=\sup\limits_n|\alpha\xi_n|=|\alpha|\sup\limits_n|\xi_n|=|\alpha|\,\|x\|$;

3) $\|x+y\|=\sup\limits_n(|\xi_n+\eta_n|)\leqslant\sup\limits_n|\xi_n+\varsigma_n|+\sup\limits_n|\varsigma_n+\eta_n|=\|x+z\|+\|z+y\|$. 所以 l^∞ 是赋范空间.

3. **证** 设

$$x_n=\left\{1,\frac{1}{2},\cdots,\frac{1}{n},0,\cdots\right\}\in M\quad(n=1,2,\cdots),$$

$$x=\left\{1,\frac{1}{2},\cdots,\frac{1}{n},\cdots\right\}\in l^\infty.$$

则 $\|x_n-x\|=\sup\limits_{k\geqslant n+1}\dfrac{1}{k}\leqslant\dfrac{1}{n+1}\to 0(n\to\infty)$. 但 $x\notin M$. 所以 M 不是闭子空间.

4. **证** 考虑空间 l^∞,用 X 表示 l^∞ 中所有除去有穷个坐标之外其坐标为零的元的全体,则 X 是 l^∞ 的一个非闭子空间,命

$$x_n=(\underbrace{0,\cdots,0,\frac{1}{n^2}}_{n},0,\cdots)\quad(n=1,2,\cdots).$$

则 $x_n\in X$,并且

$$\sum_{n=1}^{\infty}\|x_n\|=\sum_{n=1}^{\infty}\frac{1}{n^2}<\infty,$$

但是

$$s_n=\sum_{k=1}^{n}x_k=\left(1,\frac{1}{2^2},\frac{1}{3^2},\cdots,\frac{1}{n^2},0,\cdots\right)\to\left(1,\frac{1}{2^2},\cdots,\frac{1}{n^2},\cdots\right).$$

$\{s_n\}$ 在 X 中显然不收敛 .

5. **证**　取 $x_1\in X_0$ 使得 $\|x-x_1\|<\frac{1}{2}$，则 $\|x_1\|\leqslant\|x\|+\|x-x_1\|\leqslant\|x\|-\frac{1}{2}$，由于 $\overline{X}_0=X$，可取 $x_2\in X_0$，使得 $\|x-x_1-x_2\|<\frac{1}{2^2}$，则

$$\|x_2\|\leqslant\|x-x_1-x_2\|+\|x-x_1\|<\frac{1}{2}+\frac{1}{2^2}<1.$$

同理可取 $x_3\in X_0$，使得 $\|x-x_1-x_2-x_3\|<\frac{1}{2^3}$，则

$$\|x_3\|\leqslant\|x-x_1-x_2-x_3\|+\|x-x_1-x_2\|<\frac{1}{2^2}+\frac{1}{2^3}<\frac{1}{2}.$$

如此继续下去，可得 $\{x_n\}\subset X_0$，使得 $\|x-\sum\limits_{k=1}^{n}x_k\|<\frac{1}{2^n}$ 且 $\|x_n\|<\frac{1}{2^{n-2}}$ $(n=2,3,\cdots)$，所以 $x=\sum\limits_{n=1}^{\infty}x_n$ 且 $\sum\limits_{n=1}^{\infty}\|x_n\|<\infty$.

6. **证**　如果 X 完备，由于 S 是 X 的闭子集，S 完备. 反之，如果 S 完备，$\{x_n\}$ 是 X 中的任意 Cauchy 列，由于 $\|\,\|x_m\|-\|x_n\|\,\|\leqslant\|x_m-x_n\|$，可知极限 $\lim\limits_{n\to\infty}\|x_n\|$ 存在，设 $\lim\limits_{n\to\infty}\|x_n\|=a$，如果 $a=0$ 则显然 $\|x_n\|$ 收敛．如果 $a\neq 0$，不妨设 $\|x_n\|\neq 0$，则 $\frac{x_n}{\|x_n\|}\in S$. 由于

$$\left\|\frac{x_m}{\|x_m\|}-\frac{x_n}{\|x_n\|}\right\|=\frac{1}{\|x_m\|\,\|x_n\|}\|\,\|x_n\|x_m-\|x_m\|x_n\|$$

$$\leqslant\frac{1}{\|x_m\|\,\|x_n\|}(\|x_n\|\,\|x_m-x_n\|+|\,\|x_n\|-\|x_m\|\,|\,\|x_m\|)\to 0\quad(n,m\to\infty)$$

即 $\left\{\frac{x_n}{\|x_n\|}\right\}$ 为 S 中的 Cauchy 列，由于 S 完备，存在 $x\in S$ 使得 $\lim\limits_{n\to\infty}\frac{x_n}{\|x_n\|}=x$，于是

$$\frac{1}{\|x_n\|}\|x_n-ax\|=\left\|\frac{x_n}{\|x_n\|}-\frac{a}{\|x_n\|}x\right\|\to\left\|x-\frac{a}{a}x\right\|=0\quad(n\to\infty),$$

所以 $\|x_n-ax\|=\|x_n\|\cdot\frac{1}{\|x_n\|}\|x_n-ax\|\to 0$，即 $\{x_n\}$ 收敛.

7. **证**　显然 c_0 是赋范空间. 下面证明它是 Banach 空间. 设 $x_k=\{\xi_n^{(k)}\}\in c_0$，$x_0=\{\xi_n^{(0)}\}$ 且

$$\|x_k-x_0\|=\sup_n|\xi_n^{(k)}-\xi_n^{(0)}|\to 0\quad(k\to\infty)$$

因此 $\forall\varepsilon$. 存在 N_1，使得当 $k>N_1$ 时

$$\| x_k - x_0 \| = \sup_n |\xi_n^{(k)} - \xi_n^{(0)}| < \frac{\varepsilon}{2}.$$

由于

$$|\xi_n^{(0)}| \leqslant |\xi_n^{(k)}| + |\xi_n^{(k)} - \xi_n^{(0)}| < |\xi_n^{(k)}| + \frac{\varepsilon}{2} \quad (k > N_1) \tag{1}$$

又由于 $x_k \in c_0$，$\xi_n^{(k)} \to 0$ $(n \to \infty)$. 故存在 $N(\geqslant N_1)$使得当 $n > N$ 时 $|\xi_n^{(k)}| < \frac{\varepsilon}{2}$. 由(1)及上式得

$$|\xi_n^{(0)}| < \varepsilon, \quad n > N,$$

即 $x_0 \in c_0$，由此知 c_0 是 l^∞ 的闭子空间，而 l^∞ 完备，所以 c_0 是 Banach 空间.

其次，证明 c_0 是可分的. 设 M 是一切有穷有理数列全体，M 是可数集. 任取 $y = \{\eta_n\} \in c_0$. $\forall \varepsilon$，存在 N，当 $n > N$ 时 $|\eta_n| < \varepsilon$. 对于$(\eta_1, \cdots, \eta_N) \in \mathbb{R}^N$存在$(\xi_1, \cdots, \xi_N) \in \mathbb{Q}^N$使得

$$\sup_{1 \leqslant n \leqslant N} |\eta_n - \xi_n| < \varepsilon,$$

其中$\mathbb{Q}$是有理数集. 从而存在 $x_0 = (\xi_1, \cdots, \xi_N, 0, \cdots) \in M$，使得 $\| y - x_0 \| < \varepsilon$. 即 M 在 c_0 中稠密 . c_0 可分.

8. **证**　1) $\| x \| = \left(\sum_{k=1}^{\infty} \| x_k \|^p \right)^{\frac{1}{p}} \geqslant 0$ 且 $\| x \| = 0$ 当且仅当 $x = 0$.

2) $\| \alpha x \| = \left(\sum_{k=1}^{\infty} \| \alpha x_k \|^p \right)^{\frac{1}{p}} = |\alpha| \left(\sum_{k=1}^{\infty} \| x_k \|^p \right)^{\frac{1}{p}} = |\alpha| \, \| x \|$.

3) $\left(\sum_{k=1}^{\infty} \| x_k + y_k \|^p \right)^{\frac{1}{p}} \leqslant \left(\sum_{k=1}^{\infty} \| x_k \|^p \right)^{\frac{1}{p}} + \left(\sum_{k=1}^{\infty} \| y_k \|^p \right)^{\frac{1}{p}} = \| x \| + \| y \|$.

9. **证**　离散情形的 Hölder 不等式与 Minkowski 不等式的证明参见§2.2. 只需证明 l^p 的完备性与可分性. 首先证明完备性. 设 $x_n = \{\xi_k^{(n)}\}$ $(n = 1, 2, \cdots)$是任意 Cauchy 列，于是 $\forall \varepsilon > 0$，存在 N 当 $i, j > N$ 时

$$\| x_i - x_j \| = \left(\sum_{k=1}^{\infty} |\xi_k^{(i)} - \xi_k^{(j)}|^p \right)^{\frac{1}{p}} < \varepsilon. \tag{2}$$

于是对于每一个下标 k，一致地有

$$|\xi_k^{(i)} - \xi_k^{(j)}| < \varepsilon.$$

从而，对于每一个下标 k 相应的数列$\{\xi_k^{(i)}\}$有极限 $\xi_k^{(0)}$：

$$\lim_{i \to \infty} \xi_k^{(i)} = \xi_k^{(0)} \quad （对于 k 一致地），$$

另一方面，由(2)对任意自然数 n

$$\left(\sum_{k=1}^{n} |\xi_k^{(i)} - \xi_k^{(j)}|^p \right)^{\frac{1}{p}} < \varepsilon \quad (i, j > N),$$

对上式，命 $j\to\infty$ 取极限则有

$$\left(\sum_{k=1}^{n}|\xi_k^{(i)}-\xi_k^{(0)}|^p\right)^{\frac{1}{p}}\leqslant\varepsilon\quad(i>N).$$

再命 $n\to\infty$，则有

$$\left(\sum_{k=1}^{\infty}|\xi_k^{(i)}-\xi_k^{(0)}|^p\right)^{\frac{1}{p}}\leqslant\varepsilon\quad(i>N).\tag{3}$$

设 $x_0=\{\xi_k^{(0)}\}$，则(3)表明 $(x_i-x_0)\in l^p$，由此知 $x_0=x_i-(x_i-x_0)\in l^p$，且(3)说明 $\|x_i-x_0\|\to0(i\to\infty)$.

下证 l^p 是可分的. 考虑如下形元之全体：$\{r_1,r_2,\cdots,r_n,0\cdots\}$，其中，$r_i$ 是有理数，n 是任意自然数，则它是一个可数集，今证它在 l^p 中稠密. 任取 $x=\{\xi_k\}\in l^p$. 对任意 $\varepsilon>0$，可选取自然数 n 使

$$\sum_{k=n+1}^{\infty}|\xi_k|^p<\frac{\varepsilon^p}{2},$$

再选取 $x_0=\{r_1,r_2,\cdots,r_n,0,\cdots\}$ 使得

$$\sum_{k=1}^{n}|\xi_k-r_k|^p<\frac{\varepsilon^p}{2}.$$

由此

$$\sum_{k=1}^{\infty}|\xi_k-r_k|^p=\sum_{k=1}^{n}|\xi_k-r_k|^p+\sum_{k=n+1}^{\infty}|\xi_k|^p<\frac{\varepsilon^p}{2}+\frac{\varepsilon^p}{2}=\varepsilon^p,$$

故 $\|x-x_0\|<\varepsilon$.

10. **证**　设 X 是任一线性空间，P 是 X 的所有线性无关子集构成的集族，由于 $\varnothing\in P$ 因此 P 是非空的. 以集的包含关系为序，P 是一个半序集. 设 $T=\{L_\alpha\}$ 是 P 的任意全序子族. 设 $L=\bigcup_\alpha L_\alpha$ 则 L 是线性无关的 X 的子集. 事实上，如果 $S=\{s_1,s_2\cdots,s_n\}$ 是 L 的任意有穷子集，由 T 的全序性，如果必要的话可重新编号则可排成 $L_{\alpha_1}\subset L_{\alpha_2}\subset\cdots\subset L_{\alpha_n}$. 因此 $s_i\in L_{\alpha_n}(i=1,2,\cdots,n)$，于是由于 S 是线性无关集 $L\alpha_n$ 的有穷子集，则 S 也是线性无关的. 于是 T 是 L 的一个上界，于是由 Zorn 引理，P 中有一个极大元 B. 则 X 的每一元必属于 B 的线性包. 因为如果存在 $x\in X$，x 不属于 B 的线性包，则 $B\cup\{x\}$ 是 X 的线性无关子集且 $B\cup\{x\}\supset B$ 但 $\neq B$. 这与 B 的极大性矛盾. 故 B 的线性包为 X. B 是 X 的 Hamel 基.

11. **证**　$\forall x,y\in\mathrm{Co}(A)$ 则存在 $\lambda_i(i=1,2,\cdots,n)\geqslant0,\sum_{i=1}^{n}\lambda_i=1,x_i\in A$，使得 $x=\sum_{i=1}^{n}\lambda_i x_i$. 类似地，存在 $\mu_j(j=1,2,\cdots,m)\geqslant0,\sum_{j=1}^{m}\mu_j=1,y_j\in A$

使得 $y=\sum_{j=1}^{m}\mu_j y_j$. 因而 $\forall \alpha\in[0,1]$ 恒有

$$\sum_{i=1}^{n}\alpha\lambda_i+\sum_{j=1}^{m}(1-\alpha)\mu_j=\alpha+(1-\alpha)=1.$$

所以

$$\alpha\sum_{i=1}^{n}\lambda_i x_i+(1-\alpha)\sum_{j=1}^{m}\mu_j y_j=\sum_{i=1}^{n}\alpha\lambda_i x_i+\sum_{j=1}^{m}(1-\alpha)\mu_j y_j\in \mathrm{Co}(A).$$

即 $\mathrm{Co}(A)$是凸集且显然 $A\subset \mathrm{Co}(A)$.

另一方面,设 E 是包含 A 的凸集 $x_1,x_2,x_3\in A,\lambda_i>0,\lambda_1+\lambda_2+\lambda_3=1$. 则

$$\lambda_1x_1+\lambda_2x_2+\lambda_3x_3=\lambda_1+(\lambda_2+\lambda_3)\left(\frac{\lambda_2}{\lambda_2+\lambda_3}x_2+\frac{\lambda_3}{\lambda_2+\lambda_3}x_3\right).$$

由于

$$\frac{\lambda_2}{\lambda_2+\lambda_3}+\frac{\lambda_3}{\lambda_2+\lambda_3}=1,$$

所以

$$\frac{\lambda_2}{\lambda_2+\lambda_3}x_2+\frac{\lambda_3}{\lambda_2+\lambda_3}x_3\in E,\quad \lambda_1x_1+\lambda_2x_2+\lambda_3x_3\in E.$$

可用归纳法证明,对于 $x_1,x_2,\cdots,x_n\in A,\lambda_i>0,\sum_{i=1}^{n}\lambda_i=1$ 恒有 $\sum_{i=1}^{n}\lambda_i x_i\in E$. 从而 $\mathrm{Co}(A)\subset E$. 故 $\mathrm{Co}(A)$ 是包含 A 的最小凸集 .

12. **证** 显然,$L^\infty(E)\subset L^p(E)$. 只需考虑 $mE>0$, $\|x\|_\infty\neq 0$ 的情形. 选取零测度集 $E_0\subset E$ 使得 $\|x\|_\infty=\sup\limits_{E\backslash E_0}|x(t)|$. 于是

$$\int_E|x(t)|^p\mathrm{d}t=\int_{E\backslash E_0}|x(t)|^p\mathrm{d}t\leqslant\|x\|_\infty^p mE.$$

由于$(mE)^{\frac{1}{p}}\to 1(p\to\infty)$,由上式

$$\limsup_{p\to\infty}\|x\|_p\leqslant\|x\|_\infty.$$

另一方面,任取 $\varepsilon<\|x\|_\infty$. 集 $E_\varepsilon=\{t\in E:|x(t)|\geqslant\|x\|_\infty-\varepsilon\}$,不会是零测度集,因为它是零测度集,在 E 中去掉这个集后$|x(t)|$在 $E\backslash E_0$ 中的上确界不超过 $\|x\|_\infty-\varepsilon$,这显然和 $\|x\|_\infty$的定义矛盾 . 因此

$$\|x\|_p=\left(\int_{E\varepsilon}|x(t)|^p\mathrm{d}f\right)^{\frac{1}{p}}\geqslant(\|x\|_\infty-\varepsilon)(mE\varepsilon)^{\frac{1}{p}}.$$

命 $p\to\infty$则有

$$\liminf_{n\to\infty}\|x\|_p\geqslant\|x\|_\infty-\varepsilon,$$

由于 ε 是任意的,即得

$$\lim_{p\to\infty}\|x\|_p=\|x\|_\infty.$$

13. **证**　由于

$$\max(\|x_1\|_1,\|x_2\|_2)\leqslant\|x_1\|_1+\|x_2\|_2\leqslant 2\max(\|x_1\|_1,\|x_2\|_2),$$

得 $\|z\|_2\leqslant\|z\|_1\leqslant 2\|z\|_2$.

14. **证**　由于 $(X,\|\cdot\|)=C[a,b]$ 是 Banach 空间，而 $(X,\|\cdot\|_1)$ 不完备．所以 $\|\cdot\|$ 与 $\|\cdot\|_1$ 不等价.

15. **证**　设 $\{y_k\}=\{\eta_i^{(k)}\}$ 是 M 中任一 Cauchy 列. 则 $\forall\varepsilon>0$，存在 $m_0(\varepsilon)$，使得 $m,k\geqslant m_0(\varepsilon)$ 时

$$\|y_k-y_m\|=\sup_n\left\|\sum_{i=1}^n(\eta_i^{(m)}-\eta_i^{(k)})e_i\right\|<\varepsilon.$$

从而

$$\left\|\sum_{i=1}^n(\eta_i^{(m)}-\eta_i^{(k)})e_i\right\|<\varepsilon,\quad\forall m,k\geqslant m_0(\varepsilon),\forall n.\tag{4}$$

由此

$$\begin{aligned}\|(\eta_n^{(m)}-\eta_n^{(k)})e_n\|&=\left\|\sum_{i=1}^n(\eta_i^{(m)}-\eta_i^{(k)})e_i-\sum_{i=1}^{n-1}(\eta_i^{(m)}-\eta_i^{(k)})e_i\right\|\\&\leqslant\left\|\sum_{i=1}^n(\eta_i^{(m)}-\eta_i^{(k)})e_i\right\|+\left\|\sum_{i=1}^{n-1}(\eta_i^{(m)}-\eta_i^{(k)})e_i\right\|<2\varepsilon.\end{aligned}$$

$$|\eta_n^{(m)}-\eta_n^{(k)}|<\frac{2\varepsilon}{\|e_n\|}.\quad\forall m,k\geqslant m_0(\varepsilon),\forall n.$$

从而数列 $\{\eta_n^{(m)}\}_{m=1,2,\cdots}$ 收敛于某一极限 $\eta_n^{(0)}$. 即

$$\lim_{m\to\infty}\eta_n^{(m)}=\eta_n^{(0)},\forall n.$$

在(4)中命 $k\to\infty$ 则有

$$\left\|\sum_{i=1}^n(\eta_i^{(m)}-\eta_i^{(0)})e_i\right\|\leqslant\varepsilon,\quad\forall m\geqslant m_0(\varepsilon),\forall n.\tag{5}$$

命

$$S_n^{(m)}=\sum_{i=1}^n\eta_i^{(m)}e_i;\quad S_n^{(0)}=\sum_{i=1}^n\eta_i^{(0)}e_i,$$

则由(5)

$$\|S_{n+p}^{(0)}-S_n^{(0)}\|\leqslant\|S_{n+p}^{(m)}-S_n^{(m)}\|+2\varepsilon,\quad\forall m\geqslant m_0(\varepsilon),\forall n,p.$$

今 $\forall\delta>0$(先给)选择 ε，从而选择 $m_0(\varepsilon)$，使 $2\varepsilon<\frac{1}{2}\delta$. 固定 $m\geqslant m_0(\varepsilon)$ 后再取 n_0，使得

$$\| S_{n+p}^{(m)} - S_n^{(m)} \| < \frac{\delta}{2}, \quad \forall n \geqslant n_0, \forall p.$$

（由于 $\sum_{i=1}^{\infty} \eta_i^{(m)} e_i$ 收敛，这是可能的）于是

$$\| S_{n+p}^{(0)} - S_n^{(0)} \| < \frac{\delta}{2} + 2\varepsilon \leqslant \delta, \quad \forall n > n_0, \forall p,$$

换句话说，级数 $\sum_{i=1}^{\infty} \eta_i^{(0)} e_i$ 收敛，从而 $y_0 = \{\eta_i^{(0)}\} \in M$. 并且由(5)

$$\sup_n \left\| \sum_{i=1}^{n} (\eta_i^{(m)} - \eta_i^{(0)}) e_i \right\| \leqslant \varepsilon, \quad \forall m_0 \geqslant m_0(\varepsilon),$$

即 $y_k \to y_0 (k \to \infty)$，$(M, \| \cdot \|_1)$是 Banach 空间.

16. **证** 1) 对给定 $x \in X$，命

$$B = \{ y \in Y : \| y \| \leqslant 2 \| x \| \}.$$

于是

$$d(x, B) = \inf_{\bar{y} \in B} \| x - \bar{y} \| \leqslant \| x \|.$$

因此，如果 $y \notin B$，则 $\| y \| > 2 \| x \|$ 且

$$\| x - y \| > \| y \| - \| x \| > \| x \| \geqslant 2d(x, B).$$

这说明，如果关于 x 的最佳逼近存在必在 B 中，$B \subset Y$ 是紧子集并且范数是连续函数，必存在 $y_0 \in B$，使得 $\| x - y \|$ 在 $y = y_0$ 点达到极小.

2) 设 Y 是 $C\left[0, \frac{1}{2}\right]$ 中所有多项式集，则 Y 是 X 的子空间且 $\dim Y = \infty$，命 $x(t) = \frac{1}{1-t}$，则存在多项式 y，使得 $\| x - y \| < \varepsilon$. 因此 $d(x, Y) = 0$. 如果存在 $y_0 \in Y$，使得 $\| x - y_0 \| = \delta = 0$，则 $x = y_0$，但是 x 不是多项式，所以不存在 $y_0 \in Y$，使得 $\| x - y_0 \| = \delta$.

3) 设$(X, \| \cdot \|)$是有序实数对(ξ_1, ξ_2)全体所构成的线性空间，定义

$$\| x \| = |\xi_1| + |\xi_2|, \quad x = (\xi_1, \xi_2).$$

取 $x = (1, -1) \in X$. 命

$$Y = \{ (\eta, \eta) \in X : \forall \eta \}.$$

则 Y 是 X 的子空间. $\forall y \in Y$，显然 $\| x - y \| = |1 - \eta| + |-1 - \eta| \geqslant 2$，$d(x, Y) = 2$，且 $y = (\eta, \eta)$，$|\eta| \leqslant 1$，都是 x 关于 Y 的最佳逼近.

4) 设 M 是 $x \in X$ 关于 Y 的最佳逼近点集．如果 $M = \varnothing$ 或只含一个点，结论显然成立. 如果 $y, z \in M$ 则 $\| x - z \| = \| x - y \| = \delta$. 命

$$w = \alpha y + (1 - \alpha) z \quad (0 \leqslant \alpha \leqslant 1).$$

则 $w \in Y$ 由此 $\| x - w \| \geqslant \delta$. 另一方面

$$\begin{aligned}\|x-w\| &= \|x-\alpha y-(1-\alpha)z\| \\ &= \|\alpha(x-y)+(1-\alpha)(x-z)\| \\ &\leqslant \alpha\|x-y\|+(1-\alpha)\|x-z\| \\ &= \alpha\delta+(1-\alpha)\delta=\delta.\end{aligned}$$

所以 $\|x-w\|=\delta$,即 $w\in M$,M 是凸集.

17. **证** 1)设,$(X,\|\cdot\|)$是严格凸的且如果 $\|x+y\|=\|x\|+\|y\|$,则

$$\begin{aligned}2\geqslant\left\|\frac{x}{\|x\|}+\frac{y}{\|y\|}\right\| &\geqslant\left\|\frac{x}{\|x\|}+\frac{y}{\|x\|}\right\|-\left\|\frac{y}{\|x\|}-\frac{y}{\|y\|}\right\| \\ &=\frac{\|x+y\|}{\|x\|}-\frac{(\|y\|-\|x\|)\|y\|}{\|x\|\ \|y\|} \\ &=1+\frac{\|y\|}{\|x\|}-\left(\frac{\|y\|}{\|x\|}-1\right)=2.\end{aligned}$$

于是

$$\left\|\frac{x}{\|x\|}+\frac{y}{\|y\|}\right\|=2,$$

从而 $\frac{x}{\|x\|}=\frac{y}{\|y\|}$,$x=\frac{\|x\|}{\|y\|}y$.

反之,如果对任意 $x,y\in X$,$\|x+y\|=\|x\|+\|y\|$ 必有 $x=\alpha y(\alpha>0)$. 则如果 $x\neq y$ 且 $\|x\|=\|y\|=1$,有 $\|x+y\|=2$. 则 $\|x+y\|=\|x\|+\|y\|$,从而 $x=\alpha y$ $(\alpha>0)$并且由此 $1=\|x\|=\alpha\|y\|=\alpha$. 从而 $x=y$ 与 $x\neq y$ 矛盾.

2) 设 $\|x-z\|=\delta$, $\|x-w\|=\delta$, $w,z\in Y$,则

$$\left\|\frac{x-z}{\delta}\right\|=\left\|\frac{x-w}{\delta}\right\|=1.$$

如果 $\frac{x-z}{\delta}\neq\frac{x-w}{\delta}$,则由严格凸性,有

$$\left\|\frac{(x-z)+(x-w)}{\delta}\right\|<2.$$

即

$$\left\|x-\frac{z+w}{z}\right\|<\delta.$$

这与 x 关于 Y 的最佳逼近点集是凸集矛盾,故 $z=w$.

18. **证** 1) 取

$$x(t)=\begin{cases}\dfrac{2(t-a)}{b-a}, & t\in\left[a,\dfrac{a+b}{2}\right],\\ 1, & t\in\left(\dfrac{a+b}{2},b\right],\end{cases}$$

$$y(t)=\begin{cases}\varepsilon+\dfrac{2(1-\varepsilon)}{b-a}(t-a), & t\in\left[a,\dfrac{a+b}{2}\right],\\ 1, & t\in\left(\dfrac{a+b}{2},b\right],\end{cases}$$

显然对任意 $1>\varepsilon>0,x,y\in C[a,b],\|x\|=\|y\|=1,\|x-y\|\geqslant\varepsilon$,但恒有 $\|x+y\|=2$,因此 $C[a,b]$ 不是一致凸的.

2) 取

$$x(t)=\begin{cases}0, & t\in\left[a,\dfrac{a+b}{2}\right],\\ \dfrac{2}{b-a}, & t\in\left(\dfrac{a+b}{2},b\right],\end{cases}$$

$$y(t)=\begin{cases}\dfrac{2}{b-a}, & t\in\left[a,\dfrac{a+b}{2}\right],\\ 0, & t\in\left(\dfrac{a+b}{2},b\right],\end{cases}$$

$x,y\in L^1[a,b],\|x\|=\|y\|=1$,且对任意 $1>\varepsilon>0$,有 $\|x-y\|\geqslant\varepsilon$,但是 $\|x+y\|=2$,因此 $L^1[a,b]$ 不是一致凸的.

3) 假设 X 是一致凸的但不是严格凸的.则必存在两个非零元 x_0,y_0 使得

$$\|x_0+y_0\|=\|x_0\|+\|y_0\|,\quad x_0\neq\alpha y_0(\forall\alpha>0).$$

于是

$$\left\|\frac{x_0}{\|x_0\|}-\frac{x_0+y_0}{\|x_0+y_0\|}\right\|\neq0,\quad \left\|\frac{y_0}{\|y_0\|}-\frac{x_0+y_0}{\|x_0+y_0\|}\right\|\neq0,$$

由于 X 是一致凸的,由上式可知

$$\left\|\frac{x_0}{\|x_0\|}+\frac{x_0+y_0}{\|x_0+y_0\|}\right\|\neq2,\quad \left\|\frac{y_0}{\|y_0\|}+\frac{x_0+y_0}{\|x_0+y_0\|}\right\|\neq2,$$

由三角形不等式

$$\left\|\frac{x_0}{\|x_0\|}+\frac{x_0+y_0}{\|x_0+y_0\|}\right\|<2,\quad \left\|\frac{y_0}{\|y_0\|}+\frac{x_0+y_0}{\|x_0+y_0\|}\right\|<2.$$

将上两式整理相加,则有

$$\|(x_0+y_0)\|x_0+y_0\|+(\|x_0\|+\|y_0\|)(x_0+y_0)\|$$

$$\leqslant \|(x_0 \mid x_0+y_0\| + \|x_0\|(x_0+y_0))\| * \|(y_0\|x_0+y_0\| + \|y_0\|(x_0+y_0))\|$$
$$\leqslant 2(\|x_0\|+\|y_0\|)\|x_0+y_0\|.$$

根据 x_0, y_0 的假设条件，则有 $2(\|x_0\|+\|y_0\|)^2 < 2(\|x_0\|+\|y_0\|)^2$，矛盾.

习 题 三

1. **证** T 是 l^1 上的线性算子显然，其次

$$\|Tx\| = \sum_{k=1}^{\infty} |a_k\xi_k| \leqslant \left(\sup_{k\geqslant 1}|a_k|\right)\left(\sum_{k=1}^{\infty}|\xi_k|\right) = \left(\sup_{k\geqslant 1}|a_k|\right)\|x\|.$$

由此得 T 是 l^1 上的有界线性算子并且

$$\|T\| \leqslant \sup_{k\geqslant 1}|\alpha_k|.$$

另一方面，对任意自然数 n 存在n_i，使得

$$|\alpha_{n_i}| > \sup_{i\geqslant 1}|\alpha_i| - \frac{1}{n}.$$

取 $x_0 = e_{n_i}$（第 n_i 项为 1 其余项都为零的数列），则 $\|x_0\|=1$，且

$$\|Tx_0\| = |\alpha_{n_i}| \leqslant \|T\|\ \|x_0\| = \|T\|,$$

因此

$$\sup_{i\geqslant 1}|\alpha_i| - \frac{1}{n}, \quad \forall n,$$

所以

$$\sup_{i\geqslant 1}|\alpha_i| \leqslant \|T\|,$$

故

$$\|T\| = \sup_{k\geqslant 1}|\alpha_k|.$$

2. **解** 设 f 是$\mathbb{R}^n$上的线性泛函，对于 $x\in\mathbb{R}^n$，$x=\xi_1e_1+\cdots+\xi_ne_n$，

$$f(x) = f\left(\sum_{k=1}^{n}\xi_k e_k\right) = \sum_{k=1}^{n}\xi_k f(e_k) = \sum_{k=1}^{n}\xi_k f_k,$$

其中 $f_k = f(e_k)(k=1,\cdots,n)$，反之形如

$$f(x) = \sum_{k=1}^{n}\xi_k f_k$$

的表达式，其中 f_k 是任意实数，给出了$\mathbb{R}^n$上线性泛函的一般形式.

1) 如果 $\|x\| = \sup\limits_{1\leqslant k\leqslant n}|\xi_k|$，则

$$|f(x)| = \left|\sum_{k=1}^{n}\xi_k f_k\right| \leqslant \sum_{k=1}^{n}|\xi_k||f_k| \leqslant \left(\sum_{k=1}^{n}|f_k|\right)\|x\|.$$

由此 $\|f\| \leqslant \sum\limits_{k=1}^{n}|f_k|$. 另一方面，取

$$x_0=\sum_{k=1}^{n}\mathrm{Sgn} f_k\cdot e_k\in\mathbb{R}^n,$$

则 $\|x_0\|=1$,且

$$f(x_0)=\sum_{k=1}^{n}\mathrm{Sgn} f_k\cdot f_k=\sum_{k=1}^{n}|f_k|=\left(\sum_{k=1}^{n}|f_k|\right)\|x_0\|.$$

因此 $\|f\|\geqslant\sum\limits_{k=1}^{n}|f_k|$,故 $\|f\|=\sum\limits_{k=1}^{n}|f_k|$.

2) 设 $\|x\|=\sum\limits_{k=1}^{n}|\xi_k|$. 则

$$|f(x)|=\left|\sum_{k=1}^{n}\xi_k f_k\right|\leqslant\sum_{k=1}^{n}|\xi_k||f_k|=\left(\sum_{k=1}^{n}|\xi_k|\right)\left(\sup_{1\leqslant k\leqslant n}|f_k|\right)\|x\|,$$

由此得, $\|f\|\leqslant\sup\limits_{1\leqslant k\leqslant n}|f_k|$. 反之,设 $f=(f_1,\cdots,f_n)$,且 $|f_{k_0}|=\sup\limits_{1\leqslant k\leqslant n}|f_k|$. 取

$$x_0=\sum_{k=1}^{n}\mathrm{Sgn} f_{k_0}\cdot e_k,$$

则 $x_0\in\mathbb{R}^n$, $\|x_0\|=1$,且

$$f(x_0)=\sum_{k=1}^{n}\mathrm{Sgn} f_{k_0}\cdot f_k=|f_{k_0}|=\left(\sup_{1\leqslant k\leqslant n}|f_k|\right)\|x_0\|,$$

由此 $\|f\|\geqslant\sup\limits_{1\leqslant k\leqslant n}|f_k|$ 故 $\|f\|=\sup\limits_{1\leqslant k\leqslant n}|f_k|$.

3. **证** 设 X 自反, $J:X\to X^{**}=J(X)$ 是典型映射. 今证 X^* 自反. 任取, $x^{***}\in X^{***}$ 命

$$x^*=x^{***}\circ J:X\to\mathbb{K}.$$

显然 $x^*\in X^*$. 因为 $x^{***}(Jx)=x^*(x)=(Jx)(x^*)$ 及 $R(J)=X^{**}$,因此

$$x^{***}(x^{**})=x^{**}(x^*)\quad(x^{**}\in X^{**}).$$

由此知, $J_1x^*=x^{***}$,其中 $J_1:X^*\to X^{***}$ 为典型映射,且 $R(J_1)=X^{***}$. 所以 X^* 自反.

设 X^* 自反,假设 X 不自反. $J(X)=X_0$,因为 J 是 X 上到 X_0 上 的等距同构映射且 X 完备,因此 X_0 是 X^{**} 闭子空间,由 Hahn-Banach 定理的推论,存在 $x_0{}^{***}\in X^{***}$ 使得

$$\|x_0^{***}\|=1,且\ x_0^{***}(x^{**})=0\quad(x^{**}\in J(X)).$$

因为 $J_1(X^*)X^{***}$,存在 $x_0^*\in X^*$,使得

$$\|x_0^*\|=\|x_0^{***}\|=1,\quad J_1x_0^*=x_0^{***}.$$

因而

$$x_0^*(x)=(Jx)(x_0^*)=x_0^{***}(Jx)=0\quad(x\in X),$$

因此 $x_0^*=0\in X^*$,这与 $\|x_0^*\|=1$ 矛盾,所以 X 自反.

4. **证**　因 X^* 可分，则 X^* 中的单位球面 $U=\{f\in X^*:\|f\|=1\}$ 也是可分的，设 $\{f_n\}$ 是 U 的可数稠密子集，且

$$1=\|f_n\|=\sup_{\|x\|=1}|f_n(x)|.$$

于是存在 $x_n\in X$，$\|x_n\|=1$，使得

$$|f_n(x_n)|\geqslant\frac{1}{2}\quad(n=1,2,\cdots).$$

设 Y 是由 $\{x_n\}$ 张成的闭线性子空间，则 Y 是可分的，我们证明 $Y=X$ 从而 X 是可分的，假设 $Y\neq X$ 由 Habn-Banach 定理，存在 $f\in X^*$，使得

$$\|f\|=1,f(y)=0(y\in Y).$$

于是

$$\begin{aligned}\frac{1}{2}&\leqslant|f_n(x_n)|=|f_n(x_n)-f(x_n)|=|(f_n-f)(x_n)|\\&\leqslant\|f_n-f\|\|x_n\|=\|f_n-f\|\quad(n=1,2,\cdots).\end{aligned}$$

这与 $\{f_n\}$ 在 U 中稠密矛盾.

5. **证法 1**　假设 $L^1[a,b]$ 是自反的，则在典型映射下 $L^1[a,b]$ 与 $(L^1[a,b])^{**}$ 等距同构，从而由习题 4 的结果，$(L^1[a,b])^{**}$ 也是可分的，而已知 $(L^1[a,b])^*=L^\infty[a,b]$ 不可分，矛盾. 所以 $L^1[a,b]$ 不是自反的.

证法 2　由 § 5.3 例 5.3.2 知，$L^1[a,b]$ 不是任何 Banach 空间的共轭空间，所以 $L^1[a,b]$ 不是自反的.

类似地可以证明 l^1 不是自反的.

6. 证　命

$$f_n(y)=\int_a^b x_n(t)y(t)\mathrm{d}t,\quad y\in L^q[a,b],n=1,2,\cdots$$

则 f_n 是 $L^p[a,b]$ 上的有界线性泛函且 $\|f_n\|=\|x_n\|(n=1,2,\cdots)$. 如果对于每一个 $y\in L^q[a,b]$，$\int_a^b x_n(t)y(t)\mathrm{d}t\to0(n\to\infty)$，则 $\sup\limits_n|f_n(y)|<\infty$，于是由 Banach-Seinhaus 定理 $\{\|x_n\|\}$ 有界，即 $\sup\limits_n\|x_n\|<\infty$，且对于每一个可测子集 $E\subset[a,b]$，$\chi_E\in L^q[a,b]$，

$$\int_E x_n(t)\mathrm{d}t=\int_a^b x_n(t)\chi_E(t)\mathrm{d}t\to0\quad(n\to\infty).$$

反之，$\forall\, y\in L^q[a,b]$ 由于所有简单函数集在 $L^q[a,b]$ 中稠密. 因此存在简单函数列 $\{y_m\}$ 使得 $\|y_m-y\|\to0(m\to\infty)$. 每一个简单函数是特征函数的有穷线性组合，因此

$$\int_a^b x_n(t)y_m(t)\mathrm{d}t\to0\quad(n\to\infty)\ \forall\, m.$$

于是

$$\begin{aligned}\left|\int_a^b x_n(t)y(t)\mathrm{d}t\right| &= \left|\int_a^b (x_ny_m - x_ny_m + x_ny)(t)\mathrm{d}t\right| \\ &\leqslant \left|\int_a^b x_ny_m(t)\mathrm{d}t\right| + \int_a^b |(x_n(y_m-y))(t)|\mathrm{d}t \\ &\leqslant \left|\int_a^b (x_ny_m)(t)\mathrm{d}t\right| + \|x_n\|\|y_m-y\|.\end{aligned}$$

取充分大的 m 使 $\|y_m-y\|<\dfrac{\varepsilon}{2M}$,其中 $M\geqslant\sup\limits_n\|x_n\|$,然后固定 m,存在 N 当 $n>N$ 时

$$\left|\int_a^b (x_ny_m)(t)\mathrm{d}t\right|<\frac{\varepsilon}{2},$$

于是当 $n>N$ 时

$$\left|\int_a^b (x_ny)(t)\mathrm{d}t\right|<\frac{\varepsilon}{2}+\frac{\varepsilon}{2}=\varepsilon.$$

即

$$\int_a^b x_n(t)y(t)\mathrm{d}t\to 0\quad(n\to\infty).$$

7. **证** 设 $M_k=\{x\in X:p(x)\leqslant k\}(k=1,2,\cdots)$,则

$$X=\bigcup_{k=1}^{\infty}M_k.$$

由条件 3),每一个 M_k 是闭集,于是由 Bairé 纲定理存在 k_0 及球 $\bar{S}(x_0,r_0)$使得 $\bar{S}(x_0,r_0)\subset M_{k_0}$. 于是对任意 $\|x\|\leqslant r_0$,则 $x_0+x\in\bar{S}(x_0,r_0)$,所以

$$p(x)=p(-x_0+x_0+x)\leqslant p(-x_0)+p(x_0+x)\leqslant p(-x_0)+k_0.$$

于是 $\forall x\in X,x\neq 0$ 则

$$p\left(\frac{x}{\|x\|}r_0\right)=\frac{r_0}{\|x\|}p(x)\leqslant p(-x_0)+k_0.$$

故

$$p(x)\leqslant\frac{1}{r_0}(p(-x_0)+k_0)\|x\|\quad(x\in X).$$

8. **证** 设 $p_n(f)=\sum\limits_{k=1}^{n}|f(x_k)|$,则

$$p_n(f+g)\leqslant p_n(f)+p_n(g);\quad p_n(\alpha f)=\alpha p_n(f)\quad(\alpha\geqslant 0).$$

设 $\|f_m-f\|\to 0$ 则当 $m\to\infty$时

$$|p_n(f_m)-p_n(f)|=\left|\sum_{k=1}^{n}|f_m(x_k)|-\sum_{k=1}^{n}|f(x_k)|\right|\leqslant\sum_{k=1}^{n}\|f_m(x_k)|-|f(x_k)\|$$

$$\leqslant \sum_{k=1}^{n} |(f_m - f)(x_k)| \leqslant \| f_m - f \| \sum_{k=1}^{n} \| x_k \| \to 0 \quad (m \to \infty).$$

命

$$M_{n,k} = \{f \in X^* : p_n(f) \leqslant k\}.$$

由上每一个 $M_{n,k}$ 是闭集，从而

$$M_k = \bigcap_{n=1}^{\infty} M_{n,k}$$

是闭集. 由题设，对于每一个 $f \in X^*$，$\sum_{k=1}^{\infty} | f(x_k) | < \infty$，于是

$$X^* = \bigcup_{k=1}^{\infty} M_k.$$

由 Bairé 纲定理，存在球 $\overline{S}(f_0, r_0) \subset M_{k_0}$，$\forall f \in X^*$，$f \neq 0$，则

$$f_0 \pm \frac{f}{\| f \|} r_0 \in \overline{S}(f_0, r_0),$$

所以

$$\sum_{k=1}^{\infty} \left| \left(f_0 \pm \frac{f}{\| f \|} r_0\right)(x_k) \right| \leqslant k_0 ,$$

$$\sum_{k=1}^{\infty} \left| \frac{2r_0 f}{\| f \|}(x_k) \right| \leqslant \sum_{k=1}^{\infty} \left| \left(\frac{f}{\| f \|} r_0 + \frac{f}{\| f \|} r_0 - f_0 \right)(x_k) \right|$$

$$\leqslant \sum_{k=1}^{\infty} \left| \frac{f}{\| f \|} r_0 + f_0(x_k) \right| + \sum_{k=1}^{\infty} \left| \left(\frac{f}{\| f \|} r_0 - f_0 \right)(x_k) \right| \leqslant 2k_0.$$

故

$$\sum_{k=1}^{\infty} | f(x_k) | \leqslant \frac{k_0}{r_0} \| f \| \quad (f \in X^*).$$

9. **证**　对于每一 $\alpha \in I$，$\| T_\alpha x \|$ 是 x 的连续函数. 由于

$$\sup_{\alpha \in I} \| T_\alpha x \| < \infty, \quad \forall x \in X.$$

因此对于每一个 $x \in X$

$$\| T_\alpha x \| \leqslant \sup_{\alpha \in I} \| T_\alpha x \| < \infty, \quad \forall \alpha \in I.$$

于是由习题一第 15 题的结果，存在常数 M_1 及开集 U 使得

$$\| T_\alpha x \| \leqslant M_1, \quad \forall x \in U, \forall \alpha \in I.$$

选取开球 $B = \{x \in X : \| x - x_0 \| < r\}$，使得 $B \subset U$. $\forall x \in X$，则

$$\frac{x}{2 \| x \|} r + x_0 \in B.$$

于是

$$\left\| T_\alpha \left(\frac{x}{2 \| x \|} r + x_0 \right) \right\| \leqslant M_1, \quad \forall \alpha \in I.$$

$$\left\|T_\alpha \frac{x}{2\|x\|}r\right\| \leqslant \left\|T_\alpha\left(\frac{x}{2\|x\|}r+x_0\right)-T_\alpha x_0\right\|$$

$$\leqslant \left\|T_\alpha(\frac{x}{2\|x\|}r+x_0)\right\|+\|T_\alpha x_0\|\leqslant M_1+M_2, \quad \forall \alpha\in I.$$

其中 $\|T_\alpha x_0\|<M_2, \forall \alpha\in I$. 所以

$$\|T_\alpha x\|\leqslant\frac{2}{r}(M_1+M_2)\|x\|, \forall x\in X, \quad \forall \alpha\in I.$$

10. **证** 在 X 中定义 $\|(a,b)\|_1=\|a\|+\|b\|, a\in A, b\in B$, 则 $(X, \|\cdot\|_1)$ 是 Banach 空间, 命

$$(a,b)\to a+b=x, \quad a\in A, b\in B.$$

则它是 $(X,\|\cdot\|_1)$ 上到 $(X,\|\cdot\|)$ 上的 1-1 线性算子且 $\|a+b\|\leqslant\|a\|+\|b\|$, 于是由 Banach 逆算子定理, 逆算子是有界算子, 即存在常数 M 使得

$$\|a\|+\|b\|\leqslant M\|x\|.$$

11. **证** 设 $x_n\to x, Tx_n\to y(n\to\infty)$ 则 $(x_n-x)\to 0(n\to\infty)$. 由题设对于每一个 $f\in Y^*, f(T(x_n-x))\to 0(n\to\infty)$. 于是

$$f(y)=\lim_{n\to\infty}f(Tx_n)=f(Tx).$$

所以 $y=Tx$, 由闭图象定理, T 连续.

12. **证** 由 Schauder 基的定义, 对于每一 $x\in X, x=\sum\limits_{k=1}^{\infty}\alpha_k e_k$ 是惟一的, 由此对于每一个 n, f_n 是 X 上的线性泛函, 对于每一元 $x\in X, x=\sum\limits_{k=1}^{\infty}\alpha_k e_k$, 有惟一元 $y\in M, y=\{\alpha_k\}$ 与之对应(参见习题二第 15 题). 反之, 每一个 $y=\{\alpha_k\}\in M$ 有 $x\in X$ 与之对应, 命这个对应关系为 $x\in X$ 与之对应, 命这个对应关系为 $x=Ay$, 显然 A 是 Banach 空间 $(M,\|\cdot\|)$ 到 Banach 空间 X 上的一对一的线性算子, 并且由于

$$\|Ay\|=\|x\|=\left\|\sum_{k=1}^{\infty}\alpha_k e_k\right\|\leqslant\sup_n\left\|\sum_{k=1}^{n}\alpha_k e_k\right\|=\|y\|.$$

可见 A 是有界线性算子, 于是由 Banach 逆算子定理 A^{-1} 有界, 对于任意 $x\in X, x=\sum\limits_{k=1}^{\infty}\alpha_k e_k$, 则

$$|f_k(x)|=|\alpha_k|=\frac{|\alpha_k|\,\|e_k\|}{\|e_k\|}=\frac{\|\sum_{i=1}^{k}\alpha_i e_i-\sum_{i=1}^{k-1}\alpha_i e_i\|}{\|e_k\|}$$

$$\leqslant 2\sup_n\|\sum_{i=1}^{n}\alpha_i e_i\|\cdot\frac{1}{\|e_k\|}=\frac{2\|y\|}{\|e_k\|}$$

$$=\frac{2\|A^{-1}x\|}{\|e_k\|}\leqslant\frac{2\|A^{-1}\|}{\|e_k\|}\|x\| \quad (x\in X).$$

故对每一个 n,f_n 是有界线性泛函.

13. **证**　如果 f 有界,显然 $\mathcal{N}(f)$是闭子空间,反之,如果 $\mathcal{N}(f)$是 X 的闭子空间.假设 f 无界,则存在$\{x_n\}\subset X$ 使得$\|x_n\|\leqslant 1$,而$|f(x_n)|>n$.不妨假设 $f(x_n)>n$.设 $y_n=\dfrac{x_n}{f(x_n)}-\dfrac{x_1}{f(x_1)}$,则

$$f(y_n)=f\left(\frac{x_n}{f(x_n)}-\frac{x_1}{f(x_1)}\right)=0, \quad \{y_n\}\subset\mathcal{N}(f).$$

而 $\mathcal{N}(f)$闭,所以
$$\lim_{n\to\infty}y_n=-\frac{x_1}{f(x_1)}\in\mathcal{N}(f).$$

但是
$$f\left(-\frac{x_1}{f(x_1)}\right)\neq 0.$$

矛盾.

14. **证**　设 f 是赋范空间 X 中的子空间 G 上的一个有界线性泛函,F_1,F_2 是 f 的两个保范延拓,对于每一个 $\alpha\in[0,1]$,命 $F=\alpha F_1+(1-\alpha)F_2$,则易见 F 是 X 上的线性泛函,且由于

$$\begin{aligned}\|F\|&=\sup_{\|x\|\leqslant 1}|\alpha F_1(x)+(1-\alpha)F_2(x)|\\&\leqslant\alpha\sup_{\|x\|\leqslant 1}|F_1(x)|+(1-\alpha)\sup_{\|x\|\leqslant 1}|F_2(x)|\\&=\alpha\|f\|_G+(1-\alpha)\|f\|_G=\|f\|_G.\end{aligned}$$

F 是有界线性泛函.此外,

$$F(x)=\alpha F_1(x)+(1-\alpha)F_2(x)=\alpha f(x)+(1-\alpha)f(x)=f(x) \quad (x\in G);$$
$$\|F\|=\sup_{x\in X,\|x\|\leqslant 1}|F(x)|\geqslant\sup_{x\in G,\|x\|\leqslant 1}=\sup_{x\in G,\|x\|\leqslant 1}|f(x)|=\|f\|_G.$$

所以$\|F\|=\|f\|_G$,F 是 f 的保范延拓.

最后,设 $\alpha_1\neq\alpha_2(\alpha_i\in[0,1])$.则

$$\alpha_1F_1(x)+(1-\alpha_1)F_2(x)\neq\alpha_2F_1(x)+(1-\alpha_2)F_2(x).$$

实际上,存在 $x_0\in X$,$F_1(x_0)\neq F_2(x_0)$如果

$$\alpha_1F_1(x_0)+(1-\alpha_1)F_2(x_0)=\alpha_2F_1(x_0)+(1-\alpha_2)F_2(x_0),$$

则

$$(\alpha_1-\alpha_2)F_1(x_0)=(\alpha_1-\alpha_2)F_2(x_0), \quad F_1(x_0)=F_2(x_0).$$

矛盾.所以 f 的保范延拓的势不小于$[0,1]$的势.

15. **证**　首先,设 $x_0\in\overline{G}$,则对任一满足 $f(x)=0(x\in G)$的有界线性泛函 f,由于 f 的连续性,存在 $x_n\in G$,使 $x_n\to x_0(n\to\infty)$从而

$$f(x_0)=\lim_{n\to\infty}f(x_n)=0.$$

反之,如果 $x_0\notin\overline{G}$,则由 Hahn-Banach 定理(推论 2),必存在有界线性泛函

f,使

$$f(x_0)=1,\quad f(x)=0\quad(x\in G).$$

16. **证** 用G表示由$x_1,\cdots,x_n$张成的线性子空间. 则G中元具有形状$x=t_1x_1+\cdots+t_nx_n$,其中$t_1,\cdots,t_n$为数. 命

$$f(x)=t_1a_1+\cdots+t_na_n,$$

则f是G上的有界线性泛函:

首先这样定义的泛函f是确定的,这是因为如果$x=t_1x_1+\cdots+t_nx_n=t'_1x_1+\cdots+t'_nx_n$则

$$(t_1-t'_1)x_1+\cdots+(t_n-t'_n)x_n=0.$$

于是由给定条件

$$\left|\sum_{k=1}^{n}t_ka_k-\sum_{k=1}^{n}t'_ka_k\right|=\left|\sum_{k=1}^{n}(t_k-t'_k)a_k\right|\leqslant M\left\|\sum_{k=1}^{n}(t_k-t'_k)x_k\right\|=0.$$

所以

$$\sum_{k=1}^{n}t_ka_k=\sum_{k=1}^{n}t'_ka_k.$$

f的有界性及线性显然. 于是由 Hahn-Banach 定理,在X上存在有界线性泛函f(仍用f表示),使得

$$f(x_k)=a_k(k=1,\cdots,n)\text{且}\|f\|=\|f\|_G\leqslant M.$$

17. **证** 由于X可分,存在处处稠密的可数子集$\{y_n\}$,由 Hahn-Banach 定理,存在有界线性泛函列$\{f_n\}=\Phi$使得

$$|f_n(y_n)|=\|y_n\|\text{且}\|f_n\|=1\quad(n=1,2,\cdots).$$

$\forall x\in X,\forall\varepsilon>0$,存在$y_{n_\varepsilon}$,使得$\|x-y_{n_\varepsilon}\|<\varepsilon$. 从而

$$\varepsilon>\|x-y_{n_\varepsilon}\|\geqslant\big|\|x\|-\|y_{n_\varepsilon}\|\big|,$$

于是

$$\begin{aligned}\|x\|&\geqslant|f_{n_\varepsilon}(x)|\geqslant|f_{n_\varepsilon}(y_{n_\varepsilon})+f_{n_\varepsilon}(x)-f_{n_\varepsilon}(y_{n_\varepsilon})|\\&\geqslant|f_{n_\varepsilon}(y_{n_\varepsilon})|-f_{n_\varepsilon}(x-y_{n_\varepsilon})|\\&\geqslant\|y_{n_\varepsilon}\|-\varepsilon\geqslant\|x\|-2\varepsilon.\end{aligned}$$

所以

$$\|x\|=\sup_{f\in\Phi}|f(x)|.$$

18. **证** 设G是由$\{x_n\}$中元张成的子空间,我们证明$x_0\in\overline{G}$. 因为假设$x_0\notin\overline{G}$,由Hahn-Banach定理(推论 2),存在X上的有界线性泛函f,使得

$$f(x_0)=1;\quad f(x)=0\quad(x\in G).$$

这时$f(x_n)=0\ (n=1,2,\cdots)$而$f(x_0)=1$. 因此$\{x_n\}$不弱收敛于x_0,这与题设矛盾. $x_0\in\overline{G}$即是说,存在$\{x_n\}$中元的有穷线性组合序列,强收敛于x_0.

19. **证** 设$x_n\xrightarrow{\omega}x_0(n\to\infty)$,其中$x_n\in M(n=1,2,\cdots)$. 假设$x_0\notin M$,由

于 M 是 X 的闭子空间,由 Hahn-Banach 定理(推论 2),存在 X 上的有界线性泛函 f 使得

$$f(x_0)=1;\quad f(x_n)=0\quad (n=1,2,\cdots).$$

这与 $x_n \xrightarrow{\omega} x_0(n\to\infty)$ 矛盾. 故 $x_0\in M$.

20. **证**　设 $x_n\xrightarrow{\omega}x_0$ 且 $\|x_n\|\to\|x_0\|$,不妨设 $x_0\neq 0, x_n\neq 0$. 显然 $\dfrac{x_n}{\|x_n\|}\xrightarrow{\omega}\dfrac{x_0}{\|x_0\|}$. 今证明

$$\left\|\frac{x_n}{\|x_n\|}-\frac{x_0}{\|x_0\|}\right\|\to 0.$$

用反证法,为简单计设 $\|x_n\|=\|x_0\|=1$ 且 $\|x_n-x_0\|$ 不收敛于 0. 于是存在 $\varepsilon_0>0$ 使得 $\|x_n-x_0\|\geqslant\varepsilon_0$. 由于 X 一致凸存在 $\delta>0$ 使得 $\|x_n+x_0\|\leqslant 2-\delta$. 由于 $x_n\xrightarrow{\omega}x_0$,对任意 $f\in X^*$ 且 $\|f\|=1$ 有 $f(x_n)\to f(x_0)$,从而 $f(x_n+x_0)\to 2f(x_0)$. 由于

$$|f(x_n+x_0)|\leqslant\|f\|\|x_n+x_0\|\leqslant 2-\delta\quad(\|f\|=1).$$

以及

$$\|x_0\|=\sup_{\|f\|=1}|f(x_0)|=\sup_{\|f\|=1}\lim_{n\to\infty}\frac{1}{2}|f(x_n+x_0)|\leqslant\frac{1}{2}(2-\delta).$$

可知 $\|x_0\|<1$,这与 $\|x_0\|=1$ 矛盾. 可见 $\|x_n\|=1$, $\|x_0\|=1$ 且 $x_n\xrightarrow{\omega}x_0$,必有 $x_n\to x_0$.

21. **证**　1) 显然.

2) 考虑实空间 l^∞,则实空间 c 是 l^∞ 的线性子空间. 对于 $x=\{\eta_n\}\in l^\infty$ 设

$$p(x)=\limsup_{n\to\infty}\eta_n.$$

则 $p(x)$ 是 l^∞ 上的正齐次次可加泛函,且在于空间 c 上

$$f(x)=\lim_{n\to\infty}\xi_n\leqslant\limsup_{n\to\infty}\xi_n=p(x)\quad(x=\{\xi_n\}\in c).$$

于是由实空间上的 Hahn-Banagh 定理,存在 l^∞ 上的线性泛函 F,使得 F 是 f 的延拓且

$$-p(-x)\leqslant F(x)\leqslant p(x)\quad(x\in l^\infty).$$

即

$$-\limsup_{n\to\infty}(-\eta_n)\leqslant F(x)\leqslant\limsup_{n\to\infty}\eta_n\quad(x=\{\eta_n\}\in l^\infty).$$

亦即

$$\liminf_{n\to\infty}\eta_n\leqslant F(x)\leqslant\limsup_{n\to\infty}\eta_n.$$

22. **证**　设 $e_n=(\overbrace{0,\cdots,0,1}^{n},\cdots)(n=1,\cdots)$. 则 $\forall\, x=\{\xi_k\}\in l^p$,有

$$x=\sum_{k=1}^{\infty}\xi_k e_k .$$

设 f 是 l^p 上任意有界线性泛函，则对任意 $x=\{\xi_k\}\in l^p$，

$$f(x)=\sum_{k=1}^{\infty}f(e_k)\xi_k=\sum_{k=1}^{\infty}\alpha_k\xi_k.$$

记 $x_n=\{\xi_k^{(n)}\}$，

$$\xi_k^{(n)}=\begin{cases}|\alpha_k|^{q-1}\mathrm{Sgn}\alpha_k, & k\leqslant n,\\ 0, & k>n.\end{cases}$$

于是

$$f(x_n)=\sum_{k=1}^{n}|\alpha_k|^q\quad\left(\frac{1}{p}+\frac{1}{q}=1\right).$$

另一方面

$$|f(x_n)|\leqslant\|f\|\,\|x_n\|=\|f\|\left(\sum_{k=1}^{n}|\alpha_k|^{(q-1)p}\right)^{\frac{1}{p}}=\|f\|\left(\sum_{k=1}^{n}|\alpha_k|^q\right)^{\frac{1}{p}}.$$

因此

$$\sum_{k=1}^{n}|\alpha_k|^q\leqslant\|f\|\left(\sum_{k=1}^{n}|\alpha_k|^q\right)^{\frac{1}{p}},\left(\sum_{k=1}^{n}|\alpha_k|^q\right)^{\frac{1}{q}}\leqslant\|f\|,\forall n.$$

故

$$\left(\sum_{k=1}^{\infty}|\alpha_k|^q\right)^{\frac{1}{q}}\leqslant\|f\|.$$

即

$$\{\alpha_k\}\in l^q.$$

反之显然. 以下计算 f 的范数. 由 Hölder 不等式

$$|f(x)|=\left|\sum_{k=1}^{\infty}\alpha_k\xi_k\right|\leqslant\left(\sum_{k=1}^{\infty}|\alpha_k|^q\right)^{\frac{1}{q}}\left(\sum_{k=1}^{\infty}|\xi_k|^p\right)^{\frac{1}{p}}\|x\|.$$

即

$$\|f\|\leqslant\left(\sum_{k=1}^{\infty}|\alpha_k|^q\right)^{\frac{1}{q}}.$$

反向不等式已证，所以

$$\|f\|=\left(\sum_{k=1}^{\infty}|\alpha_k|^q\right)^{\frac{1}{q}}.$$

命 $Tf=y,y=\{\alpha_k\},T:(l^p)^*\to l^q$，则

$$\|y\|=\|Tf\|\leqslant\|f\|\text{且}\|y\|=\|Tf\|=\|f\|.$$

T 是 $(l^p)^*$ 到 l^q 上的等距同构映射，因此 $(l^p)^*=l^q$.

23. **证** 命 $f(x)=\sum_{k=1}^{\infty}\xi_k\eta_k,x=\{\xi_k\}\in c_0,y=\{\eta_k\}\in l^1$. 由于对任意

$x \in c_0$

$$|f(x)| = \left|\sum_{k=1}^{\infty}\xi_k\eta_k\right| \leqslant \sup_k|\xi_k|\sum_{k=1}^{\infty}|\eta_k| = \|y\|\,\|x\|,$$

可知

$$f\in c_0^*,\quad \|f\|\leqslant\|y\|.$$

反之，$\forall f\in c_0^*$ 取 $e_n=(\overbrace{0,\cdots,0,1}^{n},0,\cdots)\in c_0$. 则 $\forall x=\{\xi_k\}\in c_0$ 有

$$x=\sum_{k=1}^{\infty}\xi_k e_k.$$

命 $\eta_k=f(e_k)(k=1,\cdots)$；$y=\{\eta_k\}$；$x_n=(\mathrm{Sgn}\eta_1,\cdots,\mathrm{Sgn}\eta_n,0,\cdots)\in c_0$，则

$\|x_n\|=1, x_n=\sum_{k=1}^{n}\mathrm{Sgn}\eta_k e_k$

$$|f(x_n)| = \left|f\left(\sum_{k=1}^{n}\mathrm{Sgn}\eta_k e_k\right)\right| = \left|\sum_{k=1}^{n}\mathrm{Sgn}\eta_k f(e_k)\right|$$

$$=\sum_{k=1}^{n}|\eta_k|\leqslant\|f\|\,\|x_n\|=\|f\|,\quad \forall n.$$

因此 $\|y\|=\sum_{k=1}^{\infty}|\eta_k|\leqslant\|f\|$，故 $y\in l^1$. 由于对任意 $x=\{\xi_k\}\in c_0$，有

$$f(x)=f\left(\sum_{k=1}^{\infty}\xi_k \mathrm{e}_k\right)=f\left(\lim_{n\to\infty}\sum_{k=1}^{n}\xi_k n_k\right)$$

$$=\lim_{n\to\infty}f\left(\sum_{k=1}^{n}\xi_k \mathrm{e}_k\right)=\lim_{n\to\infty}\sum_{k=1}^{n}\xi_k n_k=\sum_{k=1}^{\infty}\xi_k\eta_k.$$

由前 $\|f\|\leqslant\|y\|$. 从而 $\|f\|=\|y\|$，$f\in c_0\to y\in l^1$ 是映上的 1-1 的，故 $c_0^*=l^1$.

24. **证**　在收敛数列空间 c 上考虑泛函

$$\sigma_n(x)=\sum_{k=1}^{\infty}\alpha_{n_k}\xi_k\quad (x=\{\xi_k\};n=1,2,\cdots)$$

$$\sigma(x)=\lim_{k\to\infty}\xi_k.$$

由定理 3.5.3

$$\|\sigma_n\|=\sum_{k=1}^{\infty}|\alpha_{n_k}|\quad (n=1,2,\cdots).$$

所以条件 3)表示泛函 σ_n 的有界性.

其次引入序列

$$x_0=(1,1\cdots),x_k=(\underbrace{0,\cdots,0,1}_{k},0\cdots).$$

所以条件 1)和 2)可写成

$$\sigma_n(x_k)\to 0=\sigma(x_k)\quad (n\to\infty).$$

$$\sigma_n(x_0)\to 1=\sigma(x_0)\quad (n\to\infty).$$

由于$\{x_0,x_1\cdots,x_k,\cdots\}$是 c 的 Schauder 基,定理的条件与 Banach-Steinhaus 定理的条件相同,由此可见 1)-3)对

$$\sigma_n(x)\to\sigma(x)\quad (n\to\infty)$$

是充分且必要的.

25. **证** 1)设 $f\in\mathcal{N}(T^*)$则 $T^*f=0$,如果 $x\in X$,$0=(T^*f)x=f(Tx)$,这说明 f 与 T 的值域 $\mathcal{R}(T)$正交,从而由 f 的连续性,f 与$\overline{\mathcal{R}(T)}$正交,即 $\mathcal{N}(T^*)\subset\overline{\mathcal{R}(T)}^{\perp}$.

反之,设 $f\in\overline{\mathcal{R}(T)}^{\perp}$,则$\forall x\in X$,$f(Tx)=0$,而 $f(Tx)=(T^*f)(x)$,因此 $T^*f=0$,即 $f\in\mathcal{N}(T^*)$,$\overline{\mathcal{R}(T)}^{\perp}\subset\mathcal{N}(T^*)$. 故

$$\overline{\mathcal{R}(T)}^{\perp}=\mathcal{N}(T^*).$$

2) $\forall$ $f\in X^*$,且命 $T^*f=g$. 如果 $x\in\mathcal{N}(T)$,则 $g(x)=(T^*f)x=f(Tx)=0$,这样 g 与 $\mathcal{N}(T)$正交,于是

$$\mathcal{N}(T)^{\perp}\supset\overline{R(T^*)}.$$

(注意 $\mathcal{N}(T)^{\perp}$是闭的)今证反向包含关系,假设

$$\mathcal{N}(T)^{\perp}\neq\overline{\mathcal{R}(T^*)}.$$

设 $f\in\mathcal{N}(T)^{\perp}$,$f\notin\overline{\mathcal{R}(T^*)}$,由 Hahn-Banach 定理,存在 X^{**} 上的元,使得它在$\overline{\mathcal{R}(T^*)}$上为 0,且在 f 上的值为 1,由于 X 自反,存在 $x\in X$ 使得 F_x 在$\overline{\mathcal{R}(T^*)}$上为 0,$F_x(f)=f(x)=1$. $(T^*g)x=F_x(T^*g)=0$,$\forall g\in X^*$. 因此$g(Tx)=(T^*g)(x)=0$,$\forall g\in X^*$. 所以 $Tx=0$,这说明 $x\in\mathcal{N}(T)$且由于 $f\in\mathcal{N}(T)^{\perp}$,$f(x)=0$这与 $f(x)=1$ 矛盾.

26. **证** 1) $\forall x\in\mathcal{N}(I-V)\oplus\overline{\mathcal{R}(I-V)}$,$x=x_1+x_2$,其中 $x_1\in\mathcal{N}(I-V)$;$x_2\in\overline{\mathcal{R}(I-V)}$. 于是 $Vx_1=x_1$,从而 $V^nx_1=x_1(n=0,1,\cdots)$,

$$T_nx_1=\left(\frac{1}{n}\sum_{k=0}^{n-1}V^k\right)x_1=x_1.$$

于是在 $\mathcal{N}(I-V)$上,$T_nx_1\to x_1(n\to\infty)$.

其次,$x_2\in\overline{\mathcal{R}(I-V)}$,$\forall\varepsilon>0$,存在 $x_2'\in X$, 使得

$$\|x_2-(x_2'-Vx_2')\|<\varepsilon.$$

于是 $x_3=x_2-(x_2'-Vx_2')$,$x_2=(x_2'-Vx_2')+x_3$,$\|x_3\|<\varepsilon$.

$$\begin{aligned}\|T_nx_2\|&=\left\|\frac{1}{n}\Big(\sum_{k=0}^{n-1}V^k\Big)x_2\right\|\\&\leqslant\left\|\frac{1}{n}\sum_{k=0}^{n-1}V^k(x_2'-Vx_2')\right\|+\left\|\frac{1}{n}\sum_{k=0}^{n-1}V^kx_3\right\|\\&\leqslant\frac{2}{n}K\|x_2'\|+K\varepsilon.\end{aligned}$$

由此可见 $T_nx_2\to 0(n\to\infty)$，所以 $T_nx=T_n(x_1+x_2)\to x_1$. 命 $Px=x_1$，则 $T_nx\to Px$. 显然 $P^2x=x_1=P(x)$，$\|p\|\leqslant K$.

2) 假设存在 $x\neq 0, x\notin \mathcal{N}(I-V)\oplus\overline{\mathcal{R}(I-V)}$. 则存在 $y^*\in x^*$，使

$$y^*(x)=1;y^*(y)=0,y\in\mathcal{N}(I-V)\oplus\overline{\mathcal{R}(I-V)}.$$

由此 $y^*\in\mathcal{N}(I-V)^{\perp}=\overline{\mathcal{R}(I^*-V^*)}$，并且 $y^*\in\overline{\mathcal{R}(I-V)}^{\perp}=\mathcal{N}(I^*-V^*)$. 由于

$$\|(V^*)^n\|=\|(V^n)^*\|=\|V^n\|\leqslant K\quad(n=0,1,\cdots),$$

$$T_n^*=\left(\frac{1}{n}\sum_{k=0}^{n-1}V^k\right)^*=\frac{1}{n}\sum_{k=0}^{n-1}(V^*)^k.$$

与上述1)相同

$$\mathcal{N}(I^*-V^*)\cap\overline{\mathcal{R}(I^*-V^*)}=\{0\}.$$

因此 $y^*=0$. 矛盾. 故

$$X=\mathcal{N}(I-V)\oplus\overline{\mathcal{R}(I-V)}.$$

27. **证**　由于

$$\|Tx\|^2=\|y\|^2=\sum_{k=1}^{\infty}|\eta_k|^2=\sum_{k=1}^{\infty}\left|\sum_{j=1}^{\infty}a_{kj}\xi_j\right|^2$$
$$\leqslant\sum_{k=1}^{\infty}\left(\sum_{j=1}^{\infty}|a_{kj}|^2\right)\left(\sum_{j=1}^{\infty}|\xi_j|^2\right)=\left(\sum_{k,j=1}^{\infty}|a_{kj}|^2\right)\|x\|^2.$$

可见 $T:l^2\to l^2$ 是有界线性算子.

设 A 是 l^2 中任一有界集，则存在 M 使得 $\|x\|\leqslant M(x\in A)$. 由于 $\sum_{k,j=1}^{\infty}|a_{kj}|^2<\infty$，$\forall\varepsilon>0$，存在 N，使得

$$\sum_{k=N+1}^{\infty}\sum_{j=1}^{\infty}|a_{kj}|^2<\frac{\varepsilon^2}{M^2}.$$

因此

$$\sum_{k=N+1}^{\infty}|\eta_k|^2=\sum_{k=N+1}^{\infty}\left|\sum_{j=1}^{\infty}a_{kj}\xi_j\right|^2$$
$$\leqslant\sum_{k=N+1}^{\infty}\left(\sum_{j=1}^{\infty}|a_{kj}|^2\right)\left(\sum_{j=1}^{\infty}|\xi_j|^2\right)<\frac{\varepsilon^2}{M^2}\|x\|^2\leqslant\varepsilon^2.$$

这说明 $y=Tx(x\in A)$ 的前 N 个坐标 $\eta_1,\eta_2,\cdots,\eta_N$ 做成的元 $\{\eta_1,\eta_2,\cdots,\eta_N,0,\cdots\}$ 的全体 B 是集 TA 的一个 ε-网，由于 B 是 l^2 中的一个有穷维子空间中的有界集，故 B 列紧，即 $T(A)$ 有列紧 ε-网，于是 $T(A)$ 列紧，T 全连续.

28. **证**　设 X 是具有 Schauder 基 $\{e_n\}$ 的无穷维 Banach 空间，对与每一点 $x\in X, x=\sum_{k=1}^{\infty}\xi_ke_k$，定义算子

$$T_nx=\sum_{k=1}^{n}\xi_ke_k\quad(n=1,2,\cdots),$$

则每一个 T_n 是取值于有穷维空间的线性算子,因此是紧算子. 显然

$$T_n x = \sum_{k=1}^{n} \xi_k e_k \to \sum_{k=1}^{\infty} \xi_k e_k = x = Ix \quad (x \in X).$$

因此 $\{T_n\}$ 强收敛于恒等算子 I,但由于 X 是无穷维的,I 不是紧算子.

习 题 四

1. **证** 由于

$$\left|\sum_{n=1}^{\infty}(x_n, y_n)\right| \leqslant \sum_{n=1}^{\infty} |(x_n, y_n)| \leqslant \sum_{n=1}^{\infty} \|x_n\| \|y_n\|$$
$$\leqslant \left(\sum_{n=1}^{\infty} \|x_n\|^2\right)^{\frac{1}{2}} \left(\sum_{n=1}^{\infty} \|y_n\|^2\right)^{\frac{1}{2}} < \infty.$$

所以定义

$$(\{x_n\}, \{y_n\}) = \sum_{n=1}^{\infty}(x_x, y_n),$$

是合理的. 又由于

$$(\alpha\{x_n\} + \beta\{y_n\}, \{z_n\}) = \sum_{n=1}^{\infty}(\alpha x_n + \beta y_n, z_n);$$

$$\alpha \sum_{n=1}^{\infty}(x_n, z_n) + \beta \sum_{n=1}^{\infty}(y_n, z_n)$$
$$= (\{x_n\}, \{z_n\}) + \beta(\{y_n\}, \{z_n\});$$

$$(\{x_n\}, \{y_n\}) = \sum_{n=1}^{\infty}(x_n, y_n) = \sum_{n=1}^{\infty} \overline{(y_n, x_n)} = \overline{\sum_{n=1}^{\infty}(y_n, x_n)} = \overline{(\{y_n\}, \{x_n\})};$$

$$(\{x_n\}, \{x_n\}) = \sum_{n=1}^{\infty}(x_n, x_n) \geqslant 0;$$

且

$$(\{x_n\}, \{x_n\}) = 0 \Leftrightarrow (x_n, x_n) = 0 \Leftrightarrow x_n = 0 \Leftrightarrow \{x_n\} = 0.$$

所以 H 是内积空间.

设每一个 H_n 都是 Hilbert 空间. 设 $\{x^{(i)}\}$ 是 H 中任一 Cauchy 列,其中 $x^{(i)} = \{x_1^{(i)}, x_2^{i}, \cdots, x_n^{(i)}, \cdots\}$. 于是,对任意 $\varepsilon > 0$ 存在 i_0,使得当 $i, j > i_0$ 时 $\|x^{(i)} - x^{(j)}\| < \varepsilon$. 即

$$\left(\sum_{n=1}^{\infty} \|x_n^{(i)} - x_n^{(j)}\|^2\right)^{\frac{1}{2}} < \varepsilon.$$

于是,对于每一个 n, $\|x_n^{(i)} - x_n^{(j)}\| < \varepsilon$,所以 $\{x_n^{(i)}\}_{i=1}^{\infty}$ 是 H_n 中的 Cauchy 列,由于 H_n 完备,设 $x_n^{(i)} \to x_n^{(0)} (i \to \infty)$, $(n = 1, 2, \cdots)$. 且命

$$x = (x_1^{(0)}, x_2^{(0)}, \cdots, x_n^{(0)}, \cdots).$$

由前

$$\left(\sum_{n=1}^{\infty}\|x_n^{(i)}-x_n^{(j)}\|^2\right)^{\frac{1}{2}}<\varepsilon,\quad i,j>i_0.$$

所以对任意固定的 k

$$\sum_{n=1}^{k}\|x_n^{(i)}-x_n^{(j)}\|^2<\varepsilon^2.$$

命 $j\to\infty$ 则有

$$\sum_{n=1}^{k}\|x_n^{(i)}-x_n^{(0)}\|^2\leqslant\varepsilon^2.$$

再命 $k\to\infty$ 就有

$$\sum_{n=1}^{\infty}\|x_n^{(i)}-x_n^{(0)}\|^2\leqslant\varepsilon\quad(i>i_0).$$

$x^{(i)}\to x\ (i\to\infty)$. 且 $x^{(i)}-x\in H$,并由此

$$x=x^{(i)}-(x^{(i)}-x)\in H.$$

H 完备.

2. **证** 如果 M 为非零连续线性泛函 f 的零空间,由 Riesz 表示定理,存在 $y_f\in H$,使得 $f(x)=(x,y_f)$, $x\in H$. 于是

$$M=\{x\in H: f(x)=0=(x,y_f), x\in H\}=\{y\}^{\perp}.$$

由习题 4 的结果

$$M^{\perp}=(\{y_f\}^{\perp})^{\perp}=\{y_f\}\text{生成的子空间}.$$

是一维子空间.

如果 $M^{\perp}$ 是非零元 y 生成的一维子空间,命 $f(x)=(x,y)$, $x\in H$,则 $f(x)=0$,当且仅当,$x\perp y$,即 $x\in(M^{\perp})^{\perp}=M$. M 是非零连续线性泛函的零空间.

3. **证** 参见习题 9 的证明.

4. **证** 设 Y 是由 M 张成的闭子空间. 只需证明 $Y=(M^{\perp})^{\perp}$. 任取 $x\in Y$ 则有 M 中元的有穷线性组合序列 x_n 使 $x_n\to x(n\to\infty)$. 对于任意 $y\in M^{\perp}$,有

$$(x,y)=\lim_{n\to\infty}(x_n,y)=0.$$

即 $Y\subset(M^{\perp})^{\perp}$. 又因为 Y 是闭子空间,$Y=(y^{\perp})^{\perp}$,于是由 $M\subset Y$ 有 $Y^{\perp}\subset M^{\perp}$,及 $(M^{\perp})^{\perp}\subset(Y^{\perp})^{\perp}=Y$,所以 $(M^{\perp})^{\perp}=Y$.

5. **证** 任取 $x\in\overline{M}$,则存在 $x_n\in M$,使得 $x_n\to x(n\to\infty)$. 由题设条件,$x=x_0+y$, $x_0\in M$, $y\in M^{\perp}$. 于是 $x_n-x_0\to x-x_0=y\in M^{\perp}$,由于 $x_n-x_0\in M$,则有

$$(y,y)=\lim_{n\to\infty}(x_n-x_0,y)=0,$$

即 $y=0$,从而 $x=x_0\in M$,M 为闭子空间.

6. **证** 设 $\{e_\alpha\}(\alpha\in I)$ 是内积空间 H 中的任一标准正交系,由于 H 可

分，存在可数稠密子集$\{x_n\}$，由于$\{x_n\}$稠密，对于每一$e_\alpha(\alpha\in I)$，存在x_{n_α}，使得$\|e_\alpha-x_{n_\alpha}\|<\frac{1}{3}$. 又对每个$n$作球$B\left(x_n,\frac{1}{3}\right)$，由上每一$e_\alpha$属于一个球，并且由于当$\alpha\neq\beta$时

$$\|e_\alpha-e_\beta\|^2=(e_\alpha-e_\beta,e_\alpha-e_\beta)=\|e_\alpha\|^2+\|e_\beta\|^2=2,\ \|e_\alpha-e_\beta\|=\sqrt{2}.$$

每一个球$B\left(x_n,\frac{1}{3}\right)$最多包含一个$e_\alpha$，因为如果$\alpha\neq\beta,e_\alpha,e_\beta\in B\left(x_n,\frac{1}{3}\right)$，则

$$\|e_\alpha-e_\beta\|\leqslant\|e_\alpha-x_n\|+\|x_n-e_\beta\|<\frac{1}{3}+\frac{1}{3}=\frac{2}{3}.$$

矛盾. 所以$\{e_\alpha\}$ $(\alpha\in I)$最多为一可数集.

7. **证** 由 Bessel 不等式，x关于$\{e_\alpha\}$的 Fourier 系数(x,e_α)中，使得

$$|(x,e_\alpha)|\geqslant\frac{1}{\sqrt{n}}\|x\|$$

的F_n最多为一可数集，设H中使得$(x,e_\alpha)\neq0$的集为F，则

$$F=\bigcup_{n=1}^{\infty}F_n.$$

故F最多为一可数集.

8. **证** 由于

$$\|x_n-x_0\|^2=(x_n-x_0,x_n-x_0)=\|x_n\|^2-(x_n,x_0)-(x_0,x_n)+\|x_0\|^2,$$

及$x_n\xrightarrow{w}x_0$及 Riesz 表示定理，$(x_n,x_0)\to\|x_0\|^2$，$(x_0,x_n)=\overline{(x_n,x_0)}\to\|x_0\|^2$. 注意到$\|x_n\|\to\|x_0\|$，从而$\|x_n\|^2\to\|x_0\|^2$. 于是$\|x_n-x_0\|\to0$. 即$x_n\to x_0(n\to\infty)$.

9. **证** $\forall\ x\in\overline{M}$，存在$x_n\in M$，使得$x_n\to x(n\to\infty)$. 定义

$$\overline{T}x=\lim_{n\to\infty}Tx_n\quad(x\in\overline{M}).$$

则由于

$$\|\overline{T}x\|=\|\lim_{n\to\infty}Tx_n\|\leqslant\lim_{n\to\infty}\|T\|\ \|x_n\|=\|T\|\ \|x\|\quad(x\in\overline{M}).$$

$\overline{T}$是$\overline{M}$上的有界线性算子，且$\overline{T}x=Tx,x\in M$及$\|\overline{T}\|\leqslant\|T\|$. 由于$\overline{M}$是 Hilbert 空间$H$的闭子空间，由投影定理，$\forall x\in H$，可唯一地分解为$x=x_0+y,x_0\in\overline{M},y\in\overline{M}^{\perp}$. 在$H$上定义

$$\widetilde{T}x=\overline{T}x_0\quad(x\in H).$$

$\widetilde{T}$是线性算子，且由勾股定理，$\|x\|^2=\|x_0+y\|^2=\|x_0\|^2+\|y\|^2$，$\|x_0\|\leqslant\|x\|$. 所以

$$\|\widetilde{T}x\|=\|\overline{T}x_0\|\leqslant\|T\|\ \|x_0\|\leqslant\|T\|\ \|x\|\quad(x\in H).$$

即$\widetilde{T}$是H上的有界线性算子且$\widetilde{T}x=Tx\ (x\in M)$，及$\|\widetilde{T}\|\leqslant\|T\|$.

10. **解** 设M是由$\{1,t,t^2\}$生成的 3-维子空间. 则$(t^3-\alpha-\beta t-\gamma t^2)\perp M$.

它等价于方程组

$$\begin{cases}(t^3-\alpha-\beta t-\gamma t^2,1)=0,\\(t^3-\alpha-\beta t-\gamma t^2,t)=0,\\(t^3-\alpha-\beta t-\gamma t^2,t^2)=0,\end{cases}$$

或方程组

$$\begin{cases}\alpha(1,1)+\beta(t,1)+\gamma(t^2,1)&=(t^3,1),\\\alpha(1,t)+\beta(t,t)+\gamma(t^2,t)&=(t^3,t),\\\alpha(1,t^2)+\beta(t,t^2)+\gamma(t^2,t^2)&=(t^3,t^2).\end{cases}$$

解上面方程组

$$(1,1)=\int_{-1}^{1}\mathrm{d}t=2,\quad (t^2,1)=\int_{-1}^{1}t^2\mathrm{d}t=\frac{2}{3}=(t,t),$$

$$(t^2,t^2)=\int_{-1}^{1}t^4\mathrm{d}t=\frac{2}{5}=(t^3,t),(t,1)=(t^3,1)=(t,t^2)=(t^3,t^2)=0.$$

代入并**解**方程组

$$\begin{cases}2\alpha+\frac{2}{3}\gamma=0,\\\frac{2}{3}\beta=\frac{2}{5},\\\frac{2}{3}\alpha+\frac{2}{5}\gamma=0.\end{cases}$$

于是 $\alpha=\gamma=0,\beta=\frac{3}{5}$,

$$\min_{\alpha,\beta,\gamma}\int_{-1}^{1}|t^3-\alpha-\beta t-\gamma t^2|^2\mathrm{d}t=\int_{-1}^{1}|t^3-\frac{3}{5}t|^2\mathrm{d}t$$

$$=\int_{-1}^{1}(t^6-\frac{6}{5}t^4+\frac{9}{25}t^2)\mathrm{d}t=\frac{8}{173}.$$

11. **证法 1** 用反证法,假设 T 无界,则存在 $y_n\in H$ 使得 $\|y_n\|=1$ 且 $\|Ty_n\|\to\infty(n\to\infty)$. 对于每一个固定的 n

$$(Tx,y_n)=(x,Ty_n)\quad(n=1,2,\cdots),$$

是 H 上的线性泛函,且由 Schwarz 不等式

$$|(x,Ty_n)|\leqslant\|Ty_n\|\ \|x\|\quad(x\in H).$$

因此这是一个有界线性泛函,且这个泛函的范数为 $\|Ty_n\|$. 另一方面,由于

$$|(Tx,y_n)|\leqslant\|Tx\|\ \|y_n\|,\quad\forall n.$$

由 Banach-Steinhaus 定理,$\{\|Ty_n\|\}$有界,矛盾.

证法 2 用闭图象定理. 设 $x_n\to x,Tx_n\to y(n\to\infty)$. 则 $\forall\ z\in H,(Tx_n,z)=(x_n,Tz)\to(x,Tz)=(Tx,z)$.

另一方面，$(Tx_n,z)\to(y,z)$，于是$(y,z)=(Tx,z)$，$\forall\ z\in H$. 所以 $y=Tx$ 由闭图象定理，T 是有界算子.

12. **证** 设$\{e_k\}$完备. 且设 $e_0'\in H$，$e_0'\perp e_k(k=1,2,\cdots)$. 由于$\{e_k\}$完备，$e_0'$关于$\{e_k\}$的 Parseval 等式成立：

$$\|e_0'\|^2=\sum_{k=1}^{\infty}|(e_0',e_k)|^2=\sum_{k=1}^{\infty}|(e'_0,e_k-e'_k)|^2$$
$$\leqslant\|e'_0\|^2\sum_{k=1}^{\infty}\|e_k-e'_k\|^2.$$

由于$\sum\limits_{k=1}^{\infty}\|e_k-e'_k\|<1$，必有 $e'_0=0$.

用 L 表示由$\{e_k'\}$张成的线性子空间，我们证明 $\bar{L}=H$. 从而$\{e_k'\}$完备. 假设 $\bar{L}\neq H$，则存在 $x\in H\backslash\bar{L}$. 于是由正交分解定理，$x=x_0+y$，$x_0\in\bar{L}$，$y\in\bar{L}^{\perp}$，此时 $y\perp e_k'(k=1,2,\cdots)$. 但由前，$y=0$，因此$x=x_0\in\bar{L}$. 这是不可能的.

13. **证** 由于$\varphi(x,y)$关于 y 是共轭线性的，因此$\overline{\varphi(x,y)}$关于 y 是线性的，对于固定 $x\in H$，$\overline{\varphi(x,y)}$是 H 上的有界线性泛函，由 Riesz 表示定理，存在惟一 $x^*\in H$ 使得

$$\overline{\varphi(x,y)}=(y,x^*)\quad(y\in H).$$

于是

$$\varphi(x,y)=(x^*,y)\quad(y\in H).$$

作映射

$$A:x\to x^*.$$

则有

$$\varphi(x,y)=(x^*,y)=(Ax,y)\quad(y\in H).$$

容易验证

$$A(\alpha x_1+\beta x_2)=\alpha Ax_1+\beta Ax_2,$$

又由于

$$\|Ax\|^2=(Ax,Ax)=\varphi(x,Ax)\leqslant\|\varphi\|\ \|x\|\ \|Ax\|,$$

即$\|A\|\leqslant\|\varphi\|$. 所以 $A\in\mathscr{B}(H)$. 再由 Schwarz 不等式

$$|\varphi(x,y)|=|(Ax,y)|\leqslant\|A\|\ \|x\|\ \|y\|\quad(x,y\in H).$$

可见$\|\varphi\|\leqslant\|A\|$. 所以$\|\varphi\|=\|A\|$.

如果还有 $T\in\mathscr{B}(H)$使得 $\varphi(x,y)=(Tx,y)$，则

$$(Ax,y)=(Tx,y)\quad(x,y\in H),$$

即

$$((A-T)x,y)=0\quad(x,y\in H).$$

取 $y=(A-T)x$，则得$\|(A-T)x\|^2=0\ (x\in H)$. 因此$(A-T)x=0\ (x\in$

H)，即 $A=T$.

2）由 1）

$$(Ax,y)=\varphi(x,y)=\overline{\varphi(y,x)}=\overline{(Ay,x)}=(x,Ay)\quad(x,y\in H),$$

即 $A=A^*$，A 是自共轭算子.

14. **证**　由于 T_n 子共轭，对于每一 $x\in H$，(Tx,x)是实数，因此$(Tx,x)=\lim\limits_{n\to\infty}(T_nx,x)$是实数. 所以 T 是自共轭的.

15. **证**　设$\{e_k\}$是完备的，我们证明$\{e'_k\}$是完备的. 为此只需证明，如果 $e'_0\perp e'_k(k=1,2,\cdots)$，则 $e'_0=0$. 假设 $e'_0\neq 0$. 由于$\sum\limits_{k=1}^{\infty}\|e_k-e'_k\|^2<\infty$，存在自然数 n，使得$\sum\limits_{k=n+1}^{\infty}\|e_k-e'_k\|^2<1$. 命

$$g_k=\sum_{j=1}^{n}(e'_k,e_j)e_j,\quad k=0,1,\cdots,n.$$

由于 $g_k(k=0,\cdots,n)$ 属于由$\{e_1,\cdots,e_n\}$张成的子空间，而这样的 g_k 共有 $n+1$ 个这样$\{g_0,g_1,\cdots g_n\}$必线性相关. 于是存在 $\alpha_k\in\mathbb{C}\ (k=0,1,\cdots,n)$，不全为 0 使得

$$\begin{aligned}0&=\sum_{k=1}^{n}\alpha_k g_k=\sum_{k=0}^{n}\alpha_k\sum_{j=0}^{n}(e_k,e_j)e_j\\&=\sum_{j=1}^{n}\Big(\sum_{k=0}^{n}\alpha_k e'_k,e_j\Big)e_j=\sum_{j=1}^{n}(h,e_j)e_j,\end{aligned}$$

其中 $h=\sum\limits_{k=0}^{n}\alpha_k e'_k$. 由于$\{e_1,\cdots,e_n\}$线性无关，$(h,e_j)=0$，$j=1,\cdots,n$. 由于$\{e_j\}$完备，由 Parseval 等式

$$\begin{aligned}\|h\|^2&=\sum_{j=1}^{\infty}|(h,e_j)|^2=\sum_{j=n+1}^{\infty}|(h,e_j)|^2\\&=\sum_{j=n+1}^{\infty}|(h,e_j)-(h,e'_j)|^2\leqslant\|h\|^2\sum_{j=n+1}^{\infty}\|e_j-e'_j\|^2.\end{aligned}$$

这时必有 $h=0$，由此$\{e'_0,e'_1,\cdots,e'_n\}$线性相关，此与 $e'_0\perp e_k(k=1,2,\cdots)$，矛盾. 故$\{e'_k\}$完备.

习　题　五

1. **证**　1）任取 $x\in\overline{A}$ 则对于 0 的任一邻域 V，存在 0 的对称邻域 U，使得 $U\subset V$，$x-U$ 是 x 的一个邻域，因此在 $x-U$ 中存在 A 中点 y，即存在 $z\in U$，使 $x=z-y$，$x=y+z$，从而对于每一个 0 的邻域 V，$z\in V$ 故 $x\in\bigcap A+V$.

反之，设 $x\in\bigcap A+V$，假设 $x\notin\overline{A}$，于是对任意 $a\in A$ 及 0 的邻域 V，$x-a\notin V$，这与 $x\in\bigcap A+V$ 矛盾 .

2) 设 $x\in\overline{A}+\overline{B}$,则 $x=a+b$,其中,$a\in\overline{A}$,$b\in\overline{B}$,于是 A 的任一邻域中含 A 中点:b 的任一邻域中含 B 中点. 对于 $x=a+b$ 的任一邻域 W,由加法的连续性,存在 a 的邻域 U 及 b 的邻域 V,使得 $U+V\subset W$,由上,U 中含有 A 中点,V 中含有 B 中点,从而 W 中含有 $A+B$ 中点,所以 $x\in\overline{A+B}$,$\overline{A}+\overline{B}\subset\overline{A+B}$.

3) 由 2) 只需证明如果 $x\in\overline{Y}$,则 $\forall\alpha\in\mathbb{K}$,$\alpha x\in\overline{Y}$. 由于 $x\in\overline{Y}$,于是 x 的任一邻域中含有 Y 中点,对于 $\forall\alpha$,设 V 是 αx 的任意邻域,由数乘运算的连续性,存在 x 的邻域 U,使得 $\alpha U\subset V$,由前,U 中含有 Y 中点,从而 V 中含 αY 中点,即 $\alpha x\in\overline{Y}$. 所以 $\overline{Y}$ 是 X 的子空间.

4) 如果 C 是凸集,由 3) $\overline{C}$ 也是凸集;由于 C 是凸集及 $C^0\subset C$,则 $\alpha C^0+(1-\alpha)C^0\subset C(1<\alpha<1)$. $\alpha C^0+(1-\alpha)C^0$ 是开集从而是 C^0 的子集,即 $\alpha C^0+(1-\alpha)C^0\subset C^0$,$C^0$ 是凸集.

5) 如果 B 是平衡集,由 3)可知 $\overline{B}$ 也是平衡集.

6) 如果 B 是平衡集且 $0\in B^0$,设 $0<|\alpha|<1$,由于 $x\to\alpha x$ 是一个同胚映射,则 $\alpha B^0\subset(\alpha B)^0$. 因此 $\alpha B^0\subset\alpha B\subset B$ 而 αB^0 是开集,因此 $\alpha B^0\subset B^0$,如果 $0\in\alpha B^0$,则对于 $\alpha=0$,$\alpha B^0\subset B^7$ 成立.

如不假设 $0\in B^0$,例如在 $\mathbb{R}^2$ 中取 B 为 1,4 项限的平分角线之间的区域,显然 B 是一个平衡集,B^0 为 B 中去掉两条分角线所剩下的区域,显然 $0\notin B^0$,而对于 $|\alpha|<1$,$\alpha B^0\subset B^0$,不成立.

7) 设 V 是 0 的任一邻域,则存在 0 的邻域 W,使得 $\overline{W}\subset V$,由于 E 是有界子集,对于充分大的 t,有 $E\subset tW$,于是 $\overline{E}\subset t\,\overline{W}\subset tV$.

2. **证** 1) 设 A 是开集,由于

$$A+B=\bigcup_{b\in B}(A+b),$$

所以 $A+B$ 是开集.

2) 设 W 是 0 的邻域,则存在 0 的邻域 U,V,使得 $U+V\subset W$,由于 A,B 是有界集,存在 s_1,当 $t>s_1$ 时,$A\subset tU$,同理存在 s_2,当 $t>s_2$ 时,$B\subset tV$. 取 $s=\max\{s_1,s_2\}$,则当 $t>s$ 时 $A+B\subset tU+tV\subset t(U+V)\subset tW$. 所以 $A+B$ 是有界集.

3) 由于 A,B 是紧集,而

$$(x,y)\to x+y$$

是连续映射,$A+B$ 作为 (A,B) 的连续像,由定理 1.6.5,$A+B$ 是紧集.

4) 设 $x\in\overline{A+B}$,对于点 x 的每一个邻域 V,命

$$A_V=\{y:y\in A,y\in V-B\}.$$

由于,$x\in\overline{A+B}$,任一 $A_V\neq\varnothing$. 显然,如果,$V_1\subset V_2$,则 $A_{V1}\subset A_{V2}$,因此闭集族 $\overline{A_V}$,具有有穷交性质,由于 A 是紧集,由定理 1.6.1,存在点 $y_0\in A$,且属于所

有集$\overline{A_V}$,这样如果U是0的任意邻域,则有

$$(U+y_0)\cap(U+x-B)\neq\varnothing,$$

这表示

$$(U-U+y_0)\cap(x-B)\neq\varnothing.$$

如果G是0的任意邻域,则存在0的邻域U,使得$U-U\subset G$,这样,每一个y_0的邻域与集$x-B$相交,由于B是闭集,$x-B$也是闭集,因此点$y_0\in x-B$.即

$$x\in B+y_0\subset A+B.$$

如果A,B是闭集,则$A+B$不必是闭集.例:用$\mathbb{Z}$表示所有整数集,则对$a,b\in\mathbb{R}$,$a\mathbb{Z}$,$b\mathbb{Z}$是$\mathbb{R}$中的闭集.今取$\frac{a}{b}$不是有理数,命$A=a\mathbb{Z}$,$B=b\mathbb{Z}$.则

$$A+B=a\mathbb{Z}+b\mathbb{Z}\neq\mathbb{R},$$

但$a\mathbb{Z}+b\mathbb{Z}$在$\mathbb{R}$中稠密,所以$A+B$不是闭集.

3. **证** 1) 由于$\pi^{-1}(A\cap B)=\pi^{-1}(A)\cap\pi^{-1}(B)$及

$$\pi^{-1}(\bigcup_\alpha E_\alpha)=\bigcup_\alpha\pi^{-1}(E_x).$$

知τ_M是一个拓扑.

集$F\subset X/M$是τ_M闭的,当且仅当,$\pi^{-1}(F)$是τ闭的,特别地,由于M是闭的及$\pi^{-1}(\pi(x))=M+x$,X/M中每一个单点集是闭的.

由τ_M的定义直接推出π是连续的,线性的.

设$V\in\tau$,由于

$$\pi^{-1}(\pi(V))=M+V$$

且$M+V\in\tau_M$,由此$\pi(V)\in\tau_M$,即π是一个开映射.

设W是X/M中0的邻域,于是存在X中0的邻域V,使得

$$V+V\subset\pi^{-1}(W),$$

因此$\pi(V)+\pi(V)\subset W$.由于π是开映射,$\pi(V)$是X/M中0的邻域,所以在X/M中加法是连续的,类似地可证明数乘运算是连续的.

由上2),3),4)易证.

5) ρ是一个平移不变距离,由于

$$\pi(\{x:d(x,0)<r\})=\{u:\rho(u,0)<r\},$$

及3),ρ与τ_M是相容的.

4. **证** 对维数用归纳法.设$T:\mathbb{C}\to X$是一个同构映射,置$u=T1$于是$T\alpha=\alpha u$,由线性运算的连续性,T是连续的,而T^{-1}是X上的一个线性泛函,且它的零空间$\{0\}$是一个闭集,由定理5.1.12,T^{-1}也是连续的.$n=1$的情形命题已证.

假设$n>1$且维数为$n-1$的情形命题已证.设$T:\mathbb{C}^n\to X$是一个同构映

射，$\{e_1,\cdots,e_n\}$是$\mathbb{C}^n$的一个基且取其第 k 个坐标为 1 其他坐标为 0. 置 $u_k=Te_k(k=1,\cdots,n)$，则

$$T(\alpha_1,\cdots,\alpha_n)=\alpha_1u_1+\cdots+\alpha_nu_n,$$

且由空间线性运算的连续性，T 是连续的，由于 T 是一个同构映射，$\{u_1,\cdots,u_n\}$是 X 的一个基. 因此存在 X 上的线性泛函$\gamma_1,\cdots,\gamma_n$，使得对于每一个 $x\in X$ 有惟一表达式

$$\gamma_1(x)u_1+\cdots+\gamma_n(x)u_n.$$

由归纳法假设，每一个 γ_i 在 $n-1$ 维空间 X 中的零空间是闭的，于是由定理 5.1.12，γ_i 是连续的，由于

$$T^{-1}x=(\gamma_1(x),\cdots,\gamma_n(x))\quad(x\in X),$$

可知 T^{-1}是连续的，所以命题对于 $\dim X=n$ 的情形成立.

5. **证** 设 $\dim X=n$，则存在 X 的基$\{e_1,\cdots,e_n\}$，使得对于第一个 $x\in X$

$$x=\gamma_1(x)e_1+\cdots+\gamma_n(x)e_n.$$

于是，每一个 $\gamma_k(x)$是 X 上的线性泛函且

$$\begin{aligned}Tx&=T(\gamma_1(x)e_1+\cdots+\gamma_n(x)e_n)\\&=\gamma_1(x)Te_1+\cdots+\gamma_n(x)Te_n.\end{aligned}$$

由于对于每一个 k，$N(\gamma_k(x))=\{x\in X:\gamma_k(x)=0\}$，它是 X 的子空间，而由假设，$\dim X=n$，由此它也是有穷维的，从而是 X 的闭子空间，由定理 5.1.12，每一个 γ_k 是连续的，设 $x_m\to0(m\to\infty)$，则

$$\lim_{m\to\infty}T(x_m)=\lim_{m\to\infty}(\gamma_1(x_m)Te_1+\cdots+\gamma_n(x_m)Te_n)=0.$$

由定理 5.1.11，T 是连续的.

6. **证** 由题设及定理 3.6.1，$\{x_n\}$在空间 $C[0,1]$中弱收敛于 $x(t)$，由定理 5.3.6，存在有穷多个$\{x_n\}$中点的凸组合序列$\{y_k\}$，使得

$$y_k\to x(k\to\infty)(\text{原}).$$

即$\{y_k\}$在$[0,1]$上一致收敛于 $x(t)$.

7. **证** 由于

$$P_t(x+y)=|x(t)+y(t)|\leqslant|x(t)|+|y(t)|=P_t(x)+P_t(y).$$

及

$$P_t(\alpha x)=|\alpha x(t)|=|\alpha|P_t(x),$$

且如果 $x\neq0$，则存在 $t_0\in[0,1]$，使得$|x(t_0)|\neq0$，即 $P_t(x)\neq0$. 因此$\{P_t\}$是 X 的分离的半范数族.

由定理 5.2.4，对于每一个自然数 n 及任意的 $t_1,\cdots,t_m\in\mathbb{R}$，所有形如

$$V_m=\left\{x\in X:P_{t_1}(x)<\frac{1}{n_1},\cdots,P_{t_m}(x)<\frac{1}{n_m}\right\}$$

$$=\left\{x\in X: |x(t_1)|<\frac{1}{n_1},\cdots,|x(t_m)|<\frac{1}{n_m}\right\}$$

元之全体构成 X 的一个局部基，它生成 X 的一个局部凸拓扑，对于每一个 V_m，总可取选 $x\in V_m$，使得 $|x(t)|$ 可以任意大，因此 $\{P_t\}$ 生成的局部凸拓扑不是局部有界的，从而是不可赋范的．

8. **证**　1)对于 $x=\{x_n\}\in\mathbb{R}^\infty$，命

$$P_n(x)=|x_n|,\quad x=\{x_n\},$$

则易见 $\{P_n\}$ 是 $\mathbb{R}^\infty$ 上的一个分离的半范数族，于是它在 $\mathbb{R}^\infty$ 上产生一个局部凸拓扑 τ，因而 $(\mathbb{R}^\infty,\tau)$ 是一个局部凸空间，且显然 d 是 $\mathbb{R}^\infty$ 上的一个不变距离．我们证明 d 与 τ 相容．命

$$B(0,r)=\{x\in\mathbb{R}^\infty: d(x,0)<r\}\quad\{r>0\}.$$

我们证明 $\{B(0,r)\}$ 构成 τ 的一个局部基．由定理 5.2.4，每一个 P_k 是 τ 连续的，在 d 的定义中，关于 x,y 一致收敛，因此每一个 $B(0,r)$ 是一个开集．

设 W 是 0 的任一 τ 邻域，则存在 $P_{n_1},\cdots,P_{n_m}$ 及 $n_1,\cdots,n_m$，使得

$$V(P_{n_1})\cap\cdots\cap V(P_{n_m},n_m)\subset W,$$

其中，$V(P_{n_k},n_k)=\left\{x\in\mathbb{R}^\infty: P_{n_k}<\frac{1}{n_k}\right\}(k=1,\cdots,m)$．如果 $x\in B(0,r)$，则

$$\frac{P_{n_k}(x)}{2^{n_k}(1+P_{n_k}(x))}<r\quad(k=1,\cdots).$$

由此可知，当 r 取得足够小时，可使 $x\in V(P_{n_k},n_k)(k=1,\cdots,m)$．所以 $B(0,r)\subset W$，这说明 d 与 τ 相容，所以 $\mathbb{R}^\infty$ 是一个局部凸空间.

2) 任取 0 的邻域

$$\begin{aligned}W&=V(P_{n_1},n_1)\cap\cdots\cap V(P_{n_m},n_m)\\&=\left\{x\in\mathbb{R}^\infty: |x_{n_1}|<\frac{1}{n_1},\cdots,|x_{n_m}|<\frac{1}{n_m}\right\}.\end{aligned}$$

由此不难看出，总可以找到 $\bar{x}\in\mathbb{R}^\infty$：$\bar{x}\in W$，而 $|\bar{x}_k|(k\neq n_1,\cdots,n_m)$ 可以任意大，即 P_k 在 W 上不是有界的，从而 $\mathbb{R}^\infty$ 不是局部有界的，故 $\mathbb{R}^\infty$ 不可赋范.

9. **证**　1)设 E 是一个 τ 有界集，则对邻域

$$V=\{x\in X: |x(\tau)|<1\},$$

存在 $s>0$，当 $t>s$ 时，$E\subset tV$，即对每一个 $x\in E$，$x\in\{x\in X: |x(\tau)|\leqslant t\}$，于是

$$d(x,0)=\int_0^1\frac{|x(\tau)|}{1+|x(\tau)|}\mathrm{d}\tau\leqslant\int_0^1\frac{t}{1+t}\mathrm{d}\tau\leqslant 1.$$

所以 E 是 σ 有界的.

2) 由定理 5.2.4，每一个 $P_\tau=|x(\tau)|$，$\tau\in[0,1]$ 关于 x 是连续的，于是如

果关于拓扑 τ,$x_n \to 0(n\to\infty)$,则对每一个 $\tau\in[0,1]$,$P_\tau(x_n)=|x_n(\tau)|\to 0(n\to\infty)$,于是

$$\lim_{n\to\infty} d(x_n,0)=\lim_{n\to\infty}\int_0^1 \frac{|x_n(\tau)|}{1+|x_n(\tau)|}\mathrm{d}\tau=0.$$

即恒等算子 $I:(X,\tau)\to(X,\sigma)$是序列连续的,但 I 不是连续的.取

$$\{x\in X:d(x,0)<\varepsilon\}\quad(0<\varepsilon<1).$$

它是一个 σ 开集,而对任意 $\tau_1,\cdots,\tau_m\in[0,1]$,总可找到 $x_0\in X$,及 $\tau_0\in[0,1]$ 使得

$$|x(\tau_1)|<\varepsilon,\cdots,|x(\tau_m)|<\varepsilon;\quad |x(\tau_0)|>\varepsilon.$$

即 x_0 不属于任何 τ 开集,所以恒等算子不是连续的.

3) 假设(X,τ)具有可数局部基,由定理 5.1.8,(X,τ)可距离化,由定理 5.1.11,在(X,τ)中由算子序列连续可推出算子连续,而由 2)恒等算子 I 是序列连续的,但不是连续的,故(X,τ)中没有可数局部基.

10. **证** 设 X 是自反的,则拓扑 $\sigma(X^*,X)$与 $\sigma(X^*,X^{**})$在 X^* 上重合,由 Banach-Alaoglu 定理,X^* 中闭单位球是弱*紧的,所以这球也是弱紧的,由定理 5.3.9,X^* 是自反的.

如果 X^* 是自反的,则已证 X^{**} 是自反的,设 π 是典型映射,由于 $\pi(X)$是 X^{**} 中的闭子空间,$\pi(X)$是自反的,从而 X 是自反的.

11. **证** 由 Krein-Milman 定理,只需证明,c_0 的闭单位球上没有端点,设 x 是 c_0 的闭单位球上的点,于是$\lim\limits_{n\to\infty} x(n)=0$ 命 N 使得当 $n\geqslant N$ 时$|x(n)|<\frac{1}{2}$,在 c_0 中定义,y_1,y_2 使得当 $n\leqslant N$ 时,$y_1(n)=y_2(n)=x(n)$,当 $n>N$ 时定义 $y_1(n)=x(n)+\frac{1}{2^n}$,$y_2(n)=x(n)-\frac{1}{2^n}$.易证 y_1,y_2 属于 c_0 的闭单位球,而 $\frac{1}{2}(y_1+y_2)=x$ 且 $y_1\neq x$.

12. **证** 假设 I 不是端点,则存在 $T_1,T_2\in K$,$T_1\neq T_2$,使得$\frac{1}{2}(T_1+T_2)=I$.对于 $T=T_1-I$,我们有 $T_1=I+T$,$T_2=I-T$ 且 $T\neq 0$.对于任意 $h\in X^*$,命 $h_i=T_i^*h$,由于$\|T_i^*\|\leqslant 1$,$\|h_i\|\leqslant h$.如果 h 是 $B=\{h\in X^*:\|h\|\leqslant 1\}$的一个端点,则恒等式 $h=\frac{1}{2}(h_1+h_2)$表明 $h=h_1=h_2$,即 $T^*h=0$.由 Krein-Milman 定理,B 是所有端点集的闭凸包,由此,对所有 $h\in B$,$T^*h=0$,而 $T^*=0$ 与 $T\neq 0$ 矛盾.

习　题　六

1. **证**　1) 作变量代换易证

$$\int_{-\infty}^{\infty} x(t-\tau)\mathrm{d}\tau = \int_{-\infty}^{\infty} x(t)\,\mathrm{d}t,$$

利用上式，考虑

$$\int_{-\infty}^{\infty}\mathrm{d}\tau\int_{-\infty}^{\infty} |x(t-\tau)y(\tau)|\,\mathrm{d}t = \int_{-\infty}^{\infty} |y(\tau)|\,\mathrm{d}\tau\int_{-\infty}^{\infty} |x(t-\tau)|\,\mathrm{d}t$$
$$= \|x\|\,\|y\| < \infty.$$

由 Tonelli 定理(参看作者编著的《测试与积分引论》)则得

$$\int_{-\infty}^{\infty}\int_{-\infty}^{\infty} x(t-\tau)y(\tau)\mathrm{d}\tau\mathrm{d}t,$$

绝对收敛，于是由 Fubini 定理，$x*y(t)$ 几乎处处可积，即 $x*y\in L^1(-\infty,\infty)$.

2) 首先我们证明卷积是可交换的，命 $u=t-\tau$，则

$$x*y(t) = \int_{-\infty}^{\infty} x(u)y(t-u)(-\mathrm{d}u) = y*x(t).$$

不难证明卷积是结合的(略). 设 $x,y\in L(-\infty,\infty)$，则

$$\|x*y\| = \int_{-\infty}^{\infty}\mathrm{d}t\left|\int_{-\infty}^{\infty} x(t-\tau)y(\tau)\mathrm{d}\tau\right|$$
$$\leqslant\int_{-\infty}^{\infty}\mathrm{d}t\int_{-\infty}^{\infty} |x(t-\tau)y(\tau)|\,\mathrm{d}\tau$$

注意

$$\int_{-\infty}^{\infty}\mathrm{d}\tau\int_{-\infty}^{\infty} |x(t-\tau)y(\tau)|\,\mathrm{d}t = \int_{-\infty}^{\infty} |y(\tau)|\,\mathrm{d}\tau\int_{-\infty}^{\infty} |x(t-\tau)|\,\mathrm{d}t$$
$$= \|x\|\,\|y\| < \infty,$$

由 Tonelli 定理，

$$\int_{-\infty}^{\infty}\mathrm{d}t\int_{-\infty}^{\infty} |x(t-\tau)y(\tau)|\,\mathrm{d}\tau$$
$$= \int_{-\infty}^{\infty}\mathrm{d}\tau\int_{-\infty}^{\infty} |x(t-\tau)y(\tau)|\,\mathrm{d}t = \|x\|\,\|y\|.$$

故 $L^1(-\infty,\infty)$是一个交换的 Banach 代数.

3) 假设 $L^1(-\infty,\infty)$含有单位元 e，则对每一个 $x\in L^1(-\infty,\infty)$应有

$$x*e=x,$$

于是

$$e*e=e.$$

对上式两边作 Fourier 变换“～”，则有

$$\widetilde{e*e}=\tilde{e}\tilde{e}=\tilde{e}.$$

因此，只可能是 $\widetilde{e}=0$ 或 1. 由 $\widetilde{e}$ 的连续性，$\widetilde{e}$ 必须恒等于 0 或 1；它不可能跳跃，此外又要求

$$\lim_{t\to\infty}\widetilde{e}(t)=0.$$

于是我们只能取

$$\widetilde{e}(t)=0.$$

这意味 $e(t)=0$, a. e，于是要使 $e(t)$ 为单位元，只有对一切 $x\in L^1(-\infty,\infty)$，$x(t)=0$, a. e 才行，矛盾. 所以 Banach 代数 $L^1(-\infty,\infty)$ 中不含单位元.

2. **证** 由于

$$\lambda(x,\alpha)=(\lambda x,\lambda\alpha),$$
$$(x,\alpha)+(y+\beta)=(x+y,\alpha+\beta),$$
$$(x,\alpha)(y+\beta)=(xy+\alpha y+\beta x,\alpha\beta),$$
$$\begin{aligned}\|(x,\alpha)(y,\beta)\|&=\|(xy+\alpha y+\beta x,\alpha\beta)\|\\&=\|xy+\alpha y+\beta x\|+|\alpha\beta|\\&\leqslant(\|x\|+|\alpha|)(\|y\|+|\beta|)\\&=\|(x,\alpha)\|\,\|(y,\beta)\|,\end{aligned}$$
$$(0,1)(x,\alpha)=(x,\alpha).$$

其他性质易证，可见 X_1 是一个具有单位元(0,1)的 Banach 代数. 此外，对于 $x\in X$，命

$$x\to(x,0),$$

不难看出，这是 X 到 X_1 中的一个代数上的等距同构.

3. **证** 首先假设

$$\lambda\neq0\quad\lambda\in\sigma(x^n),$$

命 $\omega_1,\omega_2,\cdots,\omega_n$ 是 λ 的 n 个根，

$$x^n-\lambda e=(x-\omega_1e)\cdots(x-\omega_ne),$$

但在右边至少有一个因子是不可逆的，假设它是 $(x-\omega_i)$，这表示 $\omega_i\in\sigma(x)$，而由此又有 $\omega_i^n\in[\sigma(x)]^n$ 或 $\lambda\in[\sigma(x)]^n$. 因此

$$\sigma(x^n)\subset[\sigma(x)]^n.$$

另一方面，假设 $\alpha\in[\sigma(x)]^n$，且 $\beta_1,\cdots,\beta_n$ 为 α 的 n 个根，则对某个 i 有

$$\beta_i\in\sigma(x).$$

现在考虑

$$(x-\beta_1e)\cdots(x-\beta_ne)=x^n-\alpha e,$$

若 $x^n-\alpha e$ 是可逆的，在上是两边乘 $(x^n-\alpha e)^{-1}$，则有

$$(x^n-\alpha e)^{-1}[(x-\beta_1e)\cdots(x-\beta_ne)]=e,$$

由于 X 是交换的，

$$(x^n-\alpha e)^{-1}[(x-\beta_1e)\cdots(x-\beta_ne)](x-\beta_ie)=e,$$

这说明，$x-\beta_i e$ 是可逆的. 因此，$x^n-\alpha e$ 不可逆且 $\alpha\in\sigma(x^n)$，即

$$[\sigma(x)]^n\subset\sigma(x^n).$$

最后，如果 $0\in\sigma(x^n)$，则 x^n 不可逆，因此 x 不可逆，所以 $0\in\sigma(x)$，从而 $0\in[\sigma(x)]^n$. 反之，如果 $0\in[\sigma(x)]^n$ 则 $0\in\sigma(x)$，所以 x 不可逆，因而 x^n 不可逆，$0\in\sigma(x^n)$. 最终我们有

$$\sigma(x^n)=[\sigma(x)]^n.$$

4. **证** 1) 如果 x 是一个拓扑零因子，由定义，存在 $x_n\in X$，$\|x_n\|=1$，使得 $x_nx\to 0(n\to\infty)$.

假设 x 可逆，则存在 $x^{-1}\in X$，使得

$$xx^{-1}=e,$$

于是

$$x_nxx^{-1}=x_n,$$

$$\lim_{n\to\infty}x_nxx^{-1}=\lim_{n\to\infty}(x_nx)x^{-1}=\lim_{n\to\infty}x_n=0.$$

这与 $\|x_n\|=1$ 矛盾. 所以 x 不可逆.

2) 如果 0 是 X 的唯一的拓扑零因子，用 $G(x)$ 表示 X 的可逆元全体，则 $G(x)$ 是 X 中的开集，设 x 是 $G(x)$ 的一个边界点，$x_n\to x(n\to\infty)$，$x_n\in G(x)$. 假设存在 M，使得 $\|x_n^{-1}\|<M(n=1,\cdots)$. 取 n 使得 $\|x_n-x\|<\frac{1}{M}$. 于是

$$\|e-x_n^{-1}x\|=\|x_n^{-1}(x_n-x)\|<1,$$

因此，$x_n^{-1}x\in G(x)$，显然 $G(x)$ 是一个群，于是 $x=x_n(x_n^{-1}x)\in G(x)$，这与 $G(x)$ 是开集矛盾，所以

$$\|x_n^{-1}\|\to\infty\quad(n\to\infty).$$

假设 $x\neq 0$，不是拓扑零因子，则 x 不是 $G(x)$ 的边界点. 因为如若不然，由上取 $x_n\in G(x)$，$x_n\to x(n\to\infty)$，

$$y_n=\frac{x_n^{-1}}{\|x_n^{-1}\|}\quad(n=1,\cdots),$$

则

$$\lim_{n\to\infty}xy_n=\frac{xx_n^{-1}}{\|x_n^{-1}\|}=0,$$

这时 x 是 X 的一个拓扑零因子，此与假设相矛盾. 由此可知，$G(x)$ 没有边界点，故对任意 $x\in X$，$x\neq 0$，x 可逆，从而 X 是一个域，于是由定理 6.2.3 的推论 6，X 与复数域$\mathbb{C}$ 等距同构.

5. **证** 在 Hilbert 空间 H 中，对于每一个 $T,S\in\mathscr{B}(H)$，定义对合为取共轭，此外由于 $\forall x,y\in H,\alpha\in\mathbb{C}$，$(\alpha Tx,y)=\alpha(Tx,y)=\alpha(x,T^*y)=(x,\bar{\alpha}T^*y)$，得

$$(T+S)^*=T^*+S^*,$$

$$(\alpha T)^* = \bar{\alpha} T^*,$$

由于$(STx, y) = (Tx, S^* y) = (x, T^* S^* y)$; $(Tx, y) = \overline{(T^* y, x)} = \overline{(y, T^{**}, x)} = (T^{**} x, y)$,得

$$(ST)^* = T^* S^*,$$

$$T^{**} = T,$$

此外由于

$$\| Tx \|^2 = (Tx, Tx) = (T^* Tx, x) \leqslant \| T^* T \| \| x \|^2,$$

于是我们有

$$\| T \|^2 \leqslant \| T^* T \|,$$

另一方面

$$\| T^* T \| \leqslant \| T^* \| \| T \| = \| T \|^2,$$

于是

$$\| T^* T \| = \| T \|^2.$$

总之我们证明了 $\mathscr{B}(H)$是一个 C^* 代数.

后　　记

本书是根据作者多年来在南开大学数学系讲授泛函分析课程的讲义基础上写成的,它可作为泛函分析的一本入门教材,并且为读者进一步更深入地学习泛函分析及其应用提供必要的基础.

全书共分 6 章. 第一章比较系统地讲述点集拓扑,包括距离拓扑的基本理论,以此作为以后各章的基础;第二、三、四三章包括 Banach 空间、Hilbert 空间、有界线性算子等基本概念,线性空间的 5 个基本定理:Hahn-Banach 定理、Banach-Steinhaus 定理、开映射定理、闭图像定理以及 Riesz 表示定理等. 这 3 章内容构成了泛函分析基础的主要内容;第五章讲述拓扑线性空间的基本理论,包括局部凸空间、弱拓扑、弱 * 拓扑等概念及 Banach-Alaoglu 定理、自反 Banach 空间的特征及 Krein-Milman 定理等;第六章介绍 Banach 代数的基本理论,包括谱的性质、谱半径公式、交换 Banach 代数的 Gelfand 表示定理及 Gelfand-Naimark 定理等. 作者认为,第五、六两章的内容对更深入理解泛函分析的基本理论,进一步学习泛函分析及应用都是必要的. 此外,每一章后面附有若干习题供选择使用.

作者在写作本书过程中曾参考许多泛函分析的教材,这里不再一一列举.

最后,作者诚恳地欢迎读者对本书提出批评指正.

刘炳初